2021中国肉用及乳肉兼用种公牛遗传评估概要

Sire Summaries on National Beef and Dual-purpose Cattle Genetic Evaluation 2021

农业农村部种业管理司　全国畜牧总站

中国农业出版社

北　京

编 委 会

主　任　张兴旺　王宗礼

副主任　谢　焱　时建忠

委　员　王　杕　厉建萌　刘丑生　张　沅　张　勤

　　　　李俊雅　张胜利　张桂香　高会江　李　姣

编 写 人 员

主　编　时建忠

副主编　刘丑生　王　杕　李俊雅　李　姣　高会江

编　者（按姓氏笔画排序）

　　　　王　杕　王长存　王泽昭　王雅春　厉建萌

　　　　史新平　朱　波　刘丑生　李　姣　李俊雅

　　　　时建忠　邱小田　何珊珊　张胜利　张桂香

　　　　赵凤茹　赵屿姗　柳珍英　段忠意　祝庆科

　　　　徐　丽　高会江　熊兰玲　薛泽冰

前　言

肉牛业是畜牧业的重要产业，良种是肉牛业发展的物质基础。为贯彻落实《全国肉牛遗传改良计划（2021—2035年）》，宣传和推介优秀种公牛，促进和推动牛群遗传改良，定期公布种公牛遗传评估结果十分必要。

《2021中国肉用及乳肉兼用种公牛遗传评估概要》（以下简称《概要》），公布了32个种公牛站的28个肉用或乳肉兼用品种、2735头种公牛遗传评估结果。《概要》公布了77头西门塔尔种公牛后裔测定结果以及613头西门塔尔种公牛的基因组评估结果。评估工作的数据主要来源于我国肉牛遗传评估数据库中近5万牛只的生长发育记录，包括后裔测定的1081头西门塔尔牛生长记录、与我国肉牛群体有亲缘关系的5880头澳大利亚西门塔尔牛生长记录，使肉牛遗传评估准确性大幅度提高。此次评估发布的结果中保留了日增重性状估计育种值，可作为肉牛或乳肉兼用牛养殖场（户）科学合理开展选种选配的重要选择依据，也可作为相关科研或育种单位选育或评价种公牛的主要技术参考。

使用的西门塔尔牛参考群体是由国家肉牛遗传评估中心依托中国农业科学院北京畜牧兽医研究所牛遗传育种创新团队构建，群体规模3773头。根据国内肉牛育种数据的实际情况，选取产犊难易度、断奶重、育肥期日增重、胴体重、屠宰率共5个主要性状进行基因组评估，基因组估计育种值（GEBV）经标准化后，通过适当的加权，得到中国肉牛基因组选择指数（Genomic China Beef Index，GCBI）。

由于个别公牛编号变更等问题，可能会出现公牛遗传性能遗漏或不当之处，敬请同行专家和广大使用人员不吝赐教，及时提出批评和更正意见。

编　者

2021年10月

目　录

前言

1　肉用种公牛遗传评估说明 ………………………………………………………… 1

　1.1　遗传评估方法 ………………………………………………………………… 3

　1.2　遗传评估模型 ………………………………………………………………… 3

　1.3　中国肉牛选择指数 …………………………………………………………… 3

　1.4　遗传参数 ……………………………………………………………………… 4

　1.5　其他说明 ……………………………………………………………………… 4

2　乳肉兼用种公牛遗传评估说明 ……………………………………………………… 5

　2.1　遗传评估方法 ………………………………………………………………… 7

　2.2　遗传评估模型 ………………………………………………………………… 7

　2.3　4%乳脂率校正奶量计算方法 ………………………………………………… 7

　2.4　中国兼用牛总性能指数 ……………………………………………………… 8

　2.5　遗传参数 ……………………………………………………………………… 8

3　基因组遗传评估说明 ………………………………………………………………… 9

　3.1　基因组遗传评估方法 ………………………………………………………… 11

　3.2　基因组估计育种值计算程序 ………………………………………………… 11

　3.3　中国肉牛基因组选择指数（GCBI）的计算 ………………………………… 11

　3.4　遗传参数 ……………………………………………………………………… 12

　3.5　其他说明 ……………………………………………………………………… 12

4　种公牛遗传评估结果 ………………………………………………………………… 13

　4.1　西门塔尔牛 …………………………………………………………………… 15

　4.2　三河牛 ………………………………………………………………………… 122

　4.3　瑞士褐牛 ……………………………………………………………………… 125

　4.4　新疆褐牛 ……………………………………………………………………… 127

　4.5　摩拉水牛 ……………………………………………………………………… 129

　4.6　尼里-拉菲水牛 ………………………………………………………………… 131

　4.7　地中海水牛 …………………………………………………………………… 133

　4.8　夏洛来牛 ……………………………………………………………………… 134

　4.9　安格斯牛 ……………………………………………………………………… 140

　4.10　利木赞牛 …………………………………………………………………… 146

4.11　和牛 ·· 150

4.12　其他品种牛 ·· 153

5　种公牛站代码信息 ·· 159

参考文献 ·· 163

1

肉用种公牛
遗传评估说明

根据国内肉用种公牛育种数据的实际情况，选取体型外貌评分、初生重、6 月龄体重和 18 月龄体重 4 个性状进行遗传评估，各性状估计育种值经标准化后，按 10∶10∶40∶40 的比例加权，得到中国肉牛选择指数（China Beef Index，CBI）。

1.1　遗传评估方法

采用单性状动物模型 BLUP 法，借助于 ASReml 3.0 软件包进行评估。

1.2　遗传评估模型

育种值预测模型如下：

$$y_{ijkln} = \mu + Station_i + Source_j + Year_k + Type_l + Sex_n + day + a_{ijklnp} + e_{ijklnp}$$

式中：y_{ijkln} ——个体性状观察值；

　　　μ ——总平均数；

　　　$Station_i$ ——现所属场站固定效应；

　　　$Source_j$ ——出生地固定效应；

　　　$Year_k$ ——出生年固定效应；

　　　$Type_l$ ——使用类型固定效应；

　　　Sex_n ——性别固定效应；

　　　day ——年龄（天数）；

　　　a_{ijklnp} ——个体加性遗传效应，服从（0，$A\sigma_a^2$）分布，A 指个体间分子血缘系数矩阵，σ_a^2 指加性遗传方差；

　　　e_{ijklnp} ——随机剩余效应，服从（0，$I\sigma_e^2$）分布，I 指单位对角矩阵，σ_e^2 指随机残差方差。

1.3　中国肉牛选择指数

各性状估计育种值经标准化后，按 10∶10∶40∶40 的比例进行加权，得到中国肉牛选择指数（China Beef Index，CBI）。

$$CBI = 100 + 10 \times \frac{Score}{S_{Score}} + 10 \times \frac{BWT}{S_{BWT}} + 40 \times \frac{WT_6}{S_{WT_6}} + 40 \times \frac{WT_{18}}{S_{WT_{18}}}$$

式中：$Score$ ——体型外貌评分育种值；

　　　S_{Score} ——体型外貌评分遗传标准差；

　　　BWT ——初生重估计育种值；

　　　S_{BWT} ——初生重遗传标准差；

　　　WT_6 ——6 月龄体重估计育种值；

　　　S_{WT_6} ——6 月龄体重遗传标准差；

　　　WT_{18} ——18 月龄体重估计育种值；

　　　$S_{WT_{18}}$ ——18 月龄体重遗传标准差。

1.4 遗传参数

各性状遗传参数见表1-1。

表1-1 各性状遗传参数

性 状	遗传方差	环境方差	表型方差	遗传力（h^2）
体型外貌评分	5.83	7.03	12.86	0.45
初生重	14.92	18.9	33.82	0.44
6月龄体重	594.84	780	1374.84	0.43
18月龄体重	1398.18	2300	3698.18	0.38
6~12月龄日增重	0.0384	0.0475	0.0859	0.45
13~18月龄日增重	0.0334	0.0530	0.0864	0.39
19~24月龄日增重	0.0434	0.0460	0.0894	0.49

1.5 其他说明

本书中，各品种估计育种值排名参考表中的"公牛数量"是我国肉用及乳肉兼用种公牛数据库中具有该性状估计育种值的公牛数量（头）。*EBV*为估计育种值（Estimated Breeding Value），r^2为估计育种值的可靠性（Reliability）。

2

乳肉兼用种公牛
遗传评估说明

根据国内乳肉兼用种公牛育种数据的实际情况，选取体型外貌评分、初生重、6月龄体重和18月龄体重4个肉用性状及4%乳脂率校正奶量（FCM）进行遗传评估，FCM估计育种值经标准化后，CBI和FCM按60:40的比例加权，得到中国兼用牛总性能指数（Total Performance Index，TPI）。

2.1 遗传评估方法

采用单性状动物模型BLUP法，借助ASReml 3.0软件包进行评估。

2.2 遗传评估模型

4%乳脂率校正奶量育种值预测模型如下：

$$y_{ijkln} = \mu + Station_i + Source_j + Year_k + Sex_n + day + a_{ijklm} + e_{ijklm}$$

式中：y_{ijkln}——个体性状观察值；

μ——总平均数；

$Station_i$——现所属场站固定效应；

$Source_j$——出生地固定效应；

$Year_k$——出生年固定效应；

Sex_n——性别固定效应；

day——年龄（天数）；

a_{ijknp}——个体加性遗传效应，服从（0，$A\sigma_a^2$）分布，A指个体间分子血缘系数矩阵，σ_a^2指加性遗传方差；

e_{ijknp}——随机剩余效应，服从（0，$I\sigma_e^2$）分布，I指单位对角矩阵，σ_e^2指随机残差方差。

2.3 4%乳脂率校正奶量计算方法

4%乳脂率校正奶量计算公式：

$$FCM = M(0.4 + 15F)$$

式中：FCM——4%乳脂率校正乳量；

M——各胎次公牛母亲真实产奶量（kg）；

F——乳脂量（kg）。

将不同胎次产奶量统一校正到4胎。

不同胎次产奶量校正系数见表2-1。

表2-1 不同胎次产奶量校正系数

泌乳期	1	2	3	4	5
系 数	1.2419	1.0913	1.0070	1	0.9830

2.4 中国兼用牛总性能指数

$$TPI = 100 + 60 \times (CBI - 100)/100 + 40 \times \frac{FCM}{S_{FCM}}$$

式中：CBI——中国肉牛选择指数；

FCM——4%乳脂率校正奶量育种值；

S_{FCM}——4%乳脂率校正奶量遗传标准差。

2.5 遗传参数

各性状遗传参数见表2-2。

表2-2 各性状遗传参数

性 状	遗传方差	环境方差	表型方差	遗传力（h^2）
体型外貌评分	5.83	7.03	12.86	0.45
初生重	14.92	18.9	33.82	0.44
6月龄体重	594.84	780	1374.84	0.43
18月龄体重	1398.18	2300	3698.18	0.38
4%乳脂率校正奶量	2077027	2859828	4936855	0.42
6～12月龄日增重	0.0384	0.0475	0.0859	0.45
13～18月龄日增重	0.0334	0.0530	0.0864	0.39
19～24月龄日增重	0.0434	0.0460	0.0894	0.49

3

基因组遗传
评估说明

基因组遗传评估使用的西门塔尔牛参考群体是由国家肉牛遗传评估中心依托中国农业科学院北京畜牧兽医研究所牛遗传育种创新团队构建，群体规模3773头。根据国内肉牛育种数据的实际情况，选取产犊难易度、断奶重、育肥期日增重、胴体重、屠宰率共5个主要性状进行基因组评估，基因组估计育种值（GEBV）经标准化后，通过适当的加权，得到中国肉牛基因组选择指数（Genomic China Beef Index，GCBI）。

3.1　基因组遗传评估方法

采用由中国农业科学院北京畜牧兽医研究所牛遗传育种创新团队开发的《肉牛数量性状基因组选择 BayesB 计算软件 V1.0》进行评估。

3.2　基因组估计育种值计算程序

由 BayesB 方法估计出标记效应，模型如下：

$$y = Xb + \sum_{i=1}^{n} Z_i g_i + e$$

式中：y——表型观察值向量；

$\quad\quad X$——$n \times f$ 维关联矩阵；

$\quad\quad b$——f 维固定效应向量；

$\quad\quad f$——固定效应个数；

$\quad\quad Z_i$——n 个个体在第 i 个 SNP 的基因型向量；

$\quad\quad g_i$——第 i 个标记效应值，方差为 $\sigma_{g_i}^2$；

$\quad\quad n$——总标记数；

$\quad\quad e$——随机残差向量，方差为 $\sigma_e^2 I$，σ_e^2 为残差方差。

将待评估个体的标记基因型向量与位点效应向量相乘，即可得到待评估个体的各性状基因组估计育种值。

3.3　中国肉牛基因组选择指数（GCBI）的计算

基因组估计育种值经标准化后，通过适当的加权，得到中国肉牛基因组选择指数（Genomic China Beef Index，GCBI）。具体计算公式如下：

$$GCBI = 100 + \left(-5 \times \frac{GEBV_{CE}}{1.30} + 35 \times \frac{GEBV_{WWT}}{17.7} + 20 \times \frac{GEBV_{DG\_F}}{0.11} + 25 \times \frac{GEBV_{CW}}{16.4} + 15 \times \frac{GEBV_{DP}}{0.13} \right)$$

式中：$GEBV_{CE}$——产犊难易度基因组估计育种值；

$\quad\quad GEBV_{WWT}$——断奶重基因组估计育种值；

$\quad\quad GEBV_{DG\_F}$——育肥期日增重基因组估计育种值；

$\quad\quad GEBV_{CW}$——胴体重基因组估计育种值；

$\quad\quad GEBV_{DP}$——屠宰率基因组估计育种值。

3.4 遗传参数

各性状遗传参数见表3-1。

表3-1 各性状遗传参数

性 状	遗传方差	环境方差	表型方差	遗传力（h^2）	基因组育种值估计准确性
产犊难易度	1.69	5.99	7.68	0.22	0.51
断奶重	313.29	398.73	712.02	0.44	0.56
育肥期日增重	0.0121	0.0131	0.0252	0.48	0.61
胴体重	268.69	328.4	597.09	0.45	0.64
屠宰率	0.0169	0.0394	0.0563	0.3	0.52

注：基因组育种值估计准确性的评估是通过采用《肉牛数量性状基因组选择 BayesFB 计算软件 V1.0》进行 5 倍交叉验证获得。

3.5 其他说明

本书中，西门塔尔牛产犊难易度、断奶重、育肥期日增重、胴体重、屠宰率等 5 个性状的基因组估计育种值 Rank 的排名是在 3773 头西门塔尔牛群体中的排名。

4

种公牛
遗传评估结果

4.1 西门塔尔牛

表 4-1-1 西门塔尔牛 *CBI* 前 100 名

序号	牛号	CBI	体型外貌评分		初生重		6月龄体重		18月龄体重		6~12月龄日增重		13~18月龄日增重		19~24月龄日增重	
			EBV	r^2 (%)	EBV	r^2 (%)	EBV	r^2 (%)	EBV	r^2 (%)	EBV	r^2 (%)	EBV	r^2 (%)	EBV	r^2 (%)
1	11119908	261.75	4.18	48	8.13	49	39.10	48	55.40	42	0.05	49	0.17	43	-0.25	13
2	15412115	259.24	0.07	53	4.11	59	79.44	58	16.85	52	0.01	59	-0.07	32	-0.25	58
3	65118596	253.57	1.25	48	3.35	49	45.66	49	60.61	43	0.26	50	-0.04	44	0.06	52
4	15412127	245.62	0.94	51	1.21	57	63.93	57	31.54	52	-0.03	57	-0.14	53	-0.18	58
5	65118599	242.52	1.57	47	-1.46	48	44.88	47	61.87	43	0.35	48	-0.02	42	-0.03	51
6	37115676	241.95	1.34	52	7.68	55	23.72	54	72.56	48	0.19	54	0.18	49	-0.20	56
7	62114095	240.83	-0.77	51	-2.94	52	47.44	52	69.01	47	-0.02	52	0.17	47	0.01	54
8	15618415 22218415	239.65	-0.56	46	0.28	49	52.52	48	51.52	41	0.38	47	-0.05	41	-0.07	50
9	15412116	234.87	0.66	52	0.08	58	55.66	58	37.99	53	0.13	58	-0.18	53	-0.21	59
10	14116045	234.36	1.31	52	3.63	58	59.43	58	20.63	53	0.03	59	-0.06	53	0.02	57
11	11118967	232.69	4.20	51	4.15	56	32.00	56	48.67	48	0.43	55	-0.31	48	0.11	54
12	65117535	232.32	-0.79	48	3.49	47	44.98	48	49.35	42	0.29	49	-0.10	42	0.07	51
13	11117957	231.08	-0.85	54	-0.61	55	35.94	56	72.20	51	0.18	56	0.08	51	-0.11	58
14	21219023	226.18	2.77	26	2.93	54	40.58	55	37.92	46	0.01	53	-0.04	47	0.29	27
15	11118973	225.37	3.50	52	2.94	54	19.05	53	67.32	47	0.57	54	-0.31	48	0.21	55
16	15617973	223.37	-0.70	51	-0.71	53	44.62	56	51.35	50	0.23	54	0.06	51	0.07	26
17	62113083	220.61	-0.28	46	3.06	47	30.70	46	59.36	40	0.04	47	0.07	41	0.19	50
18	15615311 22215111	218.91	-0.84	50	3.01	55	35.24	54	53.10	49	0.15	29	0.15	49	-0.05	55
19	22315041	218.87	-0.50	52	6.94	57	43.43	55	29.68	51	0.00	56	-0.07	51	-0.04	58
20	65118541	216.71	0.00	53	2.84	54	37.05	54	45.43	48	0.35	54	-0.21	49	0.17	56
21	62114093	216.35	-0.88	51	-1.64	52	39.35	53	55.81	46	-0.17	52	0.19	46	0.08	53
22	22114057*	215.41	0.50	49	7.13	50	36.40	50	32.89	44	-0.11	50	0.07	45	0.00	53
23	11119905	214.68	3.70	49	6.07	50	31.43	49	30.00	44	-0.04	50	0.04	44	-0.37	52
24	65118538	214.29	2.69	53	1.64	54	26.72	53	51.49	48	0.35	54	-0.17	48	0.40	56

（续）

序号	牛号	CBI	体型外貌评分		初生重		6 月龄体重		18 月龄体重		6~12 月龄日增重		13~18 月龄日增重		19~24 月龄日增重	
			EBV	r²(%)	EBV	r²(%)	EBV	r²(%)	EBV	r²(%)	EBV	r²(%)	EBV	r²(%)	EBV	r²(%)
25	21115735	212.57	1.17	52	1.47	29	45.31	53	27.68	49	-0.03	29	-0.06	50	0.15	56
26	15516X06	212.43	1.25	53	-1.96	55	21.77	55	71.63	51	0.02	55	0.32	51	-0.12	57
27	65118598	211.85	0.85	51	-1.43	51	31.31	51	56.72	46	0.28	51	0.01	47	-0.10	54
28	11119901	211.04	3.91	47	3.07	49	36.86	48	24.72	42	-0.02	49	-0.04	43	-0.42	50
29	65118540	209.90	-0.29	53	-0.27	54	35.92	54	49.44	48	0.40	54	-0.21	49	0.17	56
30	65118597	209.60	0.66	49	1.63	50	37.90	50	37.85	44	0.30	50	-0.10	44	0.00	53
31	15617969 22217629	209.12	-0.23	52	2.75	56	46.57	56	24.84	51	0.29	56	0.03	51	-0.26	58
32	62113085	208.36	-0.35	53	0.70	55	31.52	55	52.63	49	0.00	55	0.15	50	0.08	56
33	11118966	208.29	4.48	53	0.67	54	16.35	53	57.19	48	0.71	53	-0.46	48	-0.06	56
34	11119976	207.57	2.40	50	3.77	54	16.55	54	56.77	47	0.16	54	0.12	47	-0.29	53
35	41119202	207.55	0.12	49	-0.75	57	27.77	57	59.31	50	0.18	56	0.04	51	0.03	58
36	11118972	207.44	4.47	52	1.81	54	13.50	53	58.05	47	0.53	54	-0.30	48	0.18	55
37	11116926	207.08	-0.14	52	-1.56	66	36.41	64	48.59	49	0.09	56	0.07	48	-0.05	55
38	11119903	206.70	3.16	48	4.42	49	37.96	49	18.61	44	-0.13	50	0.03	44	-0.43	52
39	21219011	205.51	-1.52	23	1.52	53	35.76	53	46.01	47	0.17	53	-0.06	48	0.00	25
40	65118574	204.04	0.44	52	1.97	25	25.25	52	52.07	47	0.22	52	0.01	48	0.05	55
41	62113087	200.99	-0.02	53	1.21	55	42.03	55	27.12	49	-0.03	54	0.02	49	0.11	55
42	41119204	199.65	0.42	51	-3.66	55	26.29	54	60.08	49	0.10	55	0.12	50	-0.08	55
43	15615313 22215113	199.43	-1.10	50	2.03	53	25.76	52	52.80	47	0.16	26	0.20	48	0.05	55
44	11119907	199.19	2.67	48	6.14	49	17.29	48	41.02	43	0.03	49	0.16	43	-0.58	51
45	11119909	198.86	2.69	47	1.08	47	28.93	47	35.03	42	-0.02	48	0.14	42	-0.25	11
46	15412175	198.77	-0.80	54	1.07	59	53.91	58	10.19	52	0.04	59	-0.11	53	-0.20	58
47	11118995	198.48	0.98	47	3.09	51	28.21	50	37.54	46	0.30	51	-0.26	46	-0.13	53
48	14116423	198.08	0.93	48	-1.20	51	62.80	50	-5.29	46	0.00	22	0.00	20	-0.04	14
49	41116242*	197.60	-0.25	51	2.11	55	23.99	56	50.32	51	0.09	55	0.12	51	-0.06	58
50	65117532	196.55	-0.79	47	0.80	10	44.68	48	22.88	40	0.20	48	-0.21	41	0.08	50

序号	牛号	CBI	体型外貌评分		初生重		6月龄体重		18月龄体重		6~12月龄日增重		13~18月龄日增重		19~24月龄日增重	
			EBV	r²(%)	EBV	r²(%)	EBV	r²(%)	EBV	r²(%)	EBV	r²(%)	EBV	r²(%)	EBV	r²(%)
51	53114303	195.93	1.07	52	-1.41	77	29.52	82	43.69	64	-0.04	71	0.10	62	0.02	56
	22114007															
52	22216661˙	195.87	-0.84	52	1.96	53	42.97	53	22.25	48	-0.35	54	0.06	49	0.00	26
53	15216221	195.45	1.69	47	7.55	49	21.10	48	32.06	43	0.00	49	0.02	43	-0.02	52
54	11119996	194.81	1.32	48	0.02	53	29.30	53	38.55	48	0.04	53	0.08	48	-0.28	55
55	65118575	193.97	1.10	51	0.52	23	19.08	51	53.07	46	0.14	51	0.08	46	0.06	54
56	15412151	193.90	0.43	51	-0.09	58	42.31	57	21.46	52	0.00	58	-0.15	53	-0.22	59
57	21219012	193.02	-0.49	22	0.45	53	28.41	53	44.21	47	0.25	53	-0.12	47	0.04	25
58	65118581	192.70	0.76	54	-1.79	33	27.59	55	45.75	51	0.17	56	0.05	51	0.04	58
59	15516X50	192.15	1.41	49	-0.55	55	14.86	55	59.23	50	0.19	55	0.13	49	0.37	56
60	36116302	191.69	-0.36	49	1.70	50	5.56	49	74.47	43	0.07	49	0.34	44	0.02	52
61	37114627	190.95	0.80	55	1.75	58	10.25	57	61.97	50	0.15	58	0.22	51	-0.14	58
62	62113089	190.35	-0.66	51	0.01	53	28.42	53	43.42	47	0.07	53	-0.03	48	-0.02	54
63	22118027	188.99	0.47	49	5.21	56	26.21	55	28.58	50	-0.12	56	0.07	51	0.07	58
64	14118313	188.83	-0.18	54	3.57	39	34.60	38	22.05	53	0.08	38	-0.05	36	-0.09	37
65	36118511	188.49	0.54	19	-0.64	51	8.49	50	69.16	44	0.00	50	0.24	44	0.09	52
66	65117552	188.18	-1.65	50	2.86	51	26.49	50	41.29	46	0.33	51	-0.13	46	0.16	54
67	65117530	188.02	1.35	51	1.05	25	21.09	52	42.18	46	0.16	51	0.13	46	0.13	54
68	15516X05	187.69	0.86	52	-3.41	54	20.98	53	54.73	49	-0.03	54	0.25	49	-0.02	55
69	11119906	187.38	2.80	47	3.20	49	19.19	48	33.68	42	0.12	49	0.01	43	-0.41	50
70	11118970	187.08	3.58	50	1.36	53	15.33	52	40.75	45	0.45	52	-0.27	46	-0.05	53
71	22215147	186.73	-0.24	48	-0.34	51	31.86	50	33.98	19	0.07	20	0.07	19	-0.11	21
72	65118542	186.43	2.00	56	0.79	58	25.80	58	31.58	53	0.21	58	-0.12	53	0.35	59
73	15213128˙	186.17	-2.39	50	-2.31	53	27.27	52	53.59	45	0.20	51	-0.01	46	-0.01	53
74	65117546˙	185.60	1.42	48	-1.34	11	15.66	49	53.75	43	-0.25	50	0.16	44	0.12	52
75	37115670	185.38	-0.54	57	0.07	60	15.81	59	57.50	54	0.04	60	0.20	54	0.06	60
76	15516X08	185.08	0.60	53	-1.88	56	14.08	55	60.17	51	0.28	55	0.13	51	-0.13	57
77	41418167	185.06	-0.63	18	-3.39	53	22.27	53	56.01	46	0.10	52	0.06	46	0.11	54

（续）

序号	牛号	CBI	体型外貌评分		初生重		6月龄体重		18月龄体重		6~12月龄日增重		13~18月龄日增重		19~24月龄日增重	
			EBV	r²(%)	EBV	r²(%)	EBV	r²(%)	EBV	r²(%)	EBV	r²(%)	EBV	r²(%)	EBV	r²(%)
78	22419011	184.65	0.25	16	4.65	50	9.43	50	52.45	43	-0.02	50	0.21	43	0.10	18
79	11111909	184.52	-0.42	58	0.46	66	35.02	65	25.83	59	0.06	66	-0.08	59	-0.29	64
80	37110647*	183.66	1.87	29	5.16	57	23.78	57	22.02	52	0.08	57	-0.03	52	-0.20	59
81	11118975	183.56	2.10	53	2.57	56	0.69	56	62.70	51	0.43	55	-0.20	49	-0.23	56
82	37115675	183.44	1.86	49	-1.50	51	6.89	51	63.86	43	0.33	51	-0.01	44	-0.06	52
83	41119272	183.19	1.61	48	2.34	50	20.75	49	34.06	43	0.32	50	-0.21	44	0.18	16
84	41110292*	182.93	0.74	47	6.85	48	28.67	47	14.13	42	0.13	48	-0.23	43	0.15	52
85	65116523	182.24	3.09	50	-0.04	50	7.97	50	52.79	45	-0.05	51	0.22	45	0.15	54
86	22118087	182.21	-0.25	19	0.79	36	25.58	57	36.69	50	-0.03	57	0.17	50	0.08	57
87	15618939	181.93	-0.72	49	4.24	52	31.76	53	20.42	24	-0.16	53	0.09	24	0.00	23
	22118025															
88	65117548	181.60	0.75	50	-0.06	13	14.88	50	50.71	45	-0.26	51	0.15	45	0.14	54
89	15217229	181.56	1.83	53	2.57	54	23.74	54	26.54	49	0.06	55	-0.01	50	-0.08	57
90	41119238	181.53	0.15	20	1.41	54	16.19	53	47.40	48	0.09	54	0.16	49	-0.03	57
91	15217732	181.44	1.00	53	2.53	54	18.54	58	37.71	53	0.22	56	-0.11	54	-0.16	60
92	15216112	181.03	3.26	57	-3.86	59	9.36	59	58.11	52	0.15	58	0.13	52	-0.11	59
93	15618322	180.84	-0.94	52	-1.08	25	32.04	55	32.70	49	-0.03	55	-0.16	50	0.25	57
	22218322															
94	22316033	180.68	-0.35	51	3.90	55	27.19	55	25.65	51	-0.04	55	0.04	51	0.02	57
95	15619129	179.70	0.06	54	2.52	56	16.60	56	42.72	52	0.01	56	0.03	52	-0.39	58
96	65117544	179.65	0.84	16	-1.28	10	16.79	48	48.56	43	-0.10	49	0.15	44	0.07	52
97	41112922	179.28	0.62	52	3.77	55	19.48	54	32.72	49	0.05	54	0.08	50	-0.05	56
98	11118963	179.27	2.34	53	3.05	56	8.49	56	44.64	51	0.47	55	-0.29	49	-0.18	56
99	11118968	179.20	4.18	53	-2.16	54	7.48	53	51.61	48	0.68	53	-0.43	48	-0.16	56
100	15216226	179.15	1.18	51	2.72	51	21.35	51	30.11	46	-0.02	52	0.04	47	-0.08	55

＊表示该牛已经不在群，但有库存冻精。

注：本书2020年及以前版标注前50名，自2021年版开始标注前100名。

表 4-1-2　西门塔尔牛 *TPI* 前 100 名

序号	牛号	TPI	体型外貌评分		初生重		6 月龄体重		18 月龄体重		6~12 月龄日增重		13~18 月龄日增重		19~24 月龄日增重		4%乳脂率校正奶量	
			EBV	r²(%)	EBV	r²(%)	EBV	r²(%)	EBV	r²(%)	EBV	r²(%)	EBV	r²(%)	EBV	r²(%)	EBV	r²(%)
1	65118596	205.90	1.25	48	3.35	49	45.66	49	60.61	43	0.26	50	-0.04	44	0.06	52	480.09	7
2	65118599	200.77	1.57	47	-1.46	48	44.88	47	61.87	42	0.35	48	-0.02	42	-0.03	51	532.5	5
3	65118598	197.40	0.85	51	-1.43	51	31.31	51	56.72	46	0.28	51	0.01	47	-0.10	54	1056.87	16
4	62114095	190.73	-0.77	51	-2.94	52	47.44	52	69.01	47	-0.02	52	0.17	47	0.01	54	217.65	13
5	65118574	188.71	0.44	52	1.97	25	25.25	52	52.07	47	0.22	52	0.01	48	0.05	55	917.27	17
6	65118575	186.47	1.10	51	0.52	23	19.08	51	53.07	46	0.14	51	0.08	46	0.06	54	1050.09	16
7	65116523	185.19	3.09	50	-0.04	50	7.97	50	52.79	45	-0.05	51	0.22	45	0.15	54	1251.1	45
8	65118597	183.04	0.66	49	1.63	50	37.90	50	37.85	44	0.30	50	-0.10	44	0.00	53	603.14	9
9	65117535	182.35	-0.79	48	3.49	47	44.98	48	49.35	42	0.29	49	-0.10	42	0.07	51	103.19	6
10	37115676	180.31	1.34	52	7.68	55	23.72	54	72.56	48	0.19	54	0.18	49	-0.20	56	-169.6	48
11	65116518	177.06	1.89	51	7.83	51	10.90	51	27.93	45	-0.09	51	0.15	46	0.00	54	1101.07	45
12	15617973	176.87	-0.70	51	-0.71	53	44.62	56	51.35	50	0.23	54	0.06	51	0.07	26	99.44	8
13	65118581	176.21	0.76	54	-1.79	33	27.59	55	45.75	51	0.17	56	0.05	51	0.04	58	718.67	21
14	62114093	176.05	-0.88	51	-1.64	52	39.35	53	55.81	46	-0.17	52	0.19	46	0.08	53	217.65	13
15	37114627	175.18	0.80	55	1.75	58	10.25	57	61.97	50	0.15	58	0.22	51	-0.14	58	719.3	47
16	65116519	171.14	3.71	50	3.72	50	4.51	50	24.82	45	-0.08	51	0.12	45	0.14	53	1248.36	45
17	65117530	170.13	1.35	51	1.05	25	21.09	52	42.18	45	0.16	51	0.13	46	0.13	54	604.49	6
18	65116524	169.78	2.24	51	-0.27	51	6.71	51	47.62	45	-0.03	52	0.20	46	0.14	54	958.36	45
19	37115675	168.27	1.86	49	-1.50	51	6.89	51	63.86	43	0.33	51	-0.01	44	-0.06	52	635.22	47
20	15617969 22217629	168.16	-0.23	52	2.75	56	46.57	56	24.84	51	0.29	56	0.03	51	-0.26	58	93.86	10
21	37110647*	165.93	1.87	29	5.16	57	23.78	57	22.02	52	0.08	57	-0.03	52	-0.20	59	549.24	49
22	37114617	165.44	0.30	53	2.58	57	2.30	81	55.84	59	0.14	56	0.10	59	-0.07	57	788.11	50
23	15516X06	165.03	1.25	53	-1.96	55	21.77	55	71.63	51	0.02	55	0.32	51	-0.12	57	-84.78	19
24	37114629	164.77	1.23	53	3.85	55	-3.91	55	62.26	48	0.12	55	0.18	49	-0.05	56	684.54	48
25	65115504	164.08	2.30	48	0.50	49	5.61	48	18.23	42	-0.04	49	0.06	43	0.05	51	1408.88	44
26	37110652*	163.76	0.91	28	3.95	55	19.91	55	11.64	50	0.00	55	-0.05	55	-0.12	57	987.68	24
27	62113085	163.71	-0.35	53	0.70	55	31.52	55	52.63	49	0.00	55	0.15	50	0.08	56	-45.41	17

（续）

序号	牛号	TPI	体型外貌评分		初生重		6月龄体重		18月龄体重		6~12月龄日增重		13~18月龄日增重		19~24月龄日增重		4%乳脂率校正奶量	
			EBV	r²(%)	EBV	r²(%)	EBV	r²(%)	EBV	r²(%)	EBV	r²(%)	EBV	r²(%)	EBV	r²(%)	EBV	r²(%)
28	37110051*	161.68	1.87	29	5.34	57	27.62	57	9.07	52	0.08	57	-0.13	52	-0.03	59	549.24	49
29	65117543	161.55	1.44	50	-0.33	14	17.70	50	36.88	45	-0.02	51	0.03	45	0.07	54	607.21	9
30	65118576	160.84	0.76	54	-1.61	33	15.87	55	41.59	51	0.15	56	0.06	51	0.06	58	667.87	22
31	22215147	159.66	-0.24	48	-0.34	51	31.86	55	33.98	19	0.07	20	0.07	19	-0.11	21	266.08	42
32	62113087	159.29	-0.02	53	1.21	55	42.03	55	27.12	49	-0.03	54	0.02	49	0.11	55	-45.41	17
33	37110635*	158.96	1.87	29	4.88	57	18.81	57	19.45	52	0.08	57	-0.03	52	-0.16	59	549.24	49
34	65117548	158.56	0.75	50	-0.06	13	14.88	54	50.71	45	-0.26	51	0.15	45	0.14	54	335.14	6
35	65118580	158.55	1.17	53	-2.15	55	18.77	55	35.56	50	0.18	55	0.02	50	0.07	57	617.22	18
36	37114663	158.40	0.99	51	-1.77	53	13.28	77	44.53	58	0.13	53	0.07	56	0.01	55	594.45	44
37	65117552	157.85	-1.65	50	2.86	51	26.49	50	41.29	46	0.33	51	-0.13	46	0.16	54	172.47	10
38	65117546*	157.32	1.42	48	-1.34	11	15.66	49	53.75	43	-0.25	50	0.16	44	0.12	52	208.14	6
39	65116522	157.14	1.99	50	-2.16	51	-0.26	50	33.47	45	0.00	51	0.12	45	0.12	54	1197.77	45
40	65115503	156.59	1.56	48	1.00	48	2.30	47	15.53	42	-0.04	48	0.05	43	0.01	51	1358.57	43
41	65112593*	155.79	-1.21	51	3.55	52	3.97	52	0.39	46	-0.14	51	0.14	47	-0.25	55	1714.37	47
42	37110653*	155.48	0.77	53	4.97	56	18.46	56	-9.38	51	0.01	56	-0.14	52	0.06	58	1175.9	25
43	65112592*	155.46	0.11	51	2.13	52	5.74	52	-4.51	46	-0.10	51	0.02	47	0.03	55	1714.37	47
44	41116242*	155.02	-0.25	51	2.11	55	23.99	56	50.32	51	0.09	55	0.12	51	-0.06	58	-123.39	12
45	65117544	154.44	0.84	16	-1.28	10	16.79	48	48.56	43	-0.10	49	0.15	44	0.07	52	231.98	6
46	65117551*	154.43	-1.65	50	-0.11	50	27.23	50	26.84	45	0.30	51	-0.20	45	0.16	54	512.14	8
47	37115670	154.22	-0.54	57	0.07	60	15.81	59	57.50	54	0.04	60	0.20	54	0.06	60	104.38	52
48	65112591*	153.94	-1.07	51	6.53	51	4.79	51	6.82	46	-0.06	51	0.07	47	-0.06	54	1304.14	45
49	37110642*	153.73	0.84	33	2.22	57	28.36	56	-0.50	52	-0.06	57	-0.08	53	-0.07	59	719.11	49
50	65116514*	153.03	1.01	50	-0.20	50	3.64	49	25.62	44	-0.12	50	0.16	45	0.11	53	1075.18	45
51	65117532	152.66	-0.79	47	0.80	10	44.68	48	22.88	40	0.20	48	-0.21	41	0.08	50	-184.05	4
52	62113089	152.59	-0.66	51	0.01	53	28.42	53	43.42	47	0.07	53	-0.03	48	-0.02	54	-56.44	15
53	65116515	152.50	2.33	51	2.71	52	0.93	51	14.07	46	-0.10	52	0.11	47	0.13	55	1136.11	46
54	36116302	152.35	-0.36	49	1.70	50	5.56	49	74.47	43	0.07	49	0.34	44	0.02	52	-93.13	8
55	65112588	152.32	0.40	53	-0.64	54	8.98	53	32.13	49	-0.08	54	0.18	50	-0.05	57	797.86	47

（续）

序号	牛号	TPI	体型外貌评分		初生重		6月龄体重		18月龄体重		6~12月龄日增重		13~18月龄日增重		19~24月龄日增重		4%乳脂率校正奶量	
			EBV	r^2(%)	EBV	r^2(%)	EBV	r^2(%)	EBV	r^2(%)	EBV	r^2(%)	EBV	r^2(%)	EBV	r^2(%)	EBV	r^2(%)
56	53115338	152.16	-0.12	55	-1.14	60	26.24	60	24.03	52	0.04	60	0.04	53	0.15	58	453.34	24
57	37114665	151.79	1.53	50	1.43	53	6.95	52	53.87	45	0.17	53	0.07	46	0.07	54	151.75	47
58	15618322	151.59	-0.94	52	-1.08	25	32.04	55	32.70	49	-0.03	55	-0.16	50	0.25	57	107.86	8
	22218322																	
59	65116509	151.27	2.36	47	0.43	50	11.44	50	29.45	42	0.02	51	0.09	42	0.08	51	508.68	46
60	65117529	150.67	0.42	53	-2.67	30	6.28	54	48.86	49	0.08	54	0.16	50	0.05	57	566.3	19
61	22218119	150.23	-0.21	18	2.17	51	41.35	50	4.80	46	0.19	51	-0.35	46	-0.14	54	125.85	8
62	15516X05	150.18	0.86	52	-3.41	54	20.98	53	54.73	49	-0.03	54	0.25	49	-0.02	55	-84.78	19
63	41113254	150.10	0.26	55	0.47	59	14.68	58	36.19	53	0.15	58	0.03	54	0.08	60	385.78	47
64	53115334	149.87	1.11	53	1.23	58	2.85	58	33.62	49	0.01	58	0.19	50	0.11	57	726.64	23
65	15213128*	149.78	-2.39	50	-2.31	53	27.27	52	53.59	45	0.20	51	-0.01	46	-0.01	53	-67.18	11
66	36118511	149.65	0.54	19	-0.64	51	8.49	50	69.16	44	0.00	50	0.24	44	0.09	52	-120.13	6
67	65116521	149.40	0.12	51	3.30	49	8.15	52	24.07	44	0.02	52	0.00	45	0.06	53	715.89	44
68	37115674	149.02	0.87	50	0.11	53	9.04	52	46.43	47	0.34	53	-0.05	47	-0.05	54	279.07	46
69	15618703*	148.82	0.18	51	-0.56	56	19.30	56	42.69	50	0.05	54	0.09	51	0.16	54	99.44	8
70	15516X08	148.62	0.60	53	-1.88	56	14.08	55	60.17	51	0.28	55	0.13	51	-0.13	57	-84.78	19
71	13218239	148.41	-0.53	48	-1.77	51	15.13	50	53.45	44	0.39	51	-0.10	45	0.05	52	114.43	7
72	37110643*	148.37	0.45	54	1.98	57	26.38	57	-14.63	53	-0.06	57	-0.12	53	-0.09	59	963.41	50
73	15516X04	148.13	0.71	46	-2.36	48	15.73	48	49.12	42	0.00	48	0.23	43	-0.16	50	105.53	9
74	22213217*	147.90	0.87	17	-0.41	52	-5.06	51	72.44	46	0.32	52	0.16	47	-0.03	55	169.48	42
75	65117547	147.81	1.49	50	0.10	14	6.70	50	37.40	45	-0.21	51	0.10	46	0.10	54	466	9
76	14116128	147.38	0.54	51	3.56	56	-5.55	55	28.13	47	0.02	56	0.10	48	-0.03	23	974.36	46
77	15415309	146.34	1.17	55	0.96	57	-4.26	56	24.71	50	0.12	56	0.06	51	-0.01	58	1056.42	23
78	15619101	146.11	1.03	52	-0.51	58	6.97	36	24.91	29	0.06	36	0.02	29	0.01	30	750.01	13
79	15213918*	145.62	0.46	24	0.11	54	5.96	53	50.54	48	0.14	53	0.12	49	0.04	56	209.29	16
80	37114416	145.07	-0.73	52	0.94	55	2.77	54	35.93	48	0.09	54	0.08	49	-0.01	55	685.17	46
81	15212136*	144.75	1.40	57	1.21	72	12.74	69	16.50	60	0.03	68	0.05	60	-0.06	60	567.36	20
82	65117528	144.72	1.49	48	-0.38	14	2.16	47	26.56	42	-0.26	48	0.08	43	0.02	51	782.95	11

（续）

序号	牛号	TPI	体型外貌评分		初生重		6 月龄体重		18 月龄体重		6~12 月龄日增重		13~18 月龄日增重		19~24 月龄日增重		4%乳脂率校正奶量	
			EBV	r^2 (%)	EBV	r^2 (%)	EBV	r^2 (%)	EBV	r^2 (%)	EBV	r^2 (%)	EBV	r^2 (%)	EBV	r^2 (%)	EBV	r^2 (%)
83	15217669	144.65	-0.77	52	-0.45	59	16.49	57	39.46	48	0.08	54	0.01	49	-0.05	54	199.21	13
84	13218225	144.55	1.32	49	-1.41	52	19.91	51	26.93	46	0.01	52	0.06	46	0.42	54	229.8	9
85	65116506	144.47	0.82	51	1.40	51	8.92	51	17.62	46	0.02	52	0.07	47	-0.12	55	703.89	45
86	41119202	144.25	0.12	49	-0.75	57	27.77	57	59.31	50	0.18	56	0.04	51	0.03	58	-707.79	14
87	37115667	144.12	-0.54	57	-0.18	42	10.08	59	51.14	54	0.06	60	0.19	54	0.05	60	104.38	52
88	36115211	143.18	1.29	49	-0.84	51	3.26	50	64.76	44	0.17	50	0.17	45	0.16	53	-122.04	5
89	37110641*	143.10	0.65	54	0.52	57	18.14	56	3.46	52	0.05	57	-0.10	53	-0.10	59	719.11	49
90	65116527	143.08	0.98	50	-3.35	49	0.65	49	12.88	44	-0.02	50	0.01	45	0.13	53	1289.26	44
91	41119912	142.51	-1.30	17	-1.37	56	25.30	57	31.11	30	0.07	57	0.05	30	-0.03	18	105.01	22
92	36116303	142.39	0.24	51	-0.15	53	10.11	53	52.98	47	0.18	53	0.08	47	0.07	54	-67.18	11
93	65117534	142.37	-1.06	51	-0.43	24	18.44	52	40.21	45	0.18	51	0.10	46	0.12	54	59.89	6
94	15213917	142.08	-0.07	55	2.15	55	-2.99	55	35.80	50	0.10	56	0.11	51	0.02	56	658.67	17
95	21119757	142.01	0.19	24	0.29	58	9.84	36	28.83	29	0.15	36	0.01	29	0.01	29	449.93	14
96	37114662	141.95	-0.97	52	-1.66	53	11.14	67	37.83	48	0.12	53	0.05	49	0.07	56	408.34	44
97	22213117	141.36	0.19	48	0.50	49	26.82	48	23.77	43	0.00	49	0.01	44	0.15	52	-53.76	7
98	53115337	141.24	2.10	54	-0.50	60	6.94	59	27.02	50	0.12	59	0.05	51	0.15	58	440.61	29
99	36116301	141.19	0.72	48	-0.42	51	5.23	50	59.83	44	0.08	50	0.24	44	0.12	52	-122.04	5
100	36118505	140.91	-1.03	16	-0.35	50	9.05	49	57.17	44	0.18	50	0.10	45	0.07	52	-55.38	4

＊ 表示该牛已经不在群，但有库存冻精。

注：本书 2020 年及以前版标注前 50 名，自 2021 年版开始标注前 100 名。

表4-1-3 西门塔尔牛估计育种值

序号	牛号	CBI	TPI	体型外貌评分		初生重		6月龄体重		18月龄体重		6~12月龄日增重		13~18月龄日增重		19~24月龄日增重		4%乳脂率校正奶量	
				EBV	r²(%)	EBV	r²(%)	EBV	r²(%)	EBV	r²(%)	EBV	r²(%)	EBV	r²(%)	EBV	r²(%)	EBV	r²(%)
1	11119908	261.75		4.18	48	8.13	49	39.10	48	55.40	42	0.05	49	0.17	43	-0.25	13		
2	15412115	259.24		0.07	53	4.11	59	79.44	58	16.85	52	0.01	59	-0.07	32	-0.25	58		
3	65118596	253.57	205.90	1.25	48	3.35	49	45.66	49	60.61	43	0.26	50	-0.04	44	0.06	52	480.09	7
4	15412127	245.62		0.94	51	1.21	57	63.93	57	31.54	52	-0.03	57	-0.14	53	-0.18	58		
5	65118599	242.52	200.77	1.57	47	-1.46	48	44.88	47	61.87	42	0.35	48	-0.02	42	-0.03	51	532.50	5
6	37115676	241.95	180.31	1.34	52	7.68	55	23.72	54	72.56	48	0.19	54	0.18	49	-0.20	56	-169.60	48
7	62114095	240.83	190.73	-0.77	51	-2.94	52	47.44	52	69.01	47	-0.02	52	0.17	47	0.01	54	217.65	13
8	15618415	239.65		-0.56	46	0.28	49	52.52	48	51.52	41	0.38	47	-0.05	41	-0.07	50		
	22218415																		
9	15412116	234.87		0.66	52	0.08	58	55.66	58	37.99	53	0.13	58	-0.18	53	-0.21	59		
10	14116045	234.36		1.31	52	3.63	58	59.43	58	20.63	53	0.03	59	-0.06	53	0.02	57		
11	11118967	232.69		4.20	51	4.15	56	32.00	56	48.67	48	0.43	55	-0.31	48	0.11	54		
12	65117535	232.32	182.35	-0.79	48	3.49	47	44.98	48	49.35	42	0.29	49	-0.10	42	0.07	51	103.19	6
13	11117957	231.08		-0.85	54	-0.61	55	35.94	56	72.20	51	0.18	56	0.08	51	-0.11	58		
14	21219023	226.18		2.77	26	2.93	54	40.58	55	37.92	46	0.01	53	-0.04	51	0.29	27		
15	11118973	225.37		3.50	52	2.94	54	19.05	53	67.32	47	0.57	54	-0.31	48	0.21	55		
16	15617973	223.37	176.87	-0.70	51	-0.71	53	44.62	56	51.35	50	0.23	54	0.06	51	0.07	26	99.44	8
17	62113083	220.61		-0.28	46	3.06	47	30.70	46	59.36	40	0.04	47	0.07	41	0.19	50		
18	15615311	218.91		-0.84	50	3.01	55	35.24	54	53.10	49	0.15	29	0.15	49	-0.05	55		
	22215111																		
19	22315041	218.87		-0.50	52	6.94	57	43.43	55	29.68	51	0.00	56	-0.07	51	-0.04	58		
20	65118541	216.71		0.00	53	2.84	54	37.05	54	45.43	48	0.35	54	-0.21	49	0.17	56		
21	62114093	216.35	176.05	-0.88	51	-1.64	52	39.35	53	55.81	46	-0.17	52	0.19	46	0.08	53	217.65	13
22	22114057*	215.41		0.50	49	7.13	50	36.40	50	32.89	44	-0.11	50	0.07	45	0.00	53		
23	11119905	214.68		3.70	49	6.07	50	31.43	49	30.00	44	-0.04	50	0.04	44	-0.37	52		
24	65118538	214.29		2.69	53	1.64	54	26.72	53	51.49	48	0.35	54	-0.17	48	0.40	56		
25	21115735	212.57		1.17	52	1.47	29	45.31	53	27.68	49	-0.03	29	-0.06	50	0.15	56		
26	15516X06	212.43	165.03	1.25	53	-1.96	55	21.77	55	71.63	51	0.02	55	0.32	51	-0.12	57	-84.78	19

（续）

序号	牛号	CBI	TPI	体型外貌评分		初生重		6月龄体重		18月龄体重		6~12月龄日增重		13~18月龄日增重		19~24月龄日增重		4%乳脂率校正奶量	
				EBV	r²(%)	EBV	r²(%)	EBV	r²(%)	EBV	r²(%)	EBV	r²(%)	EBV	r²(%)	EBV	r²(%)	EBV	r²(%)
27	65118598	211.85	197.40	0.85	51	-1.43	51	31.31	51	56.72	46	0.28	51	0.01	47	-0.10	54	1056.87	16
28	11119901	211.04		3.91	47	3.07	49	36.86	48	24.72	42	-0.02	49	-0.04	43	-0.42	50		
29	65118540	209.90		-0.29	53	-0.27	54	35.92	54	49.44	48	0.40	54	-0.21	49	0.17	56		
30	65118597	209.60	183.04	0.66	49	1.63	50	37.90	50	37.85	44	0.30	50	-0.10	44	0.00	53	603.14	9
31	15617969	209.12	168.16	-0.23	52	2.75	56	46.57	56	24.84	51	0.29	56	0.03	51	-0.26	58	93.86	10
	22217629																		
32	62113085	208.36	163.71	-0.35	53	0.70	55	31.52	55	52.63	49	0.00	55	0.15	50	0.08	56	-45.41	17
33	11118966	208.29		4.48	53	0.67	54	16.35	53	57.19	48	0.71	53	-0.46	48	-0.06	56		
34	11119976	207.57		2.40	50	3.77	54	16.55	54	56.77	47	0.16	54	0.12	47	-0.29	53		
35	41119202	207.55	144.25	0.12	49	-0.75	57	27.77	57	59.31	50	0.18	56	0.04	51	0.03	58	-707.79	14
36	11118972	207.44		4.47	52	1.81	54	13.50	53	58.05	47	0.53	54	-0.30	48	0.18	55		
37	11116926	207.08		-0.14	52	-1.56	66	36.41	64	48.59	49	0.09	56	0.07	48	-0.05	55		
38	11119903	206.70		3.16	48	4.42	49	37.96	49	18.61	44	-0.13	50	0.03	44	-0.43	52		
39	21219011	205.51		-1.52	23	1.52	53	35.76	53	46.01	47	0.17	53	-0.06	48	0.00	25		
40	65118574	204.04	188.71	0.44	52	1.97	25	25.25	52	52.07	47	0.22	52	0.01	48	0.05	55	917.27	17
41	62113087	200.99	159.29	-0.02	53	1.21	55	42.03	55	27.12	49	-0.03	54	0.02	49	0.11	55	-45.41	17
42	41119204	199.65		0.42	51	-3.66	55	26.29	54	60.08	49	0.10	55	0.12	50	-0.08	55		
43	15615313	199.43		-1.10	50	2.03	53	25.76	52	52.80	47	0.16	26	0.20	48	0.05	55		
	22215113																		
44	11119907	199.19		2.67	48	6.14	49	17.29	48	41.02	43	0.03	49	0.16	43	-0.58	51		
45	11119909	198.86		2.69	47	1.08	48	28.93	47	35.03	42	-0.02	48	0.14	42	-0.25	11		
46	15412175	198.77		-0.80	54	1.07	59	53.91	58	10.19	52	0.04	59	-0.11	53	-0.20	58		
47	11118995	198.48		0.98	47	3.09	51	28.21	50	37.54	46	0.30	51	-0.26	46	-0.13	53		
48	14116423	198.08		0.93	48	-1.20	51	62.80	50	-5.29	46	0.00	22	0.00	20	-0.04	14		
49	41116242*	197.60	155.02	-0.25	51	2.11	55	23.99	54	50.32	51	0.09	55	0.12	51	-0.06	58	-123.39	12
50	65117532	196.55	152.66	-0.79	47	0.80	10	44.68	48	22.88	40	0.20	48	-0.21	41	0.08	50	-184.05	4
51	53114303	195.93		1.07	52	-1.41	77	29.52	82	43.69	64	-0.04	71	0.10	62	0.02	56		
	22114007																		

（续）

序号	牛号	CBI	TPI	体型外貌评分		初生重		6月龄体重		18月龄体重		6~12月龄日增重		13~18月龄日增重		19~24月龄日增重		4%乳脂率校正奶量	
				EBV	r²(%)	EBV	r²(%)	EBV	r²(%)	EBV	r²(%)	EBV	r²(%)	EBV	r²(%)	EBV	r²(%)	EBV	r²(%)
52	22216661*	195.87		-0.84	52	1.96	53	42.97	53	22.25	48	-0.35	54	0.06	49	0.00	26		
53	15216221	195.45		1.69	47	7.55	49	21.10	48	32.06	43	0.00	49	0.02	43	-0.02	52		
54	11119996	194.81		1.32	48	0.02	53	29.30	53	38.55	48	0.04	53	0.08	48	-0.28	55		
55	65118575	193.97	186.47	1.10	51	0.52	23	19.08	51	53.07	46	0.14	51	0.08	46	0.06	54	1050.09	16
56	15412151	193.90		0.43	51	-0.09	58	42.31	57	21.46	52	0.00	58	-0.15	53	-0.22	59		
57	21219012	193.02		-0.49	22	0.45	53	28.41	53	44.21	47	0.25	53	-0.12	47	0.04	25		
58	65118581	192.70	176.21	0.76	54	-1.79	33	27.59	55	45.75	51	0.17	56	0.05	51	0.04	58	718.67	21
59	15516X50	192.15		1.41	49	-0.55	55	14.86	55	59.23	50	0.19	55	0.13	49	0.37	56		
60	36116302	191.69	152.35	-0.36	49	1.70	50	5.56	49	74.47	43	0.07	49	0.34	44	0.02	52	-93.13	8
61	37114627	190.95	175.18	0.80	55	1.75	58	10.25	57	61.97	50	0.15	58	0.22	51	-0.14	58	719.30	47
62	62113089	190.35	152.59	-0.66	51	0.01	53	28.42	53	43.42	47	0.07	53	-0.03	48	-0.02	54	-56.44	15
63	22118027	188.99		0.47	49	5.21	56	26.21	55	28.58	50	-0.12	56	0.07	51	0.07	58		
64	14118313	188.83		-0.18	54	3.57	39	34.60	38	22.05	53	0.08	38	-0.05	36	-0.09	37		
65	36118511	188.49	149.65	0.54	19	-0.64	51	8.49	50	69.16	44	0.00	50	0.24	44	0.09	52	-120.13	6
66	65117552	188.18	157.85	-1.65	50	2.86	51	26.49	50	41.29	46	0.33	51	-0.13	46	0.16	54	172.47	10
67	65117530	188.02	170.13	1.35	51	1.05	25	21.09	52	42.18	46	0.16	51	0.13	46	0.13	54	604.49	6
68	15516X05	187.69	150.18	0.86	52	-3.41	54	20.98	53	54.73	49	-0.03	54	0.25	49	-0.02	55	-84.78	19
69	11119906	187.38		2.80	47	3.20	49	19.19	48	33.68	42	0.12	49	0.01	43	-0.41	50		
70	11118970	187.08		3.58	50	1.36	53	15.33	52	40.75	45	0.45	52	-0.27	46	-0.05	53		
71	22215147	186.73	159.66	-0.24	48	-0.34	51	31.86	50	33.98	19	0.07	20	0.07	19	-0.11	21	266.08	42
72	65118542	186.43		2.00	56	0.79	58	25.80	58	31.58	53	0.21	58	-0.12	53	0.35	59		
73	15213128*	186.17	149.78	-2.39	50	-2.31	53	27.27	52	53.59	45	0.20	51	-0.01	46	-0.01	53	-67.18	11
74	65117546*	185.60	157.32	1.42	48	-1.34	11	15.66	49	53.75	43	-0.25	50	0.16	44	0.12	52	208.14	6
75	37115670	185.38	154.22	-0.54	57	0.07	60	15.81	59	57.50	54	0.04	60	0.20	54	0.06	60	104.38	52
76	15516X08	185.08	148.62	0.60	53	-1.88	56	14.08	55	60.17	51	0.28	55	0.13	51	-0.13	57	-84.78	19
77	41418167	185.06		-0.63	18	-3.39	53	22.27	53	56.01	46	0.10	52	0.06	46	0.11	54		
78	22419011	184.65		0.25	16	4.65	50	9.43	50	52.45	43	-0.02	50	0.21	43	0.10	18		
79	11111909	184.52		-0.42	58	0.46	66	35.02	65	25.83	59	0.06	66	-0.08	59	-0.29	64		

（续）

序号	牛号	CBI	TPI	体型外貌评分		初生重		6月龄体重		18月龄体重		6~12月龄日增重		13~18月龄日增重		19~24月龄日增重		4%乳脂率校正奶量	
				EBV	r²(%)	EBV	r²(%)	EBV	r²(%)	EBV	r²(%)	EBV	r²(%)	EBV	r²(%)	EBV	r²(%)	EBV	r²(%)
80	37110647*	183.66	165.93	1.87	29	5.16	57	23.78	57	22.02	52	0.08	57	-0.03	52	-0.20	59	549.24	49
81	11118975	183.56		2.10	53	2.57	56	0.69	56	62.70	51	0.43	55	-0.20	49	-0.23	56		
82	37115675	183.44	168.27	1.86	49	-1.50	51	6.89	51	63.86	43	0.33	51	-0.01	44	-0.06	52	635.22	47
83	41119272	183.19		1.61	48	2.34	50	20.75	49	34.06	43	0.32	50	-0.21	44	0.18	16		
84	41110292*	182.93		0.74	47	6.85	48	28.67	47	14.13	42	0.13	48	-0.23	43	0.15	52		
85	65116523	182.24	185.19	3.09	50	-0.04	50	7.97	50	52.79	45	-0.05	51	0.22	45	0.15	54	1251.10	45
86	22118087	182.21		-0.25	19	0.79	36	25.58	57	36.69	50	-0.03	57	0.17	50	0.08	57		
87	15618939	181.93		-0.72	49	4.24	52	31.76	53	20.42	24	-0.16	53	0.09	24	0.00	23		
	22118025																		
88	65117548	181.60	158.56	0.75	50	-0.06	13	14.88	50	50.71	45	-0.26	51	0.15	45	0.14	54	335.14	6
89	15217229	181.56		1.83	53	2.57	54	23.74	54	26.54	49	0.06	55	-0.01	50	-0.08	57		
90	41119238	181.53		0.15	20	1.41	54	16.19	53	47.40	48	0.09	54	0.16	49	-0.03	57		
91	15217732	181.44		1.00	53	2.53	56	18.54	58	37.71	53	0.22	56	-0.11	54	-0.16	60		
92	15216112	181.03		3.26	57	-3.86	59	9.36	59	58.11	52	0.15	58	0.13	52	-0.11	59		
93	15618322	180.84	151.59	-0.94	52	-1.08	25	32.04	55	32.70	49	-0.03	55	-0.16	50	0.25	57	107.86	8
	22218322																		
94	22316033	180.68		-0.35	51	3.90	55	27.19	55	25.65	51	-0.04	55	0.04	51	0.02	57		
95	15619129	179.70		0.06	54	2.52	56	16.60	56	42.72	52	0.01	56	0.03	52	-0.39	58		
96	65117544	179.65	154.44	0.84	16	-1.28	10	16.79	48	48.56	43	-0.10	49	0.15	44	0.07	52	231.98	6
97	41112922	179.28	114.61	0.62	52	3.77	55	19.48	54	32.72	49	0.05	54	0.08	50	-0.05	56	-1150.20	46
98	11118963	179.27		2.34	53	3.05	56	8.49	56	44.64	51	0.47	55	-0.29	49	-0.18	56		
99	11118968	179.20		4.18	53	-2.16	54	7.48	53	51.61	48	0.68	53	-0.43	48	-0.16	56		
100	15216226	179.15		1.18	51	2.72	51	21.35	51	30.11	46	-0.02	52	0.04	47	-0.08	55		
101	15216114	179.09		2.27	57	0.09	58	9.10	59	50.97	53	0.14	58	0.14	54	-0.14	60		
102	41419139	179.08		0.02	16	1.12	55	34.43	54	18.35	48	-0.07	54	-0.07	48	-0.01	53		
103	37114665	179.07	151.79	1.53	50	1.43	53	6.95	52	53.87	45	0.17	53	0.07	46	0.07	54	151.75	47
104	14117227	178.03	133.50	-1.15	50	3.16	58	31.50	57	21.46	46	0.09	56	-0.04	46	-0.09	54	-464.75	46
105	36115211	177.79	143.18	1.29	49	-0.84	51	3.26	50	64.76	44	0.17	50	0.17	45	0.16	53	-122.04	5

（续）

（续）

序号	牛号	CBI	TPI	体型外貌评分		初生重		6月龄体重		18月龄体重		6~12月龄日增重		13~18月龄日增重		19~24月龄日增重		4%乳脂率校正奶量	
				EBV	r²(%)	EBV	r²(%)	EBV	r²(%)	EBV	r²(%)	EBV	r²(%)	EBV	r²(%)	EBV	r²(%)	EBV	r²(%)
106	22218119	177.70	150.23	-0.21	18	2.17	51	41.35	50	4.80	46	0.19	51	-0.35	46	-0.14	54	125.85	8
107	41418135 15618937	176.93		-1.04	51	4.96	56	40.21	58	2.29	32	-0.20	58	0.02	32	0.03	34		
108	15215212	176.75		1.23	51	2.86	38	24.52	59	22.47	53	-0.17	59	0.06	54	0.06	61		
109	15618703*	176.62	148.82	0.18	51	-0.56	28	19.30	56	42.69	50	0.05	54	0.09	51	0.16	54	99.44	8
110	37110051*	176.57	161.68	1.87	29	5.34	57	27.62	57	9.07	52	0.08	57	-0.13	52	-0.03	59	549.24	49
111	22212901*	176.47		0.97	52	1.95	64	2.28	55	59.51	50	0.23	55	0.37	50	-0.14	57		
112	53114308 22114019	176.18		0.74	53	3.92	70	39.55	66	-1.77	52	-0.14	64	-0.07	51	0.09	55		
113	65116518	175.85	177.06	1.89	51	7.83	51	10.90	51	27.93	45	-0.09	51	0.15	46	0.00	54	1101.07	45
114	15219173	175.66		1.01	54	2.09	37	23.28	57	26.07	52	-0.07	57	0.21	53	0.00	36		
115	15216111	175.39		3.47	56	-0.61	62	7.44	60	47.11	52	-0.05	58	0.31	53	-0.12	59		
116	37114629	175.25	164.77	1.23	53	3.85	55	-3.91	55	62.26	48	0.12	55	0.18	49	-0.05	56	684.54	48
117	13218239	175.21	148.41	-0.53	48	-1.77	51	15.13	50	53.45	44	0.39	51	-0.10	45	0.05	52	114.43	7
118	15516X04	175.18	148.13	0.71	46	-2.36	48	15.73	48	49.12	42	0.00	48	0.20	43	-0.16	50	105.53	9
119	15518X10	175.06		-2.14	40	4.14	48	22.46	48	34.00	36	0.22	46	-0.13	37	0.12	43		
120	41119274	174.90		0.28	45	3.28	46	20.07	45	30.23	39	0.29	46	-0.11	40	0.24	48		
121	15415311	174.62	130.70	0.78	53	1.11	58	18.31	57	35.98	51	0.19	57	-0.09	51	-0.09	56	-491.11	19
122	65118536	174.48		1.06	55	-0.49	57	22.13	56	32.78	51	0.29	57	-0.15	52	0.20	58		
123	36116301	174.48	141.19	0.72	48	-0.42	51	5.23	50	59.83	44	0.08	50	0.24	44	0.12	52	-122.04	5
124	15216748	174.37		1.31	54	1.12	65	12.54	68	42.51	53	0.19	59	0.08	52	-0.10	59		
125	22114023*	174.14		0.83	45	6.43	52	18.60	50	22.02	44	-0.11	51	0.06	45	-0.03	53		
126	15218712	174.05		-1.37	54	3.87	58	22.55	58	30.59	51	0.07	58	-0.01	52	0.01	57		
127	36116303	173.86	142.39	0.24	51	-0.15	53	10.11	53	52.98	47	0.18	53	0.08	47	0.07	54	-67.18	11
128	15216113	173.71		3.26	57	-2.73	59	4.63	59	55.79	52	0.14	58	0.14	52	-0.06	59		
129	53114302 22114003	173.68		0.68	48	-0.89	49	34.39	49	15.67	43	-0.04	49	-0.03	44	0.00	52		
130	65117543	173.59	161.55	1.44	50	-0.33	14	17.70	50	36.88	45	-0.02	51	0.03	45	0.07	54	607.21	9

（续）

序号	牛号	CBI	TPI	体型外貌评分		初生重		6月龄体重		18月龄体重		6~12月龄日增重		13~18月龄日增重		19~24月龄日增重		4%乳脂率校正奶量	
				EBV	r²(%)	EBV	r²(%)	EBV	r²(%)	EBV	r²(%)	EBV	r²(%)	EBV	r²(%)	EBV	r²(%)	EBV	r²(%)
131	41418169	173.51		-0.63	18	-2.91	52	20.46	53	46.83	46	0.10	52	0.01	46	0.15	54		
132	22119127	173.37		0.95	51	0.47	36	12.35	58	44.84	53	-0.06	58	0.15	53	0.04	37		
133	11118990	173.10	140.36	2.75	51	2.77	52	-1.24	51	52.88	46	0.08	51	0.26	46	-0.16	54	-122.04	5
134	11118991*	173.09	140.36	2.62	51	3.99	52	-4.73	51	55.78	46	0.03	21	0.20	20	0.01	21	-122.04	5
135	11119979	173.03		1.58	56	1.95	58	6.03	59	48.19	54	-0.04	59	0.27	54	-0.37	58		
136	15212310*	172.95		2.57	66	4.39	70	22.94	69	12.45	66	0.02	69	-0.03	65	0.06	72		
137	15414007	172.66		-2.27	51	-0.38	58	28.63	58	33.74	53	0.08	59	0.02	54	-0.12	57		
138	11118965	172.65		3.59	53	-2.03	53	19.35	53	29.26	47	0.44	53	-0.37	48	0.35	56		
139	15217111	172.64		3.02	57	-1.84	59	3.49	59	55.31	52	0.24	58	0.12	53	-0.23	59		
140	37110635*	172.03	158.96	1.87	29	4.88	57	18.81	57	19.45	52	0.08	57	-0.03	52	-0.16	59	549.24	49
141	14116513	171.95		-3.15	48	3.47	48	33.62	47	19.52	42	-0.19	48	-0.01	42	-0.03	51		
142	14117325	171.84	135.67	-1.48	49	3.08	55	26.60	54	24.65	44	-0.09	52	0.04	44	0.00	53	-259.47	44
143	15217735	171.75		0.63	52	4.58	58	10.40	57	37.61	50	0.29	58	-0.06	50	-0.22	57		
144	22213217*	171.74	147.90	0.87	17	-0.41	52	-5.06	51	72.44	46	0.32	52	0.16	47	-0.03	55	169.48	42
145	15208211*	171.66	130.74	0.81	14	7.32	51	13.83	50	24.94	45	0.09	51	0.04	46	-0.14	54	-427.79	9
146	22213117	171.50	141.36	0.19	48	0.50	49	26.82	48	23.77	43	0.00	49	0.01	44	0.15	52	-53.76	7
147	37114617	171.43	165.44	0.30	53	2.58	57	2.30	81	55.84	59	0.14	56	0.10	59	-0.07	57	788.11	50
148	41419170	171.37		-0.36	19	1.11	52	9.58	52	50.74	46	-0.05	52	0.15	46	0.07	54		
149	41419112	171.01		0.25	2	0.84	47	16.80	46	37.62	41	0.07	47	0.07	41	-0.01	3		
150	15613301	170.90	136.04	0.17	50	-1.31	51	36.45	50	12.91	45	-0.27	51	0.02	46	0.13	53	-226.84	4
	22213101																		
151	36118505	170.83	140.91	-1.03	16	-0.35	50	9.05	49	57.17	44	0.18	50	0.10	45	0.07	52	-55.38	4
152	15219401	170.82		0.50	19	2.71	51	23.49	50	21.70	18	0.00	51	0.04	18	0.10	20		
153	65116524	170.53	169.78	2.24	51	-0.27	51	6.71	51	47.62	46	-0.03	52	0.20	46	0.14	54	958.36	45
154	62115103	170.08		-0.68	46	2.14	46	5.75	45	54.15	39	0.09	46	0.14	40	-0.01	49		
155	15212418	169.83		1.68	49	3.43	69	10.91	71	33.75	50	0.08	57	0.06	51	0.04	59		
156	65118576	169.50	160.84	0.76	54	-1.61	33	15.87	55	41.59	51	0.15	56	0.06	51	0.06	58	667.87	22
157	13216X13	169.14	139.05	0.99	56	-3.90	57	12.92	56	50.43	52	-0.02	57	0.24	52	-0.31	59	-84.78	19

（续）

序号	牛号	CBI	TPI	体型外貌评分		初生重		6月龄体重		18月龄体重		6~12月龄日增重		13~18月龄日增重		19~24月龄日增重		4%乳脂率校正奶量	
				EBV	r²(%)	EBV	r²(%)	EBV	r²(%)	EBV	r²(%)	EBV	r²(%)	EBV	r²(%)	EBV	r²(%)	EBV	r²(%)
	15516X13																		
158	15208131*	168.97		-4.85	52	0.98	65	26.00	76	41.02	70	0.14	75	-0.03	71	-0.25	74		
159	37114663	168.94	158.40	0.99	51	-1.77	53	13.28	77	44.53	58	0.13	53	0.07	56	0.01	55	594.45	44
160	36116305	168.65	138.52	-1.22	50	0.71	52	4.33	51	60.54	45	0.05	51	0.24	45	0.11	53	-93.13	8
161	37115667	168.54	144.12	-0.54	57	-0.18	42	10.08	59	51.14	54	0.06	60	0.19	54	0.05	60	104.38	52
162	15217191	168.44		-0.53	55	3.90	56	19.42	56	26.82	52	-0.05	57	0.05	52	-0.13	59		
163	37115674	168.38	149.02	0.87	50	0.11	53	9.04	52	46.43	47	0.34	53	-0.05	47	-0.05	54	279.07	46
164	15619147	168.32		0.29	30	4.88	38	23.10	39	15.52	37	-0.04	39	-0.03	37	0.10	39		
165	65118580	168.11	158.55	1.17	53	-2.15	55	18.77	54	35.56	50	0.18	55	0.02	50	0.07	57	617.22	18
166	22217233	168.08		-0.03	45	4.38	44	14.50	43	30.93	38	-0.36	45	0.24	39	0.07	48		
167	65117534	167.75	142.37	-1.06	51	-0.43	24	18.44	52	40.21	45	0.18	51	0.10	46	0.12	54	59.89	6
168	13213745	167.50	131.03	0.68	50	-2.39	50	8.08	50	53.86	45	0.12	51	0.15	46	0.04	53	-330.60	45
169	15611237	167.41		0.63	52	2.76	56	21.08	55	21.58	51	0.08	56	-0.07	51	-0.06	58		
	22112043																		
170	15219415	167.35		0.12	49	3.55	51	24.55	50	16.27	16	-0.14	51	0.03	16	0.09	17		
171	11119902	166.94		2.36	48	7.10	49	17.19	48	9.90	42	0.03	49	-0.06	43	-0.37	51		
172	22115069*	166.88		-0.67	52	6.25	52	22.83	52	14.99	48	-0.07	53	-0.07	48	0.05	55		
173	15214127*	166.78	137.79	-3.01	50	-1.83	58	19.90	57	48.00	48	0.16	54	-0.02	48	-0.01	54	-79.48	11
174	41418131	166.68		-1.02	53	0.00	35	33.70	57	14.62	32	0.06	35	-0.02	32	0.20	33		
	15618935																		
175	15216115*	166.55		2.38	57	-2.04	58	4.06	59	51.71	53	0.15	58	0.16	54	-0.16	60		
176	65117551*	166.25	154.43	-1.65	50	-0.11	50	27.23	50	26.84	45	0.30	51	-0.20	45	0.16	54	512.14	8
177	37117680	166.21	124.28	3.18	51	1.80	57	3.00	56	40.62	47	0.23	56	0.03	47	-0.09	55	-538.94	47
178	15217663	166.13	137.61	0.99	50	0.05	57	10.91	56	41.14	50	0.19	55	0.02	50	-0.10	57	-72.10	11
179	15216224	166.06		1.44	50	2.52	50	17.44	49	23.34	44	0.04	50	-0.01	45	-0.01	53		
180	37117679	166.06	133.68	3.41	49	2.47	52	4.47	51	35.72	44	0.21	51	0.03	45	-0.03	53	-207.75	45
181	15213918*	166.03	145.62	0.46	24	0.11	54	5.96	53	50.54	48	0.14	53	0.12	49	0.04	56	209.29	16
182	41119912	165.84	142.51	-1.30	17	-1.37	56	25.30	57	31.11	30	0.07	57	0.05	30	-0.03	18	105.01	22

（续）

序号	牛号	CBI	TPI	体型外貌评分		初生重		6月龄体重		18月龄体重		6~12月龄日增重		13~18月龄日增重		19~24月龄日增重		4%乳脂率校正奶量	
				EBV	r²(%)	EBV	r²(%)	EBV	r²(%)	EBV	r²(%)	EBV	r²(%)	EBV	r²(%)	EBV	r²(%)	EBV	r²(%)
183	15612333	165.71		0.36	49	1.52	18	-3.47	49	61.67	44	0.47	50	-0.04	45	-0.05	53		
	22212933*																		
184	22316001	165.66		0.05	51	2.64	56	18.64	57	26.22	52	0.02	57	0.04	53	0.27	59		
185	41413143	165.51		0.70	53	2.15	59	8.13	80	40.86	56	0.19	59	0.06	56	-0.23	60		
186	15215734*	165.49		-1.44	53	4.07	62	11.94	64	38.64	58	0.04	62	0.08	58	-0.02	60		
187	15217244	165.47		1.79	54	1.64	55	16.07	55	25.66	51	0.03	55	0.04	51	-0.05	58		
188	53115338	165.29	152.16	-0.12	55	-1.14	60	26.24	60	24.03	52	0.04	60	0.04	53	0.15	58	453.34	24
189	14116320	165.19		1.14	55	-1.51	60	39.72	59	-0.72	54	0.02	60	-0.10	54	0.02	59		
190	13118533	165.14		1.56	11	3.33	51	27.04	50	5.34	44	-0.03	51	-0.18	45	0.10	53		
191	41113254	165.08	150.10	0.26	55	0.47	59	14.68	58	36.19	53	0.15	58	0.03	54	0.08	60	385.78	47
192	36115201	165.06	135.63	-0.19	50	-0.15	52	13.67	52	40.96	46	0.21	52	-0.04	47	0.14	54	-119.02	11
193	15217669	164.90	144.65	-0.77	52	-0.45	59	16.49	57	39.46	48	0.08	54	0.01	49	-0.05	54	199.21	13
194	62108001	164.44	120.66	-0.17	47	0.38	50	18.82	48	31.12	44	0.13	49	-0.08	43	-0.01	52	-628.30	8
195	15516X09*	164.27	136.13	-0.34	53	-3.30	56	12.70	55	49.91	51	0.18	55	0.16	51	-0.13	57	-84.78	19
196	41113270	164.19		0.78	51	1.84	69	18.29	73	24.49	59	0.01	64	0.16	59	-0.32	60		
197	15412022	164.11		0.32	51	1.28	59	40.80	58	-6.96	53	-0.15	59	-0.06	53	-0.17	54		
198	65111562	163.71		0.24	49	-0.75	50	10.69	49	44.05	45	0.16	50	0.10	45	0.06	52		
199	41118238	163.67		-0.23	50	0.02	55	1.06	54	58.74	49	-0.01	55	0.29	50	-0.29	57		
200	41112232*	163.37	137.01	1.16	47	2.24	48	16.26	48	24.40	43	-0.06	49	0.11	43	0.12	52	-35.20	3
201	15618201	163.35		-0.04	51	1.20	52	38.67	51	-2.82	22	0.04	52	0.00	22	0.10	21		
	22218201*																		
202	13218225	163.28	144.55	1.32	49	-1.41	52	19.91	51	26.93	46	0.01	52	0.06	46	0.42	54	229.80	9
203	13209X75	163.22		-0.82	46	-0.62	8	39.42	45	3.34	40	-0.05	46	-0.13	40	-0.33	49		
204	42119034	163.21		-0.40	53	2.18	57	16.15	57	30.60	50	0.23	55	0.02	50	-0.11	34		
205	15517F03	163.15	137.26	1.15	48	-0.94	49	11.56	50	39.13	45	0.13	51	0.09	45	-0.03	52	-21.99	5
206	22215149*	162.83	135.61	-0.77	18	-0.01	52	23.65	51	25.48	47	0.00	52	0.06	47	-0.11	55	-72.93	42
207	36118503	162.11	135.34	0.00	20	-0.47	52	7.11	51	48.30	46	0.20	51	0.05	46	0.06	53	-67.18	11
208	62111169	161.56		0.30	48	3.60	59	16.22	59	22.81	52	-0.05	60	-0.07	53	0.03	57		

（续）

（续）

序号	牛号	CBI	TPI	体型外貌评分		初生重		6月龄体重		18月龄体重		6~12月龄日增重		13~18月龄日增重		19~24月龄日增重		4%乳脂率校正奶量	
				EBV	r²(%)	EBV	r²(%)	EBV	r²(%)	EBV	r²(%)	EBV	r²(%)	EBV	r²(%)	EBV	r²(%)	EBV	r²(%)
209	65116509	161.16	151.27	2.36	47	0.43	50	11.44	50	29.45	42	0.02	51	0.09	42	0.08	51	508.68	46
210	22218803	160.91	134.13	0.21	11	0.94	51	31.39	53	5.73	47	-0.05	51	0.01	45	-0.31	53	-84.27	1
211	15212516*	160.46		0.06	12	8.62	50	8.30	49	22.70	42	-0.06	49	0.10	43	0.05	52		
212	15612321	160.35		-0.66	48	-0.11	53	9.52	52	44.64	47	-0.08	53	0.24	48	-0.18	56		
	22212921																		
213	21219027	160.10	138.42	0.29	9	1.19	45	26.14	46	12.10	40	0.03	46	-0.01	41	0.00	12	82.27	1
214	36115209	160.05	130.15	-0.73	52	0.51	31	10.06	54	42.30	48	0.22	54	-0.01	49	0.13	55	-205.29	15
215	22215311	159.76		-0.58	48	0.75	48	21.62	47	23.15	42	-0.29	48	0.14	42	-0.03	51		
216	11117986	159.74	137.22	1.83	52	2.29	53	-2.01	52	46.30	46	-0.02	52	0.34	47	-0.05	54	47.86	10
217	41110296	159.69	127.73	0.95	47	7.92	47	17.55	46	6.05	41	0.13	47	-0.23	41	0.09	51	-281.96	3
218	22119033	159.46		-0.54	23	3.95	34	19.01	57	18.97	50	-0.05	57	0.04	51	0.01	57		
219	41112238*	159.44	133.58	2.40	48	-0.11	62	2.84	59	42.18	43	0.15	49	0.05	44	0.08	52	-72.60	5
220	15518X11	159.18		-2.08	40	2.71	48	23.54	48	20.73	36	0.16	46	-0.18	37	0.19	43		
221	53114305	159.18		-0.17	49	3.66	50	29.07	61	2.56	45	-0.16	51	-0.05	45	0.00	53		
	22114015																		
222	22213002	159.15	132.67	-0.57	53	1.13	54	13.18	54	34.56	49	-0.09	54	0.12	49	0.13	56	-98.41	14
223	37110652*	159.10	163.76	0.91	28	3.95	55	19.91	55	11.64	50	0.00	55	-0.05	50	-0.12	57	987.68	24
224	15217738*	159.09		1.14	54	0.96	58	9.15	57	34.47	53	0.11	57	0.06	53	-0.08	59		
225	65116519	158.95	171.14	3.71	50	3.72	50	4.51	50	24.82	45	-0.08	51	0.12	45	0.14	53	1248.36	45
226	11118961	158.72		3.41	53	2.34	56	-11.73	56	54.01	48	0.34	55	-0.03	49	0.24	56		
227	22216677*	158.66		0.87	53	-0.08	55	18.76	55	22.90	50	-0.19	55	0.13	51	0.17	57		
228	15617057	158.66	134.64	0.91	52	-1.19	58	7.52	55	42.66	48	0.03	54	0.11	48	0.13	54	-19.49	3
229	53115344	157.97		0.98	50	0.33	53	-2.06	52	52.76	47	0.34	53	0.03	48	0.08	55		
230	15618205	157.82	135.62	-2.56	51	-1.46	54	28.31	52	24.09	46	0.11	52	-0.06	46	0.11	51	32.44	7
	22218205																		
231	22215131	157.58	131.77	0.50	49	-1.41	52	21.52	51	22.31	22	0.07	52	0.05	22	0.05	23	-97.04	42
232	15216631	157.47	140.72	0.95	51	1.21	57	8.89	56	33.49	46	0.07	52	0.01	47	0.00	54	217.65	13
233	65117547	157.43	147.81	1.49	50	0.10	14	6.70	50	37.40	45	-0.21	51	0.10	46	0.10	54	466.00	9

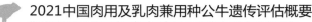

（续）

序号	牛号	CBI	TPI	体型外貌评分 EBV	r²(%)	初生重 EBV	r²(%)	6月龄体重 EBV	r²(%)	18月龄体重 EBV	r²(%)	6~12月龄日增重 EBV	r²(%)	13~18月龄日增重 EBV	r²(%)	19~24月龄日增重 EBV	r²(%)	4%乳脂率校正奶量 EBV	r²(%)
234	65117529	157.40	150.67	0.42	53	-2.67	30	6.28	54	48.86	49	0.08	54	0.16	50	0.05	57	566.30	19
235	62111173	157.07		0.49	58	1.35	66	16.57	65	22.78	59	0.00	66	-0.04	59	-0.01	64		
236	13219128	157.05	140.40	-0.17	52	2.94	56	-10.97	55	63.69	47	0.20	55	0.21	48	0.01	24	215.28	12
237	65111561	156.95		0.82	48	-0.30	49	-0.38	48	51.37	43	0.12	49	0.20	43	0.07	51		
238	21217017	156.51		-0.41	47	0.03	52	18.01	52	26.73	44	0.30	51	-0.23	44	0.12	50		
239	15212134	156.29	117.03	2.23	54	3.04	64	10.49	63	20.55	53	0.05	59	-0.04	53	-0.01	60	-584.48	15
240	41112234	156.18	130.38	2.25	50	1.22	53	5.14	52	32.97	47	0.03	53	0.13	48	0.07	56	-116.29	9
241	15209137*	156.16	116.32	-2.62	51	3.49	52	44.58	51	-14.15	47	-0.35	52	-0.02	47	0.11	55	-606.23	15
242	13217919	156.12	139.52	-0.02	49	0.60	50	4.91	49	43.56	44	0.16	50	0.10	45	0.11	53	204.18	9
243	13116553	155.97	118.17	1.42	49	-2.89	52	11.23	51	36.60	45	0.08	52	0.01	46	0.10	54	-537.86	7
244	15217259	155.72		1.91	51	4.61	51	9.21	50	19.42	45	0.03	51	0.00	46	-0.01	54		
245	22210347*	155.72	137.78	0.69	50	-0.71	52	-13.60	51	71.98	46	0.32	52	0.17	47	-0.02	54	151.72	42
246	41418101	155.69	136.65	-0.41	17	-0.08	53	6.52	52	43.84	47	0.09	52	0.20	47	0.01	54	113.05	10
247	22218717	155.64		0.07	2	-0.12	45	28.72	45	8.00	40	-0.22	46	0.17	41	-0.09	49		
248	22316059	155.57		-0.53	52	6.02	57	11.86	55	21.25	51	0.00	56	0.03	51	0.15	58		
249	15217139	155.32		1.93	60	-0.89	62	2.58	62	42.44	57	0.13	62	0.03	57	-0.06	62		
250	22119039	155.21		0.57	25	3.36	37	1.45	57	39.05	51	0.25	57	-0.10	52	-0.01	58		
251	37110642*	155.20	153.73	0.84	33	2.22	57	28.36	56	-0.50	52	-0.06	57	-0.08	53	-0.07	59	719.11	49
252	22419075	155.16		1.91	19	0.95	49	6.78	48	31.47	42	0.07	49	0.10	42	0.20	49		
253	41113250	155.15	131.20	0.59	55	-1.35	67	6.55	66	42.49	60	0.02	67	0.15	61	-0.06	61	-66.04	1
254	22118035	155.14		0.65	53	0.82	56	19.05	57	17.84	51	-0.16	57	0.07	52	0.16	58		
255	13219061	154.91	136.92	0.30	51	1.44	59	-0.41	57	47.31	49	0.23	57	0.06	49	-0.05	56	138.82	18
256	22420003	154.88	131.00	0.19	19	0.15	51	17.87	50	22.81	21	-0.14	50	-0.01	21	-0.02	20	-67.18	11
257	15618704*	154.69		-0.71	55	1.72	33	5.71	56	40.96	51	-0.04	57	0.16	52	0.08	57		
258	22115071*	154.65		0.36	51	-1.17	56	25.39	56	13.60	51	-0.12	57	-0.01	52	-0.09	58		
259	13213759	154.42	128.38	-0.27	49	0.11	49	5.55	49	43.14	44	0.11	49	0.10	44	-0.04	52	-149.20	45
260	22119053	154.31		0.02	51	0.33	38	11.26	57	32.63	53	0.06	58	0.06	53	-0.09	59		
261	11118971	154.16		3.58	50	0.81	53	5.54	52	26.31	45	0.45	52	-0.31	46	0.08	53		

（续）

序号	牛号	CBI	TPI	体型外貌评分 EBV	r²(%)	初生重 EBV	r²(%)	6月龄体重 EBV	r²(%)	18月龄体重 EBV	r²(%)	6~12月龄日增重 EBV	r²(%)	13~18月龄日增重 EBV	r²(%)	19~24月龄日增重 EBV	r²(%)	4%乳脂率校正奶量 EBV	r²(%)
262	15217181	154.15		-1.06	53	1.67	54	15.38	55	27.10	50	-0.04	53	0.14	51	-0.15	58		
263	22215139	154.08		-1.18	51	3.46	53	9.80	53	31.73	48	0.07	54	0.07	49	-0.14	56		
264	22114009	153.91		0.31	56	1.73	58	18.76	58	16.25	53	-0.07	58	-0.01	54	0.06	59		
265	37117677	153.80	135.31	1.66	52	-1.55	78	3.76	76	41.85	47	0.10	69	0.15	48	-0.05	55	105.81	43
266	41118296	153.73		-0.46	53	2.11	52	9.78	51	31.91	45	0.22	51	-0.01	46	0.03	53		
267	15415310	153.64	138.07	1.13	51	1.89	57	3.83	56	35.32	45	0.16	56	0.00	46	-0.10	54	205.36	24
268	15216242*	153.58		1.60	55	2.55	58	18.99	59	8.61	54	-0.17	59	0.08	54	0.08	61		
269	41119254	153.46		-0.17	13	1.75	58	13.65	57	25.47	52	0.01	57	0.09	53	-0.06	33		
270	15517F01	153.29	131.34	-0.55	48	-0.47	23	7.82	50	41.09	45	0.07	51	0.17	45	-0.05	52	-21.99	5
271	65115505	153.23		0.71	49	2.24	48	4.25	47	35.07	42	-0.03	48	0.06	43	0.03	52		
272	15208218*	153.22	108.02	-0.67	25	1.77	55	28.70	55	4.06	51	-0.15	56	-0.01	51	-0.05	58	-834.35	20
273	21217016	153.19		-0.12	47	0.31	52	16.63	52	23.94	44	0.29	51	-0.23	44	0.10	50		
274	13213119	153.11	135.39	-0.53	49	-1.55	49	5.49	48	47.03	43	0.07	49	0.16	44	0.07	52	122.87	45
275	22114027*	153.01		0.22	53	1.15	55	17.36	55	19.30	51	-0.08	56	0.00	51	0.08	57		
276	53115343*	152.99	136.95	1.60	51	1.04	55	4.19	54	34.40	48	0.11	54	0.09	48	0.13	56	179.86	23
277	41108215*	152.91		2.12	47	-0.17	47	8.50	46	28.63	41	0.03	47	0.08	42	0.15	51		
278	41119914	152.73	129.35	1.01	48	2.90	26	24.28	55	1.14	46	-0.13	54	-0.07	47	-0.08	14	-79.73	2
279	62111172	152.50		0.76	50	3.31	62	11.47	62	20.54	56	-0.02	62	-0.05	56	0.00	59		
280	11118969	152.45		4.18	53	-2.44	54	0.58	53	37.86	48	0.70	53	-0.49	48	0.00	56		
281	15618203 22218203	151.91	129.22	-1.81	49	3.35	46	17.21	48	21.04	43	0.11	49	-0.06	44	0.13	50	-67.18	3
282	22115009	151.84		1.18	50	-0.12	53	17.50	54	17.35	49	-0.04	54	0.00	49	-0.02	57		
283	15415308	151.63	138.54	-0.69	51	2.37	57	20.96	56	13.07	47	0.04	56	0.01	47	-0.10	54	263.82	27
284	21218029	151.44		1.79	49	1.26	56	4.18	56	31.70	48	0.13	55	-0.03	49	0.05	54		
285	36118501	151.43	127.36	0.27	23	0.92	52	-7.60	51	56.46	45	0.23	51	0.16	46	0.14	54	-122.04	5
286	65111563*	151.10		-0.35	58	-0.41	63	4.79	65	42.77	59	0.02	64	0.12	60	0.06	65		
287	15217112	150.98		1.02	57	-2.11	67	11.73	68	30.83	53	0.17	60	0.08	53	-0.29	58		
288	15611233	150.68		-0.39	51	2.41	54	7.35	54	31.79	49	0.04	55	0.02	50	-0.02	57		

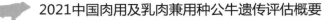

（续）

序号	牛号	CBI	TPI	体型外貌评分		初生重		6月龄体重		18月龄体重		6～12月龄日增重		13～18月龄日增重		19～24月龄日增重		4%乳脂率校正奶量	
				EBV	r²(%)	EBV	r²(%)	EBV	r²(%)	EBV	r²(%)	EBV	r²(%)	EBV	r²(%)	EBV	r²(%)	EBV	r²(%)
	22111013																		
289	22218627	150.62		-0.11	6	5.26	46	29.62	45	-10.39	40	-0.09	46	-0.06	40	-0.04	50		
290	41112236	150.55	128.91	2.28	48	0.06	61	-3.35	52	43.42	48	0.19	50	0.13	45	0.01	54	-49.65	2
291	15619126	150.53	136.70	2.97	49	1.52	57	9.74	56	17.12	18	0.05	53	0.00	17	0.04	19	222.57	20
292	42113093	150.51		-1.42	66	2.50	72	30.96	72	-0.80	68	-0.06	71	-0.11	68	-0.09	72		
293	37114662	150.42	141.95	-0.97	52	-1.66	53	11.14	67	37.83	48	0.12	53	0.05	49	0.07	56	408.34	44
294	15216241*	150.21		1.85	54	-0.04	58	27.68	58	-2.57	53	-0.23	58	0.03	53	0.10	60		
295	22118077	150.14		0.93	51	-0.10	36	14.37	57	21.48	52	-0.13	58	0.14	53	0.15	59		
296	41117266	150.09		-0.03	57	-1.31	36	28.73	59	6.06	53	0.00	58	-0.08	53	-0.13	58		
297	15619120*	149.76		0.44	52	-0.34	53	26.79	53	4.56	48	0.02	53	0.05	48	0.13	24		
298	11116928	149.76		-0.30	54	-0.67	69	24.25	69	12.12	51	0.02	57	-0.01	51	0.16	56		
299	41118912	149.72	137.05	-0.31	51	-1.86	54	16.75	54	26.50	49	0.28	54	-0.16	49	-0.16	56	251.75	12
300	15217171	149.59		-2.08	53	1.64	58	10.68	61	34.07	56	-0.07	61	0.25	56	-0.15	62		
301	41316238	149.47		0.03	18	-1.45	53	28.17	53	6.45	26	-0.08	27	0.07	26	0.04	25		
	41116238																		
302	41113268	149.42	128.59	-0.05	56	2.14	68	9.73	78	26.30	70	0.14	67	0.06	70	-0.05	68	-37.02	44
303	22214331	149.40		-0.32	52	0.30	53	15.38	52	23.11	47	0.04	53	0.06	48	0.08	55		
304	41418182	149.34	137.56	0.81	19	-0.24	51	8.87	51	29.97	46	0.10	52	0.00	47	0.32	54	277.52	13
305	21116717	149.32		-0.67	52	4.33	28	20.32	53	7.07	48	-0.12	53	-0.07	49	0.02	56		
	22116017																		
306	15217684	149.21	126.22	1.34	53	-0.89	58	6.36	57	33.22	48	0.10	55	-0.03	49	0.08	56	-115.25	12
307	65112588	149.10	152.32	0.40	53	-0.64	54	8.98	53	32.13	49	-0.08	54	0.18	50	-0.05	57	797.86	47
308	21216020*	149.09		0.17	48	-1.12	50	19.47	50	18.09	44	0.39	50	-0.23	45	0.02	52		
309	21218021	149.04		3.26	43	-0.61	48	3.63	49	29.13	39	0.32	47	-0.10	39	0.19	45		
310	15216116	148.95		3.22	57	-4.86	59	-2.50	59	48.88	52	0.15	58	0.11	52	-0.06	59		
311	22215317	148.86	122.82	-0.67	49	0.57	50	14.70	49	24.35	44	-0.27	50	0.14	44	0.14	53	-226.84	4
312	15212253*	148.83		-1.29	51	5.51	53	13.78	53	16.18	45	-0.07	52	0.03	46	0.07	54		
313	65117557	148.81	139.05	-1.60	50	0.48	51	26.00	50	10.80	45	0.10	51	-0.11	46	0.14	54	340.79	7

（续）

（续）

序号	牛号	CBI	TPI	体型外貌评分		初生重		6月龄体重		18月龄体重		6~12月龄日增重		13~18月龄日增重		19~24月龄日增重		4%乳脂率校正奶量	
				EBV	r²(%)	EBV	r²(%)	EBV	r²(%)	EBV	r²(%)	EBV	r²(%)	EBV	r²(%)	EBV	r²(%)	EBV	r²(%)
314	22215301	148.53	127.70	-0.61	49	0.71	49	12.95	49	26.16	43	-0.22	50	0.17	44	0.11	53	-49.35	4
315	21119757	148.52	142.01	0.19	24	0.29	58	9.84	36	28.83	29	0.15	36	0.01	29	0.01	29	449.93	14
316	53115334	148.42	149.87	1.11	53	1.23	58	2.85	58	33.62	49	0.01	58	0.19	50	0.11	57	726.64	23
317	15216733	148.38		1.15	52	3.16	59	1.18	58	31.32	54	0.46	59	-0.22	54	-0.12	60		
318	41218481	148.27		1.51	53	1.24	53	13.12	53	16.16	49	0.10	53	-0.10	48	0.02	56		
319	65116521	148.15	149.40	0.12	51	3.30	49	8.15	52	24.07	44	0.02	52	0.00	45	0.06	53	715.89	44
320	15213915	148.06	132.16	2.07	52	-2.73	53	-1.26	52	45.45	48	0.14	53	0.14	48	0.04	56	115.87	13
321	65117502	148.01		1.18	50	0.48	19	1.11	49	37.45	44	-0.08	50	0.13	45	0.04	53		
322	13116560	147.86	113.30	0.32	49	-2.23	51	22.36	50	14.62	45	0.18	51	-0.22	45	0.03	53	-537.96	7
323	53115337	147.69	141.24	2.10	54	-0.50	60	6.94	59	27.02	50	0.12	59	0.05	51	0.15	58	440.61	29
324	15619035*	147.69	131.70	0.06	52	-1.74	51	25.62	55	9.28	30	0.14	55	-0.15	30	0.05	33	107.86	8
325	14117309	147.49	121.90	-1.72	52	2.31	56	22.74	55	10.60	48	0.06	55	-0.10	48	-0.04	55	-230.28	45
326	15212136*	147.48	144.75	1.40	57	1.21	72	12.74	69	16.50	60	0.03	68	0.05	60	-0.06	60	567.36	20
327	15619507	147.41		1.96	15	4.02	19	14.52	18	4.74	15	-0.07	18	0.04	14	-0.28	13		
328	51115016	147.25	139.32	1.47	51	0.55	28	-2.42	53	40.86	46	-0.08	53	0.09	46	-0.02	54	382.92	16
329	37115668	147.07	137.81	-0.66	54	-2.07	56	10.82	56	34.98	51	0.03	56	0.11	51	0.03	58	333.76	52
330	36115207	147.02		-0.51	48	-1.49	49	3.71	49	43.85	43	0.23	50	0.03	44	0.20	52		
331	22217315	146.83	128.47	0.16	51	-0.69	24	17.74	52	17.63	47	-0.31	52	0.27	47	-0.34	55	12.88	12
332	15219146	146.81		1.10	56	0.69	58	2.43	59	34.10	54	-0.20	59	0.31	54	-0.22	34		
333	51113197	146.79	118.09	0.91	54	4.91	56	7.42	55	16.96	51	0.00	56	0.08	52	-0.12	58	-348.48	23
334	22218003	146.78		0.78	12	5.90	53	9.73	52	11.52	46	-0.06	53	0.01	47	0.19	55		
335	22218605	146.75		0.33	14	2.69	23	33.13	51	-14.88	47	-0.34	51	-0.02	45	0.20	53		
336	22215031	146.74		1.07	20	5.83	79	9.74	76	10.51	51	-0.14	43	0.39	52	-0.20	54		
337	21115770*	146.71	95.17	-0.23	52	2.40	57	6.41	57	28.92	50	0.38	56	-0.26	49	-0.04	56	-1146.56	27
338	41108253*	146.43	91.88	0.75	51	0.32	52	18.88	51	10.78	47	-0.13	52	0.06	47	0.10	55	-1255.48	45
339	65117533	146.14	137.67	0.95	47	-1.08	10	3.47	46	36.75	41	-0.20	47	0.18	41	0.09	50	348.32	7
340	22206256*	146.13		0.27	46	3.15	46	-8.06	45	46.81	40	0.27	46	0.07	40	0.08	49		
341	53118377	146.08	132.96	1.40	50	-0.34	54	11.72	54	20.51	47	0.04	54	0.01	47	0.04	52	185.33	3

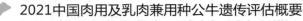
（续）

序号	牛号	CBI	TPI	体型外貌评分		初生重		6月龄体重		18月龄体重		6~12月龄日增重		13~18月龄日增重		19~24月龄日增重		4%乳脂率校正奶量	
				EBV	r²(%)	EBV	r²(%)	EBV	r²(%)	EBV	r²(%)	EBV	r²(%)	EBV	r²(%)	EBV	r²(%)	EBV	r²(%)
342	15615355	146.03		-1.02	51	1.66	53	9.91	53	27.77	48	-0.15	54	0.12	49	-0.22	56		
	22215145																		
343	41219560	146.02	132.68	0.17	51	-1.58	50	0.11	49	46.02	44	0.04	17	-0.03	16	0.00	17	176.85	12
344	15218710	145.76		-0.86	53	3.23	56	8.48	58	25.29	54	0.07	56	0.04	54	-0.22	59		
345	14116321	145.66		1.01	50	-2.09	50	33.83	49	-8.04	45	0.07	50	-0.12	45	0.14	52		
346	15218661	145.65	134.37	0.44	50	-2.83	57	16.93	56	21.86	45	-0.16	51	0.17	45	-0.09	53	243.62	5
347	51114001	145.50	127.20	-1.16	51	0.93	54	0.93	54	43.35	48	0.11	54	0.12	47	-0.20	54	-3.48	18
348	41112240*	145.43	128.27	2.29	50	2.79	51	-3.00	51	31.45	45	0.14	51	0.11	46	-0.09	54	35.38	3
349	37114616	145.39	115.65	1.56	54	1.85	55	-1.31	55	33.92	51	0.09	55	0.12	51	-0.01	58	-404.25	49
350	22114013	145.37		0.42	52	4.16	57	12.31	57	11.85	52	-0.09	57	0.02	52	0.08	58		
351	22212931*	145.30		2.77	48	3.86	84	-18.20	81	50.18	51	0.05	63	1.16	49	0.04	55		
352	41113258	145.24	128.37	0.52	51	0.00	53	9.63	52	25.51	47	0.17	53	-0.02	48	0.04	55	42.78	44
353	15215225	145.06	125.55	0.40	56	0.43	85	19.75	82	9.25	66	-0.03	74	0.04	66	-0.02	63	-51.88	9
354	21116720	144.87		-0.97	51	-1.12	26	39.38	52	-11.96	47	-0.17	52	-0.23	48	-0.07	54		
	22116065																		
355	41219556	144.83		0.85	49	-2.94	48	3.48	47	40.39	41	-0.05	11	0.00	10	-0.01	12		
356	15219473	144.66		-0.51	46	-2.16	46	16.09	45	24.28	39	0.04	46	-0.01	40	0.00	4		
357	15516X03	144.54	129.75	0.01	46	-3.06	48	10.67	47	32.64	41	0.18	48	0.12	42	-0.07	49	105.53	9
358	21119766	144.53	114.98	1.07	10	0.97	54	4.51	13	28.22	11	0.07	12	0.06	10	0.01	11	-409.57	4
359	15218717	144.26		0.32	56	0.03	61	8.52	61	27.00	57	0.10	62	0.01	57	-0.26	62		
360	41112946*	144.13	134.75	1.08	53	-0.84	54	11.59	54	21.33	49	0.16	54	-0.03	49	0.16	56	288.56	45
361	22112009	144.07		0.64	45	2.62	46	-0.70	47	33.45	40	-0.02	48	0.11	41	-0.16	49		
362	15414005	144.03		-1.79	53	0.45	58	20.57	58	15.47	53	0.03	58	-0.04	53	-0.20	59		
363	15217923	143.98		1.91	52	-0.30	53	10.88	52	17.76	48	0.17	53	-0.07	47	-0.05	55		
364	21218026	143.96		3.10	42	0.25	47	5.44	47	20.14	38	0.31	46	-0.17	39	0.14	45		
365	22119143	143.93		0.87	22	0.10	33	2.08	56	34.27	51	-0.10	57	0.23	52	0.06	35		
366	13116597	143.92		0.24	48	0.04	59	5.80	58	31.14	54	0.02	59	0.14	54	-0.20	51		
367	36114105	143.79	120.39	-1.40	52	1.09	54	12.11	54	25.15	48	0.16	54	-0.04	49	0.10	55	-205.29	15

（续）

序号	牛号	CBI	TPI	体型外貌评分		初生重		6月龄体重		18月龄体重		6~12月龄日增重		13~18月龄日增重		19~24月龄日增重		4%乳脂率校正奶量	
				EBV	r²(%)	EBV	r²(%)	EBV	r²(%)	EBV	r²(%)	EBV	r²(%)	EBV	r²(%)	EBV	r²(%)	EBV	r²(%)
368	41119208	143.68		1.29	49	0.87	54	11.60	53	15.95	48	0.20	53	-0.07	48	0.09	55		
369	37117682	143.49	114.86	2.78	53	1.77	56	9.19	55	11.52	49	0.08	56	0.00	49	-0.06	56	-391.99	49
370	41319212	143.45		-0.21	8	-0.54	49	9.52	49	28.14	43	0.04	49	0.07	44	0.01	16		
371	15518X06	143.10		-2.47	39	3.12	45	25.38	44	3.39	35	0.15	43	-0.27	35	0.20	42		
372	21116719	143.01		-1.19	52	4.47	54	28.62	53	-9.88	49	-0.11	53	-0.16	49	-0.09	55		
	22116029*																		
373	15217113	142.94		2.61	62	-1.38	55	4.55	67	26.40	58	-0.01	64	0.11	59	-0.17	64		
374	15217561*	142.90	116.59	0.02	48	-0.71	50	12.63	49	22.38	45	0.06	50	0.06	45	0.02	54	-319.28	5
375	11119712	142.85	132.74	-3.28	47	-3.17	47	2.98	46	55.86	41	0.00	47	0.26	42	-0.41	51	245.34	5
376	22119077	142.64		0.56	56	4.60	60	6.30	60	16.90	55	0.12	60	-0.08	56	0.17	62		
377	15209151*	142.51	108.13	-2.32	51	1.12	23	36.57	51	-10.05	47	-0.26	52	-0.02	47	0.07	55	-606.23	15
378	15212251	142.41		0.43	48	5.68	56	5.71	55	15.48	46	-0.08	53	0.02	44	0.12	52		
379	37114416	142.39	145.07	-0.73	52	0.94	55	2.77	54	35.93	48	0.09	54	0.08	49	-0.01	55	685.17	46
380	22217313	142.09	125.62	0.31	52	-0.24	26	22.74	52	3.86	48	-0.30	53	0.10	48	-0.10	55	12.88	12
381	41117234	141.85		-0.39	53	-1.77	58	3.27	57	39.90	53	0.02	58	0.15	53	0.08	59		
382	36114107	141.74	121.55	-1.38	49	-0.05	52	3.03	51	39.84	45	0.15	51	0.07	46	0.19	54	-122.04	5
383	15619521	141.71		0.12	5	41.49	50	-17.21	51	-35.48	8	0.07	49	-0.02	1	-0.03	4		
384	13218339	141.68	123.57	-0.04	51	0.39	52	8.29	51	25.46	46	0.07	52	0.06	47	0.22	54	-50.34	12
385	22111023*	141.62		-0.66	45	-0.31	46	6.35	45	32.48	40	0.00	46	0.10	40	0.01	49		
386	15414009	141.62		-1.67	55	0.51	61	23.27	60	8.46	56	0.07	61	-0.09	56	-0.20	62		
387	15217922*	141.52		1.94	52	1.80	53	1.53	52	24.60	47	0.10	52	0.04	47	-0.09	54		
388	22114053*	141.37		-0.07	55	0.36	58	12.64	59	18.69	54	0.02	59	0.05	55	-0.09	61		
389	37110650*	141.27	129.05	0.98	52	4.55	56	10.73	55	7.32	50	0.04	56	-0.04	51	0.15	57	149.75	48
390	22215529	141.12		-0.36	52	1.47	53	4.65	52	29.15	47	0.09	53	0.08	48	-0.01	55		
391	22417999	141.04	122.70	0.02	18	0.41	23	10.62	22	21.01	19	0.10	21	-0.04	19	-0.02	19	-67.18	11
392	15619101	141.03	146.11	1.03	52	-0.51	58	6.97	36	24.91	29	0.06	36	0.02	29	0.01	30	750.01	13
393	21117726*	141.02		0.99	18	-2.23	54	5.41	53	31.61	47	0.02	52	-0.01	48	0.06	54		
394	53119375	140.99		-1.65	47	1.36	56	20.15	55	10.52	48	-0.01	56	-0.01	49	-0.26	52		

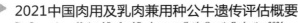

（续）

序号	牛号	CBI	TPI	体型外貌评分		初生重		6月龄体重		18月龄体重		6~12月龄日增重		13~18月龄日增重		19~24月龄日增重		4%乳脂率校正奶量	
				EBV	r²(%)	EBV	r²(%)	EBV	r²(%)	EBV	r²(%)	EBV	r²(%)	EBV	r²(%)	EBV	r²(%)	EBV	r²(%)
395	22114041*	140.99		0.41	51	3.27	54	15.04	54	5.76	49	-0.08	54	-0.02	49	-0.03	56		
396	53218208	140.98		-0.41	21	0.61	33	14.25	55	16.57	30	0.08	55	0.07	28	0.09	28		
397	15208130*	140.92		-0.09	1	0.22	48	3.32	50	32.98	38	-0.06	52	0.18	39	-0.18	48		
398	15611517	140.76		-0.27	50	1.65	55	16.03	53	10.58	48	-0.02	54	-0.03	49	-0.03	56		
	22115017																		
399	11109005*	140.64		-0.52	50	1.10	55	6.88	54	26.79	49	-0.08	55	0.10	50	0.15	56		
400	15217232	140.62		1.80	50	-1.18	52	7.22	52	22.79	46	0.04	52	0.01	47	0.00	55		
401	41218488	140.61		0.08	50	2.20	52	1.05	51	30.72	43	0.01	51	0.19	43	0.00	53		
402	41418132	140.59		-0.69	48	4.04	52	12.60	55	11.52	49	-0.09	56	-0.01	50	0.15	58		
	15618941																		
403	65116506	140.50	144.47	0.82	51	1.40	51	8.92	51	17.62	46	0.02	52	0.07	47	-0.12	55	703.89	45
404	22220329	140.37	125.03	-0.72	12	-0.69	51	19.58	52	12.18	21	0.00	51	-0.06	20	-0.09	16	28.36	3
405	22216117	140.20		-0.72	49	4.19	52	4.76	49	22.93	44	-0.15	50	0.17	45	-0.13	53		
406	21113726	140.12		0.13	54	-0.99	80	21.00	82	7.20	69	-0.07	78	-0.01	68	-0.07	47		
407	15616688	140.08		-0.79	51	4.08	53	11.61	52	12.85	48	-0.16	53	0.02	48	-0.06	56		
	22216685																		
408	41218483	139.79		-0.83	53	1.87	53	15.32	53	12.40	48	-0.01	52	-0.06	47	0.09	55		
409	15611709	139.78		-0.13	51	8.56	55	10.00	56	1.65	50	-0.05	55	-0.09	50	-0.17	58		
	22117009																		
410	15215309	139.75	128.71	-0.98	53	-0.02	58	9.31	57	26.73	49	0.09	54	-0.04	49	0.00	56	169.58	14
411	15210031*	139.68	122.35	-2.66	51	-1.50	51	29.78	50	5.37	45	-0.09	51	-0.09	46	0.00	54	-50.90	13
412	65115504	139.52	164.08	2.30	48	0.50	49	5.61	48	18.23	42	-0.04	49	0.06	43	0.05	51	1408.88	44
413	41117268	139.39		-1.55	55	3.73	55	20.29	57	2.69	52	-0.18	57	0.03	52	0.05	57		
414	41117910	139.29	130.33	1.41	52	-1.43	53	-5.12	52	42.58	48	0.14	53	0.14	48	0.07	56	235.90	15
415	15610331	139.23		-0.72	52	-1.75	63	15.26	61	20.30	53	0.11	59	-0.04	53	-0.07	58		
	22210031																		
416	15619712	139.20		0.15	28	3.06	38	14.44	39	6.52	35	-0.04	38	0.00	35	0.23	37		
417	22420001	139.12	130.66	0.80	17	1.77	50	12.39	49	10.19	19	0.03	50	0.03	19	-0.03	19	250.68	5

（续）

序号	牛号	CBI	TPI	体型外貌评分		初生重		6月龄体重		18月龄体重		6~12月龄日增重		13~18月龄日增重		19~24月龄日增重		4%乳脂率校正奶量	
				EBV	r^2(%)	EBV	r^2(%)	EBV	r^2(%)	EBV	r^2(%)	EBV	r^2(%)	EBV	r^2(%)	EBV	r^2(%)	EBV	r^2(%)
418	22111029*	138.95		0.15	50	-2.37	55	18.21	55	13.65	50	-0.07	55	-0.02	51	0.15	57		
419	41118932	138.86	130.44	-1.36	52	4.52	54	9.91	53	15.46	48	0.19	54	0.04	48	-0.25	55	248.67	16
420	15218714	138.69		1.42	48	3.18	55	0.54	54	22.15	49	0.00	54	0.07	49	0.05	55		
421	41418102	138.69	126.00	-0.10	19	-1.66	55	4.84	53	33.15	48	0.11	54	0.10	49	0.13	55	97.18	10
422	15213917	138.67	142.08	-0.07	55	2.15	55	-2.99	55	35.80	50	0.10	56	0.11	51	0.02	56	658.67	17
423	15611235 22111015	138.56		0.21	50	5.08	52	11.55	52	5.23	47	0.01	53	-0.09	47	0.04	55		
424	11119980	138.53		1.10	60	-1.95	62	0.61	62	35.54	57	0.03	62	0.17	58	-0.48	63		
425	37115669	138.48	126.08	-0.84	57	-1.63	60	7.18	59	32.16	54	0.02	60	0.12	54	0.16	60	104.38	52
426	36114109	138.36		-0.64	49	-1.68	50	7.57	49	30.80	44	0.16	50	0.01	44	0.19	53		
427	36114103	138.32	121.90	-2.04	51	0.54	54	11.56	53	24.69	47	0.17	53	-0.07	48	0.15	54	-38.28	13
428	15213916*	138.28	119.96	-2.01	52	-0.81	53	-3.44	52	50.80	48	0.16	53	0.13	49	0.02	56	-104.86	15
429	22119013	138.27		0.67	27	1.82	57	0.61	59	27.84	53	0.18	59	0.02	54	-0.15	60		
430	37114660	138.17	117.17	-1.19	50	-0.90	25	5.04	51	34.74	47	0.16	51	0.02	46	0.03	54	-200.06	45
431	15215736	138.08		1.50	53	2.91	64	-6.30	61	32.41	57	0.04	60	-0.01	54	-0.09	63		
432	37117681	138.05	125.45	2.88	50	0.57	68	-11.67	65	40.93	46	0.25	58	0.07	47	-0.12	54	91.31	49
433	65116522	138.03	157.14	1.99	50	-2.16	51	-0.26	50	33.47	45	0.00	51	0.12	45	0.12	54	1197.77	45
434	41118924	137.94	123.13	-1.47	52	2.81	53	19.30	52	4.77	47	0.06	53	-0.02	48	-0.03	55	12.85	13
435	21119739	137.73	123.52	0.20	23	1.21	58	4.20	36	25.13	28	0.17	36	-0.01	28	0.14	29	30.64	10
436	37110641*	137.49	143.10	0.65	54	0.52	57	18.14	56	3.46	52	0.05	57	-0.10	53	-0.10	59	719.11	49
437	15619323*	137.44		-0.10	53	-0.72	55	17.56	55	10.21	28	0.15	55	-0.04	27	0.20	28		
438	15414019	137.43		-1.96	51	-1.91	55	16.34	57	22.15	51	0.00	56	0.02	52	-0.19	58		
439	37110047*	137.38	132.68	0.40	49	0.10	51	27.29	51	-8.69	46	-0.01	51	-0.20	46	-0.15	54	357.72	44
440	15219174	137.27		1.15	51	0.46	32	9.62	55	14.17	28	-0.01	29	-0.02	28	0.00	30		
441	22117109	137.23		1.04	27	0.56	37	27.74	57	-13.11	52	-0.22	58	-0.07	53	0.04	59		
442	13216629	137.21	117.35	1.58	49	0.53	49	0.78	48	26.19	43	0.17	49	0.00	44	0.20	52	-173.64	9
443	65117528	137.14	144.72	1.49	48	-0.38	14	2.16	47	26.56	42	-0.26	48	0.08	43	0.02	51	782.95	11
444	65116514*	137.04	153.03	1.01	50	-0.20	50	3.64	49	25.62	44	-0.12	50	0.16	45	0.11	53	1075.18	45

（续）

序号	牛号	CBI	TPI	体型外貌评分		初生重		6月龄体重		18月龄体重		6~12月龄日增重		13~18月龄日增重		19~24月龄日增重		4%乳脂率校正奶量	
				EBV	r²(%)	EBV	r²(%)	EBV	r²(%)	EBV	r²(%)	EBV	r²(%)	EBV	r²(%)	EBV	r²(%)	EBV	r²(%)
445	15414006	136.90		-2.37	51	-0.70	57	13.28	57	25.01	52	0.03	57	0.05	52	-0.13	58		
446	15618929	136.79		-0.49	52	1.61	57	14.68	56	9.89	32	-0.17	57	0.06	32	0.15	34		
	22118007																		
447	15415306	136.75	124.24	1.34	53	0.05	57	2.03	56	25.93	49	-0.15	57	0.19	50	-0.13	56	76.50	22
448	15619505	136.70		2.62	19	4.03	50	4.91	50	6.88	19	-0.12	50	0.04	14	-0.26	15		
449	41118262	136.68	120.01	-0.65	53	-0.36	56	-2.52	56	41.54	51	0.01	56	0.21	52	-0.07	59	-69.61	6
450	15219459	136.67		-0.35	52	1.79	53	6.67	55	21.08	50	-0.11	55	0.09	51	0.10	32		
451	22420007	136.47		-0.40	14	1.49	47	18.23	47	4.09	14	0.01	48	0.00	14	0.04	16		
452	37110653*	136.30	155.48	0.77	53	4.97	56	18.46	56	-9.38	51	0.01	56	-0.14	52	0.06	58	1175.90	25
453	15214521*	136.24	127.36	1.02	30	3.72	61	1.82	60	18.14	53	0.11	60	0.00	53	-0.09	33	196.00	31
454	22115027*	136.22		-0.73	54	-0.94	60	18.07	60	11.26	53	-0.11	60	0.01	54	0.07	60		
455	11118989	136.18	129.71	1.02	48	-1.32	48	-3.80	47	38.89	42	0.16	48	0.03	43	0.05	51	279.29	9
456	36114101	135.99	117.92	-0.35	49	-0.07	50	7.58	50	23.55	44	0.17	51	-0.01	45	0.14	53	-128.14	3
457	15217141	135.89		2.76	64	-1.28	67	2.10	67	22.74	62	-0.09	67	0.22	63	-0.16	67		
458	41118940	135.88	139.79	-0.62	51	4.37	52	4.39	52	18.64	46	0.14	52	0.03	46	-0.11	54	637.37	15
459	15619513	135.85	121.72	1.90	17	-0.20	51	10.02	50	11.28	18	-0.25	51	0.09	17	-0.30	16	7.36	3
460	15217182	135.79		-1.04	53	1.45	53	11.55	54	16.27	49	-0.10	55	0.08	50	-0.13	57		
461	15615599	135.77		0.38	52	-0.83	55	8.41	55	21.08	49	-0.17	55	0.10	50	0.05	56		
	22215543																		
462	22217308	135.51	121.68	-0.58	53	-0.72	28	22.08	53	3.33	49	-0.32	54	0.12	49	-0.06	56	12.88	12
463	15217137	135.50		1.69	49	3.22	51	1.44	51	16.64	45	0.01	51	0.09	45	-0.04	54		
464	15414012	135.49		-2.33	52	-1.42	58	11.46	58	28.07	53	0.10	58	0.01	53	-0.19	59		
465	41113242*	135.38	129.17	1.22	53	-0.61	55	2.53	54	25.95	49	0.15	55	0.02	50	0.10	57	277.33	46
466	22417133	135.38	118.75	0.00	50	1.68	20	4.85	20	21.57	17	0.01	20	0.02	17	-0.02	19	-86.59	3
467	11119715	135.24	120.53	-4.18	48	-2.96	48	9.06	47	42.40	42	-0.16	48	0.34	43	0.01	10	-21.30	4
468	15213427	135.17	111.82	0.09	52	1.20	61	16.41	68	4.47	49	-0.05	59	-0.07	49	0.08	56	-323.89	22
469	51114008	135.16	133.06	0.47	53	-1.20	54	6.18	54	24.48	49	0.02	31	0.21	49	-0.21	56	417.40	19
470	22216615*	135.09		-1.27	49	2.61	51	20.20	51	0.44	45	-0.03	51	-0.08	46	-0.14	54		

（续）

序号	牛号	CBI	TPI	体型外貌评分		初生重		6月龄体重		18月龄体重		6~12月龄日增重		13~18月龄日增重		19~24月龄日增重		4%乳脂率校正奶量	
				EBV	r²(%)	EBV	r²(%)	EBV	r²(%)	EBV	r²(%)	EBV	r²(%)	EBV	r²(%)	EBV	r²(%)	EBV	r²(%)
471	41413192*	135.08		-0.11	48	-1.31	47	2.78	46	32.13	42	0.19	47	-0.26	41	0.28	51		
472	51114005	135.06	132.47	0.50	52	0.55	55	-6.70	55	39.78	48	0.06	55	0.09	49	-0.01	56	398.94	21
473	65117549	135.04	126.93	-1.34	50	0.69	50	10.20	50	20.64	45	0.18	51	-0.06	45	0.06	54	205.94	8
474	41212448 64112448	135.04	117.02	2.36	51	1.08	51	-4.67	51	28.16	46	0.35	51	-0.02	46	-0.16	54	-139.81	15
475	42118487	135.02		0.47	54	0.86	57	13.19	56	8.61	50	0.06	55	-0.03	51	-0.07	35		
476	21218028	135.00		3.26	43	-0.33	48	1.90	49	17.98	39	0.32	47	-0.16	39	0.28	45		
477	15416315	135.00	137.17	1.09	52	1.38	58	12.43	57	6.10	49	-0.10	57	0.06	49	0.08	55	564.42	18
478	15613300 22213000*	134.92	119.51	-1.23	52	1.42	53	3.44	52	28.70	47	-0.06	53	0.22	48	0.00	54	-50.34	12
479	37114666*	134.81	137.20	0.65	53	-1.47	53	1.29	69	31.60	55	0.17	54	0.05	53	-0.02	56	569.32	45
480	14116418	134.80		1.03	47	-1.07	50	45.67	49	-38.89	43	-0.25	50	0.00	43	-0.02	50		
481	41118294	134.79		-0.26	52	-1.96	58	14.48	58	16.07	53	0.14	58	-0.09	53	0.14	56		
482	15406229*	134.65		-0.43	48	3.48	48	10.48	47	9.57	41	0.07	48	-0.09	42	0.08	51		
483	65111556	134.64		0.56	52	-0.68	70	-14.27	67	53.74	45	0.04	61	0.20	46	0.04	55		
484	15414003	134.62		-1.29	52	0.53	53	16.35	54	11.01	49	0.01	53	0.04	49	-0.26	55		
485	37117678	134.62	119.02	2.26	51	-0.22	70	-4.49	70	31.03	49	0.13	55	0.06	50	-0.03	56	-60.99	43
486	37110643*	134.60	148.37	0.45	54	1.98	57	26.38	57	-14.63	53	-0.06	57	-0.12	53	-0.09	59	963.41	50
487	65118573	134.54	135.42	1.42	52	-1.14	26	8.89	52	15.92	47	0.20	52	-0.05	47	0.09	55	512.79	18
488	15215308*	134.43		-0.19	53	3.47	55	8.61	55	11.32	50	0.05	55	-0.06	51	-0.01	58		
489	65111558	134.37		1.55	56	-0.37	86	8.79	77	13.55	62	0.19	75	-0.14	63	0.04	68		
490	41119262	134.35		0.27	6	-0.82	56	13.91	53	11.72	43	-0.09	51	0.11	44	0.00	15		
491	15418515	134.33		-0.33	50	-0.50	55	-7.03	55	45.36	50	0.12	56	0.07	50	-0.02	58		
492	15416313	134.28	117.00	0.24	51	2.32	57	16.62	56	0.02	48	0.04	56	-0.09	48	0.07	56	-124.35	10
493	15418512	134.21	124.89	-0.73	53	4.27	56	-5.15	56	32.37	50	-0.07	56	0.17	51	0.17	58	152.30	12
494	65117553	134.16	131.17	-1.74	50	0.06	51	9.41	50	24.10	46	0.10	51	-0.02	46	0.11	54	372.52	10
495	15217582	134.13		1.66	54	-1.61	55	1.21	55	27.52	50	0.19	55	-0.03	50	0.10	57		
496	15414010	133.99		-1.39	54	0.98	58	21.03	58	2.54	53	0.05	58	-0.09	53	-0.20	59		

（续）

序号	牛号	CBI	TPI	体型外貌评分 EBV	r²(%)	初生重 EBV	r²(%)	6月龄体重 EBV	r²(%)	18月龄体重 EBV	r²(%)	6~12月龄日增重 EBV	r²(%)	13~18月龄日增重 EBV	r²(%)	19~24月龄日增重 EBV	r²(%)	4%乳脂率校正奶量 EBV	r²(%)
497	15614999	133.73		0.60	52	-2.20	58	16.88	57	8.65	53	-0.20	58	-0.02	53	0.10	60		
	22214339																		
498	37110645*	133.67	140.81	0.84	33	1.09	57	17.32	56	-0.97	52	-0.02	57	-0.07	53	-0.09	59	719.11	49
499	14116036	133.64		1.08	51	-0.26	55	24.61	55	-9.84	49	0.06	55	-0.08	48	0.11	54		
500	22114045*	133.57		1.01	49	-1.31	52	3.26	53	25.64	47	-0.10	53	0.15	48	0.10	55		
501	22211126*	133.57		-0.44	44	-1.42	44	-14.22	43	58.32	38	0.32	44	0.13	38	-0.05	48		
502	15616667	133.51		-0.25	51	1.99	51	7.11	51	16.58	46	-0.07	52	0.02	47	-0.15	54		
	22216613*																		
503	41419188	133.34		1.71	12	-2.03	49	0.82	48	28.20	12	0.18	48	0.07	13	-0.03	13		
504	65116515	133.24	152.50	2.33	51	2.71	52	0.93	51	14.07	46	-0.10	52	0.11	47	0.13	55	1136.11	46
505	15618613	133.22	120.30	0.89	53	-0.43	23	5.93	53	19.56	48	0.02	53	0.14	48	-0.21	55	12.88	12
506	41219219	133.18	121.21	-0.92	53	-2.72	52	1.58	52	38.74	47	0.11	23	-0.06	21	0.06	23	45.32	14
507	11117983	133.17	137.50	-0.23	53	1.53	54	3.39	53	23.00	49	0.13	54	0.02	49	0.08	56	613.98	19
508	41117916	133.14	130.89	1.00	49	0.57	54	-9.31	53	40.00	47	0.20	53	0.09	47	-0.13	54	384.08	8
509	15218716	133.04		-0.70	52	-0.46	57	13.58	55	13.89	52	0.08	56	-0.05	50	-0.24	58		
510	15410812*	133.02		0.21	41	0.44	42	-0.58	41	22.09	36	0.05	43	0.14	37	-0.12	45		
511	41118928	132.90	128.19	-1.29	51	4.28	54	12.13	53	6.80	48	0.05	54	0.11	48	-0.29	55	295.05	15
512	11118962	132.88		4.18	53	-2.72	54	-19.10	53	50.41	48	0.57	53	-0.24	48	0.13	56		
513	65111557*	132.79		-0.40	47	-0.54	47	-2.14	47	36.79	41	0.12	48	0.10	42	-0.01	51		
514	41113252	132.73	130.69	-0.96	77	1.32	74	3.50	74	25.75	62	0.08	73	0.01	63	0.13	67	385.78	47
515	53115335	132.55	124.25	-1.74	54	-0.93	55	9.68	55	24.58	50	-0.07	55	0.14	50	0.01	57	164.82	18
516	13219029	132.51	121.31	0.77	51	-3.07	52	7.66	51	23.09	46	0.07	52	0.06	47	0.26	54	62.95	14
517	14116128	132.44	147.38	0.54	51	3.56	56	-5.55	55	28.13	47	0.02	56	0.10	48	-0.03	23	974.36	46
518	37117683	132.43	107.11	2.04	50	1.78	57	5.91	56	9.05	48	0.20	56	-0.11	48	0.00	55	-430.95	45
519	15415301	132.40	125.79	-0.92	54	-0.83	58	5.88	57	26.84	49	0.00	58	0.05	50	-0.10	57	221.53	19
520	41113266	132.32		1.46	51	0.65	52	-0.13	51	23.19	46	0.09	52	0.02	47	0.17	55		
521	15205049*	132.28	117.39	0.66	12	4.55	49	5.75	48	7.79	43	-0.01	49	-0.03	43	-0.07	51	-68.86	3
522	62109009	132.13	101.91	-0.04	51	-1.40	52	21.31	51	0.91	47	0.01	52	-0.10	47	0.01	54	-606.23	15

（续）

序号	牛号	CBI	TPI	体型外貌评分		初生重		6月龄体重		18月龄体重		6~12月龄日增重		13~18月龄日增重		19~24月龄日增重		4%乳脂率校正奶量	
				EBV	r²(%)	EBV	r²(%)	EBV	r²(%)	EBV	r²(%)	EBV	r²(%)	EBV	r²(%)	EBV	r²(%)	EBV	r²(%)
523	41117948	131.88	133.82	0.78	53	-3.49	54	11.52	54	17.56	49	-0.12	54	0.09	50	0.22	57	512.84	16
524	41413140	131.85		-0.39	58	-1.36	85	-3.37	83	39.74	67	0.12	72	0.22	68	-0.14	72		
525	65116507	131.62	137.89	1.15	53	1.40	53	9.15	53	7.69	48	0.05	54	-0.04	49	-0.12	56	660.12	45
526	15416312	131.59	113.56	1.79	53	1.37	57	-1.26	54	21.22	49	-0.02	55	0.10	49	0.04	56	-188.17	18
527	13213117	131.48	109.88	0.80	50	-1.42	50	18.03	50	2.12	45	0.03	51	-0.10	46	-0.22	53	-314.40	45
528	41419177	131.37	106.15	-0.46	15	-1.26	56	2.01	55	31.07	49	0.20	55	-0.03	49	-0.03	27	-442.25	14
529	51115019	131.35	120.56	-0.25	57	0.44	59	11.67	59	11.32	54	-0.19	59	0.05	54	-0.01	60	61.04	32
530	15619337	131.32		-0.43	17	0.16	18	5.79	18	21.68	16	0.08	18	0.04	16	-0.02	19		
531	15618933 22118013	131.32		-0.80	56	4.45	59	7.63	59	9.91	55	0.02	59	-0.12	55	0.09	61		
532	43110059	131.23	110.12	0.85	44	-2.06	46	6.29	46	21.24	41	0.11	47	-0.01	41	0.05	50	-300.75	3
533	15410811*	131.19		0.14	41	0.06	42	1.71	40	18.60	35	-0.01	42	0.12	36	-0.12	44		
534	11119978	131.05		1.10	60	-6.05	62	3.48	62	34.07	57	-0.01	62	0.19	58	-0.39	63		
535	53218207	131.00		1.11	21	-0.84	29	12.19	53	8.02	48	-0.14	54	0.04	49	0.09	55		
536	15217683	130.84	118.80	-1.39	54	-3.49	59	4.86	58	35.21	51	0.14	56	0.06	52	0.04	57	10.29	15
537	15218718	130.80		-0.95	51	-0.47	58	7.50	57	22.11	51	0.06	58	0.02	51	-0.26	58		
538	15613309 22213109	130.76	117.90	-0.67	53	-0.03	55	14.80	54	8.73	49	0.07	55	-0.08	50	0.18	56	-19.57	15
539	13218047	130.75	126.44	0.28	49	1.05	51	-0.54	50	25.95	44	0.08	50	0.07	45	0.13	52	278.97	13
540	41118272	130.56		-1.12	51	-0.36	54	-0.02	53	33.81	48	-0.05	54	0.14	49	0.03	57		
541	65111559*	130.36		-0.46	47	-0.38	47	-2.48	46	34.88	41	0.08	47	0.21	41	-0.04	50		
542	11117950	130.35		1.85	51	1.85	52	7.76	51	4.83	46	0.01	52	-0.06	47	0.51	54		
543	41418142	130.33	126.55	-1.01	15	1.50	50	9.99	49	13.32	44	-0.01	50	0.03	44	0.22	53	291.50	5
544	15612317	130.31		-1.04	51	2.18	52	-0.60	52	28.01	47	0.02	52	0.12	48	0.08	55		
545	15516X20	130.28		0.52	50	-1.54	57	-12.37	57	48.98	52	0.28	57	0.08	52	0.09	58		
546	14116504	130.19		-1.55	46	-0.27	45	17.81	44	7.57	38	-0.10	45	-0.08	39	-0.13	49		
547	15619095	130.18		2.05	54	1.68	40	7.62	59	4.53	39	-0.01	40	-0.03	38	-0.06	40		
548	15415303	130.10	115.26	1.02	53	1.12	57	-4.08	56	27.73	49	-0.06	57	0.30	49	0.06	28	-97.67	23

（续）

序号	牛号	CBI	TPI	体型外貌评分		初生重		6月龄体重		18月龄体重		6~12月龄日增重		13~18月龄日增重		19~24月龄日增重		4%乳脂率校正奶量	
				EBV	r²(%)	EBV	r²(%)	EBV	r²(%)	EBV	r²(%)	EBV	r²(%)	EBV	r²(%)	EBV	r²(%)	EBV	r²(%)
549	41118210	130.05		-0.05	52	-1.14	55	-9.01	54	44.86	49	0.09	55	0.14	50	0.03	57		
550	41119264	130.04		-0.36	6	0.50	53	-4.27	52	34.81	20	0.01	52	0.19	20	0.04	20		
551	15414008	129.85		-1.74	51	-2.02	56	17.83	57	12.19	51	-0.03	56	0.05	51	-0.23	58		
552	37114661	129.77	104.08	0.41	49	-1.53	52	-6.88	68	40.49	46	0.18	51	0.04	46	0.01	54	-481.03	44
553	22311286*	129.76		2.02	43	-3.06	45	14.22	44	5.60	39	-0.17	45	0.08	40	0.13	49		
554	41418133	129.76	112.47	0.21	8	-3.26	50	2.64	49	30.85	44	0.17	50	0.06	44	0.20	53	-188.09	1
555	53115341	129.75	125.10	-0.31	52	-0.13	55	8.28	54	16.63	48	0.03	55	0.04	48	0.11	56	252.91	24
556	62111167	129.73		0.44	48	1.93	58	6.21	57	11.90	52	0.01	58	-0.06	53	-0.01	56		
557	22419095	129.71		0.11	12	2.00	44	9.97	43	7.22	36	-0.01	44	0.01	37	0.02	4		
558	53115350	129.70		1.21	50	0.80	53	-12.56	53	40.40	47	0.21	53	0.07	48	0.14	55		
559	22218005	129.58	120.84	-1.00	23	0.28	54	18.85	54	1.95	49	0.02	54	-0.08	49	0.27	56	107.86	8
560	22116067	129.51		0.37	53	0.32	73	-9.78	81	40.37	59	-0.04	67	0.17	59	-0.21	65		
561	65115503	129.44	156.59	1.56	48	1.00	48	2.30	47	15.53	42	-0.04	48	0.05	43	0.01	51	1358.57	43
562	15213119*	129.41		1.39	72	1.60	74	3.26	75	13.24	69	0.06	72	-0.05	70	0.29	73		
563	41318260	129.38		-0.64	50	-1.43	55	6.59	54	23.30	28	-0.09	55	0.04	28	-0.03	30		
564	22218903	129.34		0.22	9	-1.11	52	30.53	52	-17.55	51	0.06	53	-0.22	47	-0.16	57		
565	65112589	128.99	140.26	0.31	53	-3.19	54	1.42	53	31.44	49	-0.06	54	0.19	50	-0.04	57	797.86	47
566	15219404	128.86	135.74	-0.94	49	1.32	49	18.83	48	-1.44	43	-0.11	49	0.04	44	0.07	16	642.95	13
567	22213001*	128.79		1.53	54	4.50	88	-6.22	89	19.64	61	0.23	74	0.02	62	-0.12	63		
568	15414015	128.75		-1.85	54	-1.85	59	11.85	59	20.35	53	-0.01	59	0.07	54	-0.11	59		
569	41416121	128.72		2.03	48	3.42	65	-7.62	69	22.39	54	0.00	62	0.14	55	0.03	62		
570	53115340*	128.67	114.87	1.93	51	-0.80	53	9.41	52	6.84	47	0.03	53	-0.01	48	0.11	55	-81.54	11
571	36118507	128.57	115.78	-1.77	17	-0.25	50	-8.32	49	46.92	44	0.28	50	0.13	44	0.09	53	-47.39	4
572	65118564	128.56	135.19	-1.38	51	1.52	22	3.58	52	22.88	22	-0.10	52	-0.01	22	0.01	24	630.02	17
573	22216401	128.54	107.29	-0.27	50	-1.25	50	30.55	49	-16.09	44	-0.02	18	0.04	45	0.53	53	-343.18	4
574	22118099	128.52		-0.77	24	-1.77	38	12.30	57	15.07	51	-0.07	57	0.11	51	0.03	58		
575	42118279	128.48		3.35	53	2.27	54	6.37	53	-1.61	45	0.06	51	-0.03	45	0.00	51		
576	15216118	128.38		2.90	51	-3.73	52	-7.76	53	36.22	46	0.04	52	0.26	46	-0.13	54		

（续）

（续）

序号	牛号	CBI	TPI	体型外貌评分		初生重		6月龄体重		18月龄体重		6~12月龄日增重		13~18月龄日增重		19~24月龄日增重		4%乳脂率校正奶量	
				EBV	r^2(%)	EBV	r^2(%)	EBV	r^2(%)	EBV	r^2(%)	EBV	r^2(%)	EBV	r^2(%)	EBV	r^2(%)	EBV	r^2(%)
577	43110056	128.33	117.68	0.52	49	-0.84	51	4.77	51	19.19	46	0.10	51	0.02	46	0.02	53	23.75	12
578	15217932*	128.28		1.99	53	2.13	54	0.60	53	12.66	47	0.14	53	-0.11	48	0.11	55		
579	15219642	128.23	101.10	-0.43	49	-2.96	57	8.45	56	22.26	48	0.04	55	0.09	48	-0.04	25	-552.56	12
580	41213428 64113428*	128.18	117.58	2.10	51	-0.97	51	3.80	53	14.73	48	0.00	51	0.08	49	0.04	54	23.41	13
581	62111171	127.96		0.57	52	-0.73	59	4.53	58	18.75	52	-0.01	59	0.00	53	0.09	58		
582	15618215	127.95	120.76	1.65	51	-0.63	25	-6.26	52	30.86	46	-0.11	52	0.25	47	0.24	54	139.07	8
583	41415168	127.87		2.80	52	0.21	53	-4.75	54	21.98	48	0.15	53	0.04	48	-0.02	55		
584	41319214	127.84		-0.28	25	3.09	56	-2.18	55	22.97	31	-0.02	34	0.14	32	0.02	34		
585	15215417	127.82	123.59	-0.98	51	-0.74	55	9.20	53	17.49	48	0.09	54	-0.04	49	-0.11	56	240.83	10
586	41112944	127.77	112.42	2.58	51	-0.50	52	2.12	52	13.93	47	0.19	52	-0.03	46	0.04	54	-148.00	45
587	11117985	127.73	93.80	1.00	49	0.87	54	-3.80	53	25.77	47	0.06	53	0.17	47	-0.27	55	-796.81	15
588	62115105	127.66	109.53	0.12	52	1.76	54	-4.69	53	28.32	47	0.04	53	0.14	48	-0.11	55	-246.50	15
589	41219559	127.64		0.13	49	-3.67	47	-5.76	48	43.05	40	0.19	47	0.18	41	0.04	3		
590	65112591*	127.62	153.94	-1.07	51	6.53	51	4.79	51	6.82	46	-0.06	51	0.07	47	-0.06	54	1304.14	45
591	15216220*	127.58		1.15	51	4.68	53	-8.55	53	23.11	47	0.01	53	0.00	48	0.03	55		
592	15208217*	127.53	112.71	1.31	22	1.49	55	7.61	54	5.39	49	-0.03	55	0.01	50	0.01	57	-132.83	13
593	21219039	127.45	62.57	-0.20	21	2.57	57	-1.23	55	22.10	48	-0.04	55	0.14	49	0.01	55	-1881.11	52
594	41318278 41118278	127.41		0.45	52	-3.21	55	10.26	54	15.92	48	-0.06	54	0.10	48	-0.17	54		
595	15615319 22215119	127.27		-0.87	51	2.17	54	20.07	53	-7.16	49	0.06	29	0.02	49	0.20	56		
596	41212450 64112450	127.21	117.66	2.54	51	-1.37	51	-4.80	51	26.27	46	0.29	51	-0.04	46	-0.06	54	46.40	13
597	15215510	127.18		1.66	52	-4.93	51	5.27	51	22.83	45	0.12	52	-0.02	46	0.11	54		
598	41418141	126.97	106.87	-0.27	15	-2.77	53	0.38	52	32.38	47	0.00	52	0.10	46	0.15	54	-325.11	6
599	11116932	126.96		-1.05	47	-0.79	51	11.81	50	13.07	46	0.09	51	-0.09	46	0.21	51		
600	15415309	126.78	146.34	1.17	55	0.96	57	-4.26	56	24.71	50	0.12	56	0.06	51	-0.01	58	1056.42	23

（续）

序号	牛号	CBI	TPI	体型外貌评分		初生重		6月龄体重		18月龄体重		6~12月龄日增重		13~18月龄日增重		19~24月龄日增重		4%乳脂率校正奶量	
				EBV	r²(%)	EBV	r²(%)	EBV	r²(%)	EBV	r²(%)	EBV	r²(%)	EBV	r²(%)	EBV	r²(%)	EBV	r²(%)
601	15215421*	126.71		-0.14	58	-1.95	61	3.69	61	24.57	57	0.02	60	0.00	56	0.09	61		
602	15615555	126.68		-0.49	53	2.73	54	2.84	53	15.88	49	0.15	54	-0.10	49	-0.10	56		
	22215525																		
603	41115284	126.66		-1.23	60	-0.95	72	-1.80	71	34.74	65	0.02	70	0.06	65	-0.01	66		
604	53115342	126.57	125.97	-0.11	56	1.05	60	6.04	59	13.46	53	0.02	60	0.04	53	0.14	59	349.79	24
605	65117560	126.54	130.43	0.13	53	1.13	29	12.27	53	2.76	48	0.16	54	-0.10	49	0.08	56	506.11	21
606	41407129*	126.53		0.06	45	2.11	47	3.93	47	13.44	40	0.07	12	0.03	9	-0.07	6		
607	41109238	126.50	128.06	1.60	52	-0.40	55	6.45	54	9.66	50	0.03	54	0.06	50	0.14	57	424.20	16
608	41119910	126.50	114.59	-0.39	20	-1.58	55	2.41	56	26.41	50	0.17	56	0.21	50	-0.01	14	-45.86	7
609	15212612	126.46	109.16	1.10	46	-2.26	50	-0.17	49	26.20	40	0.10	47	0.04	41	0.00	50	-234.31	1
610	22420017	126.34		0.63	16	0.75	49	-0.29	48	20.81	16	-0.09	48	0.27	15	-0.01	16		
611	11109004*	126.18		-0.83	46	-0.59	45	7.88	44	17.03	39	-0.18	46	0.09	40	0.09	49		
612	42113076	126.04		-1.55	55	-1.27	62	8.26	60	20.75	49	-0.09	55	0.18	49	-0.20	57		
613	36118509	126.03	109.47	-1.28	18	0.01	49	-5.19	49	37.22	44	0.21	50	0.13	44	0.07	52	-214.41	5
614	53219213	125.94		-0.37	12		38	9.96	57	9.98	52	-0.05	57	0.05	52	-0.03	32		
615	41118268	125.88	94.58	-1.33	50	-1.22	58	-9.67	56	47.12	50	0.03	56	0.21	51	0.00	58	-731.19	11
616	11117937	125.79		-0.13	54	1.02	56	7.83	56	10.14	51	-0.03	56	-0.08	51	0.45	58		
617	15218466	125.78	121.18	0.64	51	-1.13	54	3.66	53	18.74	47	-0.01	53	0.12	48	0.09	55	199.45	6
618	15618219*	125.64		0.01	51	4.30	31	-4.02	53	19.69	48	-0.13	54	0.15	49	0.12	56		
619	51115020	125.59	138.24	0.66	50	1.43	53	0.85	52	16.60	47	0.00	53	0.00	47	-0.10	55	798.49	17
620	15210037*	125.59	104.09	-2.73	50	0.21	51	25.54	50	-5.17	44	-0.11	51	-0.08	45	-0.04	53	-393.04	11
621	15611625	125.55		0.71	55	1.82	57	19.72	57	-13.50	52	-0.07	57	-0.23	52	-0.01	59		
	22116025																		
622	41215412	125.55	103.60	0.06	46	3.31	46	-0.85	46	16.95	40	0.00	46	0.06	40	0.09	50	-409.47	43
623	41117940	125.47	110.89	-0.78	49	3.61	52	8.08	51	5.71	46	0.38	52	-0.28	47	-0.02	54	-153.43	5
624	53118378	125.38		1.03	50	-2.89	54	7.11	53	15.83	47	0.03	54	0.01	48	-0.31	54		
625	22217115	125.32		0.35	15	-0.80	49	8.74	49	10.85	44	-0.12	50	0.12	44	-0.01	53		
626	11118959	125.26		1.21	55	-1.34	55	14.73	53	-0.41	47	-0.24	53	0.10	47	0.38	54		

（续）

序号	牛号	CBI	TPI	体型外貌评分		初生重		6月龄体重		18月龄体重		6~12月龄日增重		13~18月龄日增重		19~24月龄日增重		4%乳脂率校正奶量	
				EBV	r²(%)	EBV	r²(%)	EBV	r²(%)	EBV	r²(%)	EBV	r²(%)	EBV	r²(%)	EBV	r²(%)	EBV	r²(%)
627	15610377	125.25		0.41	47	0.83	9	-6.76	10	30.37	41	0.10	10	-0.02	8	-0.02	10		
	22110077																		
628	22217101	125.19		-2.09	53	0.13	30	21.31	60	-1.34	53	0.06	59	-0.12	53	-0.31	60		
629	22119161	125.11		-0.14	23	-0.22	36	20.56	54	-6.97	34	-0.03	55	-0.04	30	0.13	36		
630	22115079*	125.03		0.37	51	1.96	55	5.00	55	9.56	50	-0.13	56	0.05	51	-0.05	57		
631	53114306	125.02		-0.87	51	1.51	52	29.61	52	-22.29	47	-0.14	52	-0.13	47	0.04	54		
	22114017																		
632	11119977	124.87		0.62	60	-6.60	62	-1.58	62	39.24	57	0.01	62	0.23	58	-0.47	63		
633	14118327	124.73		-0.36	49	3.46	51	0.11	52	15.97	45	-0.01	51	0.06	45	0.13	53		
634	41119230	124.73	105.85	-0.81	7	0.17	53	-3.25	52	30.83	44	0.01	52	0.21	45	0.21	53	-313.52	4
635	41118936	124.69	135.63	-0.53	53	3.08	54	-0.92	53	19.09	49	0.20	54	0.11	49	-0.29	56	726.53	18
636	15217001	124.68		1.29	53	-2.94	54	0.83	54	23.92	49	0.20	55	-0.04	49	0.09	56		
637	21216062	124.62		1.76	50	-1.90	52	-14.83	52	43.53	46	0.28	52	0.08	47	0.00	54		
638	15617925	124.58		-0.54	52	8.71	53	8.27	53	-8.69	48	-0.01	53	-0.12	48	0.08	55		
	22217325																		
639	62114097	124.54	121.69	0.60	53	0.28	54	0.17	54	19.68	48	0.06	54	0.05	49	-0.01	54	243.05	15
640	22213218*	124.45	112.40	-0.64	20	0.01	53	-8.80	52	38.80	48	0.25	53	0.05	48	-0.07	55	-79.29	44
641	36118125	124.34		1.78	23	1.13	55	14.33	54	-8.84	30	-0.14	30	0.08	28	0.04	22		
642	22212111	124.23		-0.27	51	-1.91	63	-0.28	61	28.75	54	0.24	59	-0.05	55	0.09	62		
643	15217715	124.12		0.68	45	0.94	44	2.34	43	14.05	37	0.03	44	-0.01	38	0.01	48		
644	15219641	124.00	132.69	-0.40	53	-4.90	59	13.33	58	15.40	50	-0.19	55	0.16	50	0.11	26	638.35	17
645	37113613*	124.00	118.88	0.40	46	1.30	47	9.20	46	3.64	40	-0.01	47	-0.04	41	0.14	50	156.38	44
646	15415307	123.99	107.04	0.69	51	-0.20	57	-7.58	56	31.86	47	0.18	56	0.07	47	-0.13	55	-256.76	20
647	15219145	123.97		-0.17	51	1.97	24	-1.50	55	20.60	49	-0.17	55	0.25	49	0.01	29		
648	41119250	123.90	112.74	0.23	24	1.17	56	11.55	55	0.91	51	-0.14	56	0.11	51	0.03	34	-55.77	1
649	41215406	123.82	116.76	-0.02	53	-1.21	54	-0.40	54	25.89	49	0.15	54	0.01	50	0.12	56	85.97	16
	64115318																		
650	41109246	123.79	106.65	1.62	53	1.63	56	0.26	55	11.62	51	-0.05	56	0.05	51	0.13	58	-266.17	11

（续）

序号	牛号	CBI	TPI	体型外貌评分		初生重		6月龄体重		18月龄体重		6~12月龄日增重		13~18月龄日增重		19~24月龄日增重		4%乳脂率校正奶量	
				EBV	r²(%)	EBV	r²(%)	EBV	r²(%)	EBV	r²(%)	EBV	r²(%)	EBV	r²(%)	EBV	r²(%)	EBV	r²(%)
651	15616031	123.77		-0.77	51	4.03	52	21.47	52	-17.47	24	-0.25	53	-0.14	24	0.12	25		
	22216631																		
652	65116520	123.74		-0.95	49	-1.45	49	-1.85	48	32.22	43	-0.05	49	0.13	44	0.15	52		
653	15615321	123.67		-0.89	51	0.64	54	-7.64	54	35.74	48	0.25	54	0.02	49	0.12	56		
	22215121																		
654	41119908	123.62	139.39	1.01	50	-1.57	31	1.62	56	19.48	50	0.15	56	0.02	50	0.07	15	880.10	10
655	53115352	123.61		0.41	50	-1.35	51	-9.64	51	38.53	46	0.21	51	0.08	46	0.12	54		
656	15216632	123.61	119.03	0.82	53	0.73	58	7.71	58	5.31	49	-0.10	56	-0.11	50	0.71	56	169.58	14
657	13218039	123.61	107.11	0.62	55	0.57	57	-11.12	57	35.34	50	0.12	58	0.15	51	0.01	57	-246.19	24
658	15417505	123.56	124.75	-0.17	51	-0.17	53	-6.81	52	33.53	48	-0.01	53	0.17	48	0.14	55	370.49	11
659	14118102	123.55	107.29	0.50	48	3.99	51	2.69	50	6.30	43	-0.01	51	0.19	43	0.02	52	-238.54	10
660	62111154	123.52		1.95	44	0.73	48	2.34	48	9.08	40	-0.09	49	0.02	41	-0.09	48		
661	15214328	123.46	123.84	-1.47	53	0.81	58	4.89	58	18.17	49	0.14	58	-0.03	49	0.05	56	340.77	18
662	41119206	123.38	115.72	0.39	51	0.57	54	-5.58	53	27.52	49	0.28	54	-0.03	49	-0.06	57	59.12	4
663	15215409*	123.33	120.23	-3.60	51	-0.16	54	3.41	57	30.91	51	0.09	57	0.02	52	-0.24	58	217.65	13
664	62116115	123.31	91.18	-0.64	51	2.00	54	-1.65	53	21.96	45	0.12	52	-0.02	45	0.01	19	-795.71	14
665	37110646*	123.27	134.57	0.65	54	-0.89	57	14.28	56	-0.50	52	0.03	57	-0.09	53	-0.15	59	719.11	49
666	15215518	123.27	117.27	1.38	52	-1.42	52	7.00	51	9.11	46	0.06	52	-0.06	47	-0.14	54	115.55	8
667	13213727	123.21	107.95	-0.09	50	2.23	51	9.83	50	1.58	45	0.05	51	-0.09	46	-0.17	53	-208.58	45
668	41419127	123.13		-0.41	19	-0.04	56	6.06	54	14.02	50	0.08	55	-0.03	50	0.01	56		
669	15213103*	123.11	105.96	-0.97	20	3.42	56	15.80	55	-7.14	46	-0.14	55	-0.04	46	0.21	54	-275.82	13
670	11116923*	123.01		-0.81	56	-1.04	72	9.13	71	13.17	56	0.15	62	0.01	55	0.02	60		
671	41115282	122.99	114.66	1.13	50	0.34	54	-1.23	56	18.18	49	0.08	54	0.04	49	0.02	56	30.26	15
672	41113262	122.97	129.13	1.39	54	-0.98	57	3.18	56	13.59	51	0.18	56	-0.05	52	-0.01	58	535.66	48
673	15218468	122.61	121.68	-0.25	50	-0.30	51	-2.90	49	27.28	43	0.00	50	0.11	44	0.01	18	283.13	4
674	41316906	122.60	122.16	0.04	49	2.53	51	-5.51	51	23.30	45	-0.04	51	0.15	45	-0.01	19	300.11	13
	41116906																		
675	41112950	122.59	112.93	1.62	50	-1.07	50	4.90	50	9.92	45	0.13	50	-0.04	45	0.01	53	-21.76	45

（续）

序号	牛号	CBI	TPI	体型外貌评分		初生重		6月龄体重		18月龄体重		6~12月龄日增重		13~18月龄日增重		19~24月龄日增重		4%乳脂率校正奶量	
				EBV	r²(%)	EBV	r²(%)	EBV	r²(%)	EBV	r²(%)	EBV	r²(%)	EBV	r²(%)	EBV	r²(%)	EBV	r²(%)
676	51112158	122.58	111.39	0.25	45	1.30	45	11.82	44	-1.13	39	0.04	5	0.15	39	0.01	48	-75.27	1
677	37110636*	122.53	134.12	0.65	54	-0.89	57	14.28	56	-1.20	52	0.01	57	-0.07	53	-0.09	59	719.11	49
678	15217921	122.44		2.34	52	-3.10	53	1.36	52	17.33	47	0.20	53	-0.11	48	0.12	55		
679	15213428*	122.38	140.88	1.67	51	-2.51	57	3.49	56	15.18	47	0.02	56	0.04	48	0.04	55	958.07	21
680	22420005	122.23	111.02	0.04	11	-0.04	45	4.67	45	13.56	10	-0.01	46	0.01	9	-0.05	10	-80.82	1
681	41417171	122.22	120.55	0.13	24	-4.81	54	5.43	54	23.58	49	0.07	54	0.02	49	0.02	56	251.75	12
682	11116925	122.13		-0.65	50	-1.39	62	32.14	58	-22.71	45	0.20	53	-0.31	45	0.20	52		
683	22215133*	121.98	119.57	-0.78	21	-0.33	54	15.95	53	-0.09	24	-0.02	53	-0.02	24	0.00	25	222.57	45
684	21219069	121.80	61.60	-0.21	14	2.28	52	5.15	51	7.78	43	-0.03	52	0.15	43	-0.08	51	-1796.63	51
685	21116722*	121.75	114.83	0.09	7	-1.40	51	-7.49	51	34.85	46	0.03	51	0.31	45	-0.23	51	62.03	2
686	22418115	121.71		2.90	34	-3.01	39	-9.50	40	30.91	35	0.01	38	0.21	35	0.00	36		
687	22118085	121.66		-0.15	52	2.94	40	5.62	56	5.10	52	-0.03	57	0.04	52	0.10	59		
688	15205023*	121.58		-0.28	8	0.74	11	11.78	17	1.41	15	0.01	12	-0.02	15	0.07	10		
689	41110294	121.42		1.65	45	1.30	45	4.89	45	2.99	38	0.27	45	-0.29	39	0.08	49		
690	15618309	121.36	121.52	2.45	52	-5.49	53	-8.20	52	36.34	25	0.06	26	0.13	24	0.04	25	303.72	13
691	15617934 22217334	121.36	113.19	-0.11	53	-0.71	27	-1.08	53	23.77	48	0.15	53	0.10	48	-0.04	55	12.88	12
692	41219279	121.36	107.79	-2.00	50	-2.41	50	-2.78	49	37.81	45	-0.09	16	-0.01	14	0.05	17	-175.46	2
693	13219066	121.30	116.06	-1.21	45	-2.16	46	-3.71	45	35.51	40	0.15	46	0.11	40	0.15	49	114.57	3
694	15216223*	121.27		1.97	56	3.62	57	15.86	57	-20.82	52	-0.23	57	-0.10	53	0.29	59		
695	53219211	121.14		0.07	15	1.48	29	12.78	53	-3.68	47	-0.01	28	-0.05	25	-0.07	17		
696	15218713	121.10		-0.14	46	1.59	49	-0.51	48	17.20	43	0.06	49	-0.02	43	0.04	52		
697	41119252	121.08		-1.44	21	0.38	55	1.63	55	21.86	49	0.02	55	0.09	50	0.02	30		
698	14118005	121.07	98.07	-0.35	6	3.60	46	4.21	45	5.89	40	-0.11	46	0.13	40	0.06	49	-508.66	4
699	13219043	121.03	108.86	-1.13	51	-1.03	53	4.38	52	19.81	48	-0.03	53	0.15	48	0.29	54	-131.16	6
700	15216117	121.01		0.41	57	-3.69	60	-6.87	60	37.51	54	0.07	60	0.08	54	-0.03	60		
701	15217892	120.81		0.13	49	0.41	54	-5.42	53	26.27	25	-0.02	54	0.11	25	-0.09	27		
702	41118280	120.64		-0.46	53	-1.45	58	10.72	57	8.15	53	0.14	58	-0.09	53	-0.08	57		

（续）

序号	牛号	CBI	TPI	体型外貌评分		初生重		6月龄体重		18月龄体重		6~12月龄日增重		13~18月龄日增重		19~24月龄日增重		4%乳脂率校正奶量	
				EBV	r^2(%)	EBV	r^2(%)	EBV	r^2(%)	EBV	r^2(%)	EBV	r^2(%)	EBV	r^2(%)	EBV	r^2(%)	EBV	r^2(%)
703	15615363 22215303	120.60	109.37	-0.93	49	-1.03	53	6.46	50	15.45	45	-0.11	51	0.04	46	0.02	53	-104.23	2
704	21116790	120.58	91.15	-0.83	54	3.30	56	12.24	56	-4.30	52	0.02	56	-0.18	52	-0.05	58	-739.88	24
705	15410716*	120.50		0.14	40	-0.56	41	2.05	39	11.89	34	-0.03	41	0.08	35	-0.09	43		
706	15218662	120.50	124.24	1.65	51	-0.74	56	-2.90	55	19.01	46	0.06	52	0.08	47	0.01	22	416.51	9
707	41315292 41115292	120.49		-0.34	52	-1.37	57	-0.40	57	24.40	52	-0.06	58	0.15	53	0.01	36		
708	41112938*	120.34	112.08	1.00	54	-0.36	57	1.86	56	13.16	51	0.06	57	-0.01	52	-0.02	59	-4.49	44
709	15619039*	120.19	113.04	-1.55	51	-1.67	54	18.38	52	0.74	46	0.06	52	0.04	46	0.08	22	32.44	7
710	14116289	120.09		-4.21	46	-0.84	46	23.13	45	1.65	40	-0.13	46	-0.05	41	0.04	50		
711	15204085*	120.07		-0.55	3	2.21	3	6.70	3	5.27	3	-0.04	3	0.01	3	0.03	3		
712	15216721*	120.06		1.04	51	1.58	61	-10.17	61	26.49	52	0.05	59	0.24	52	-0.21	58		
713	15210426*	120.02		-0.37	17	-0.41	40	10.63	38	4.84	37	0.05	38	-0.02	35	-0.04	18		
714	41212447 64112447*	120.02	104.97	0.89	51	-1.58	51	-3.89	51	25.06	46	0.21	51	0.05	46	-0.13	54	-245.89	14
715	15618101*	120.01		0.62	51	0.28	22	1.58	51	13.20	46	-0.06	52	0.02	46	-0.12	20		
716	22418147	119.92	110.51	-0.47	20	0.70	26	5.06	26	10.99	21	0.07	26	0.00	21	0.06	21	-50.34	12
717	51112164	119.84		0.44	44	-1.49	43	15.14	42	-2.76	37	—	—	0.10	38	0.07	47		
718	15618615*	119.73	116.66	0.97	53	-2.00	25	12.95	55	-0.33	51	-0.06	55	0.05	49	0.01	58	168.23	8
719	37110031*	119.63		-0.15	1	0.88	44	12.00	43	-1.60	38	-0.03	45	-0.04	39	0.01	48		
720	53112279	119.60		1.12	49	-1.79	52	10.13	51	2.79	46	0.01	52	-0.05	47	-0.04	53		
721	41215403 64115314	119.59	117.78	0.31	53	1.06	54	0.11	54	14.38	49	0.08	54	0.03	50	0.11	56	210.27	15
722	15415302	119.50	110.68	-0.79	54	-1.76	57	3.84	56	19.66	51	0.04	57	0.09	52	-0.08	56	-35.52	17
723	13216385	119.49	112.69	0.93	46	1.93	47	-0.42	46	10.59	41	-0.02	47	0.05	41	-0.31	49	34.82	2
724	13213107	119.49	96.19	0.01	50	0.52	50	0.87	49	15.59	44	0.01	50	0.08	45	0.06	53	-541.08	44
725	41212440 64112440	119.46	134.04	0.71	61	2.75	62	-11.95	61	27.11	57	0.42	62	-0.09	58	0.14	64	780.51	27

（续）

（续）

序号	牛号	CBI	TPI	体型外貌评分		初生重		6月龄体重		18月龄体重		6~12月龄日增重		13~18月龄日增重		19~24月龄日增重		4%乳脂率校正奶量	
				EBV	r²(%)	EBV	r²(%)	EBV	r²(%)	EBV	r²(%)	EBV	r²(%)	EBV	r²(%)	EBV	r²(%)	EBV	r²(%)
726	15619041	119.42	109.73	-1.48	49	1.72	16	11.21	48	2.54	43	0.06	49	0.09	44	0.07	16	-67.18	3
727	41213429 64113429*	119.36	112.07	1.78	51	-1.44	51	0.35	67	14.15	46	0.05	51	0.03	46	-0.03	54	15.72	13
728	41219218	119.27	112.86	-0.92	53	-3.77	52	-5.63	52	39.33	47	0.11	23	-0.06	21	0.06	23	45.32	14
729	22419693	119.14	118.47	0.93	17	-0.84	48	-0.10	47	16.48	42	-0.03	48	0.11	42	0.06	48	243.62	5
730	65116508	119.09	132.68	0.95	49	2.71	49	4.75	49	0.33	44	-0.05	50	-0.01	45	0.02	53	740.72	44
731	41418180	119.08	121.13	-0.59	17	-2.41	54	12.52	53	6.76	48	-0.02	53	0.05	48	0.13	56	337.75	9
732	21216068	119.07		1.47	50	-1.33	52	-17.94	52	42.86	46	0.27	52	0.09	47	0.00	54		
733	13219013	119.06	114.91	-0.41	46	-4.96	54	6.93	54	20.78	49	0.16	54	-0.07	49	-0.12	54	121.22	4
734	22217423	119.04	115.35	-0.53	51	-0.58	77	10.32	59	5.43	52	-0.05	58	-0.05	52	-0.04	57	136.84	11
735	14117421	119.01		-0.93	45	4.46	44	1.85	43	7.74	37	-0.06	44	0.05	38	-0.08	48		
736	15217893	119.01		0.51	48	-1.57	53	10.69	52	3.21	24	0.11	53	0.02	21	-0.15	20		
737	15209204*	118.96		0.36	5	0.98	6	6.20	6	4.45	6	-0.03	6	-0.01	6	0.05	6		
738	15203075*	118.93		-0.38	3	2.19	3	5.93	3	4.78	3	-0.03	3	0.00	3	0.03	3		
739	15218842	118.88	110.84	-1.65	52	3.33	56	-4.47	55	22.83	27	0.11	56	-0.01	27	0.18	30	-16.91	13
740	15217737	118.84		1.19	48	1.82	56	-9.02	55	22.43	47	0.24	56	-0.03	48	-0.02	55		
741	22217103	118.84		-1.61	39	1.02	45	14.40	64	-0.70	59	-0.14	63	0.02	59	-0.23	64		
742	41118926	118.82	119.70	-0.75	49	0.36	51	1.50	51	17.33	46	0.02	51	0.19	46	-0.28	54	293.57	7
743	13219055	118.76	113.62	-1.52	50	1.83	58	0.52	57	18.20	45	-0.08	56	0.21	46	0.13	54	82.46	15
744	22211136*	118.73		0.76	45	-0.92	44	-11.55	43	34.50	38	0.18	44	0.08	38	0.19	48		
745	62111157	118.57		1.37	48	0.16	49	-9.16	48	25.71	43	-0.01	49	0.13	43	-0.01	51		
746	13213779	118.53	105.64	-0.78	49	0.42	49	-3.81	49	25.17	44	0.08	50	0.11	44	-0.08	53	-191.12	45
747	13217083	118.49	116.94	1.96	47	-0.68	49	-0.78	49	12.54	44	-0.01	49	0.07	44	0.15	51	204.18	9
748	22215511	118.38		-0.98	51	-0.12	58	26.68	59	-19.64	50	-0.09	55	-0.15	50	0.03	55		
749	41418183	118.37	122.82	0.16	23	-5.47	54	3.11	54	25.02	49	-0.05	54	0.22	49	0.03	56	411.76	16
750	22215137*	118.36		-0.26	53	1.94	54	-9.39	53	27.87	49	0.18	54	0.04	49	-0.14	56		
751	11117953	118.33		0.24	55	0.92	58	4.50	58	7.08	53	0.02	58	-0.10	53	0.59	59		
752	22119151	118.30		-0.46	23	0.48	37	-14.15	57	39.42	50	0.07	56	0.22	51	0.03	33		

（续）

序号	牛号	CBI	TPI	体型外貌评分 EBV	r²(%)	初生重 EBV	r²(%)	6月龄体重 EBV	r²(%)	18月龄体重 EBV	r²(%)	6~12月龄日增重 EBV	r²(%)	13~18月龄日增重 EBV	r²(%)	19~24月龄日增重 EBV	r²(%)	4%乳脂率校正奶量 EBV	r²(%)
753	22215553	118.27		-0.03	51	0.42	78	2.28	50	12.68	45	0.02	51	0.06	46	0.07	54		
754	15218723	118.24		-1.06	47	4.10	84	0.04	83	11.17	74	0.01	83	0.07	74	0.15	50		
755	15414016	118.16		-1.86	51	0.37	58	9.86	58	8.17	52	0.01	58	0.01	53	-0.25	57		
756	15619901	118.15	109.46	0.23	47	-3.25	53	-3.77	53	29.72	23	0.11	26	0.05	23	-0.05	11	-50.04	4
757	15219125	118.04		0.77	54	0.70	33	5.58	59	3.63	52	-0.11	59	0.07	52	0.02	57		
758	41119266	117.98		-0.07	6	-2.64	29	6.54	53	13.44	43	0.15	49	-0.02	44	0.12	50		
759	37110049*	117.87	138.33	0.50	55	1.31	57	11.72	57	-6.37	53	0.04	57	-0.10	53	-0.10	59	963.41	50
760	21211104	117.85	112.97	-0.49	49	1.13	57	-10.55	56	32.02	46	0.26	52	0.00	47	-0.01	54	78.91	10
761	41117252	117.72		1.04	51	1.23	50	11.28	49	-7.73	46	-0.05	50	0.03	44	-0.05	52		
762	41217474	117.72		1.01	51	0.57	53	7.86	51	-0.78	45	0.15	52	-0.17	45	0.08	53		
763	11111906*	117.61		-0.57	51	-0.68	58	19.88	58	-10.16	53	-0.02	59	-0.15	52	-0.06	58		
764	15214115*	117.61	124.84	-2.84	55	0.65	60	3.84	59	20.00	51	0.08	59	0.04	51	-0.03	58	498.16	23
765	15518X23	117.60		2.48	30	-1.16	58	1.55	57	7.28	49	-0.04	56	-0.19	49	0.17	54		
766	62111161	117.48		1.11	47	0.40	47	-7.66	47	22.82	41	0.02	47	0.07	42	0.00	50		
767	15218469	117.37		0.63	50	0.61	50	0.14	51	12.11	44	-0.10	50	0.10	45	0.09	18		
768	41417124	117.37		1.69	53	-2.65	70	-13.82	64	37.29	50	0.18	63	0.07	50	0.11	56		
769	41418181	117.34	118.44	-0.26	19	-4.12	55	7.73	54	15.33	48	0.00	54	0.01	48	0.27	55	280.61	8
770	22217343	117.25		-0.50	45	-0.41	45	20.75	44	-12.76	38	-0.41	45	0.01	39	0.28	48		
771	22118055	117.00		0.94	53	5.97	57	6.31	57	-11.87	53	0.02	57	-0.14	53	0.20	59		
772	15618225 22218225	116.76		-0.82	47	1.45	25	28.99	53	-29.11	30	-0.09	52	-0.22	22	-0.05	31		
773	21116718 22116021	116.76		-0.97	50	-1.03	25	12.17	51	3.26	46	-0.06	51	-0.07	47	-0.03	55		
774	41217476	116.73		1.49	52	1.45	54	11.50	53	-11.27	47	-0.07	53	0.00	47	0.10	55		
775	13317105	116.65		2.02	42	-1.12	64	-9.04	64	24.31	43	0.00	63	0.12	43	-0.23	44		
776	21217003	116.60		0.84	47	-1.68	49	-6.29	49	25.97	43	0.25	49	0.00	44	-0.03	51		
777	22215117	116.60		-0.48	51	1.46	55	-6.07	55	23.15	49	0.16	55	0.02	49	-0.08	56		
778	15617115	116.58		0.10	54	0.45	58	31.06	58	-33.60	53	-0.15	58	-0.25	54	0.16	60		

（续）

序号	牛号	CBI	TPI	体型外貌评分		初生重		6月龄体重		18月龄体重		6~12月龄日增重		13~18月龄日增重		19~24月龄日增重		4%乳脂率校正奶量	
				EBV	r²(%)	EBV	r²(%)	EBV	r²(%)	EBV	r²(%)	EBV	r²(%)	EBV	r²(%)	EBV	r²(%)	EBV	r²(%)
	22117105																		
779	41212441	116.52	125.03	1.28	52	0.42	54	-7.42	53	20.85	48	0.38	52	-0.13	48	0.13	55	527.50	16
	64112441																		
780	41413186	116.39	106.16	-0.11	51	1.89	54	7.69	53	-0.62	46	-0.25	53	0.09	47	0.10	55	-128.18	2
781	14118001	116.37	111.97	-0.74	45	2.20	44	-2.96	44	17.38	38	0.04	45	0.09	39	0.07	48	75.13	1
782	15210041*	116.36	120.68	-2.41	46	-1.33	46	24.92	45	-10.36	40	-0.08	46	-0.12	40	-0.05	50	379.28	3
783	41118904	116.35	110.73	-0.46	53	-0.52	56	-2.66	55	22.40	49	0.08	55	0.07	50	0.01	56	31.97	15
784	15206217*	116.33	106.58	0.19	5	0.35	8	7.73	10	1.83	8	-0.11	8	0.05	8	0.00	9	-112.43	3
785	22217320	116.30	110.15	-0.87	51	-0.86	21	12.32	51	1.80	46	-0.29	52	0.15	46	-0.19	54	12.88	12
786	41118222	116.28	114.81	-0.96	54	-0.40	56	-0.18	55	20.18	51	-0.07	56	0.10	51	0.07	58	176.12	12
787	22119081	116.19		0.78	52	2.37	57	-6.75	58	16.73	53	0.12	58	-0.04	53	0.12	60		
788	41115286	116.18		0.59	53	1.59	59	-6.84	58	19.48	53	-0.03	58	0.13	54	0.11	60		
789	15615157	116.09		0.01	51	-2.82	56	17.48	54	-4.97	48	-0.07	54	-0.12	49	0.01	55		
790	15210101*	116.07		2.44	45	8.25	45	9.85	44	-29.49	39	0.03	46	-0.21	40	0.23	49		
791	15209008*	116.07		0.49	54	2.63	76	-5.22	80	14.76	62	0.01	70	0.19	60	-0.13	65		
792	15214812*	116.02		1.90	50	-0.32	54	4.26	53	1.86	48	0.05	54	-0.07	49	-0.07	56		
793	22217321	116.00		1.09	26	-1.73	32	8.63	33	1.69	30	-0.04	32	-0.05	30	0.02	30		
794	15412064	115.98		0.07	51	-1.32	59	24.53	58	-19.75	53	-0.20	59	-0.01	54	-0.13	54		
795	22206265*	115.92		0.79	56	-1.43	53	-11.92	49	33.56	41	0.30	49	-0.05	42	0.07	51		
796	22120039	115.86		-0.62	7	0.61	15	2.34	48	12.16	14	-0.10	49	0.01	14	0.02	15		
797	65111555	115.75		0.68	45	-1.84	44	-8.40	43	29.42	38	0.11	45	0.12	39	0.07	48		
798	22119137	115.73		-0.49	20	2.21	36	-3.35	56	16.39	49	-0.02	56	0.10	49	0.17	30		
799	41419161	115.68		0.51	15	1.00	53	5.39	53	2.00	47	0.12	53	-0.08	47	-0.02	21		
800	53115336	115.56	117.83	0.01	56	0.13	58	4.65	57	7.06	53	0.04	58	-0.01	53	0.18	59	296.25	25
801	21219181	115.54	67.29	-1.26	16	2.18	57	4.85	55	6.70	46	0.09	53	-0.03	46	-0.04	53	-1466.78	40
802	13118558	115.50	127.43	0.81	10	1.82	54	-3.14	54	11.76	45	0.01	53	0.03	46	0.10	54	632.80	12
803	15205038*	115.45		0.68	7	2.03	7	1.60	7	4.44	6	-0.01	6	-0.03	5	0.05	7		
804	22115061	115.38		0.21	51	2.72	71	-6.03	70	16.23	55	-0.05	64	0.03	55	0.13	60		

（续）

序号	牛号	CBI	TPI	体型外貌评分		初生重		6月龄体重		18月龄体重		6~12月龄日增重		13~18月龄日增重		19~24月龄日增重		4%乳脂率校正奶量	
				EBV	r²(%)	EBV	r²(%)	EBV	r²(%)	EBV	r²(%)	EBV	r²(%)	EBV	r²(%)	EBV	r²(%)	EBV	r²(%)
805	65116525*	115.32	131.97	0.90	50	0.28	50	-0.76	50	11.32	45	0.01	51	0.05	45	0.12	54	794.82	44
806	37112611*	115.12	114.52	-0.96	53	0.22	54	8.76	53	3.89	49	-0.05	54	0.03	49	0.08	56	190.10	51
807	15219411	115.03	108.03	-0.48	16	2.35	51	8.67	50	-3.07	19	0.01	51	0.06	19	0.01	20	-34.46	12
808	41116934	115.00	101.20	1.10	49	-1.06	50	-4.89	49	19.82	44	0.01	50	0.04	44	0.25	53	-272.25	8
809	15218707	114.94		0.27	49	0.93	31	1.93	54	7.71	50	0.02	53	0.04	50	-0.13	53		
810	22218013	114.74		1.28	14	0.81	52	13.28	52	-13.50	48	0.08	52	-0.14	46	-0.06	55		
811	15210063*	114.70	97.56	-0.71	15	1.58	19	2.62	18	8.65	16	0.04	18	-0.01	15	-0.04	16	-393.04	11
812	15619051	114.67		-0.56	19	2.32	57	9.98	56	-5.03	28	0.18	56	-0.05	28	0.14	30		
813	41113272	114.64		1.41	50	-0.73	58	2.91	57	5.53	53	0.12	58	0.01	53	0.00	53		
814	41115274	114.60	98.16	0.43	47	0.20	50	-6.42	50	21.34	45	-0.09	51	0.16	45	0.14	53	-369.88	2
815	11117982	114.54	102.53	2.32	52	2.07	53	4.13	53	-6.73	47	0.11	53	-0.17	47	0.12	55	-216.18	12
816	15206002*	114.47		-2.74	45	1.24	47	0.28	46	20.71	40	0.02	47	0.05	41	-0.07	48		
817	15611345 22211145	114.38		2.12	49	-2.96	48	-15.31	48	35.87	42	0.31	49	-0.04	43	0.16	51		
818	11119713	114.33	108.53	-4.34	48	-4.16	49	3.49	48	34.92	43	0.01	49	0.16	44	-0.03	12	-2.25	8
819	21212102	114.16	90.92	-2.38	52	1.37	54	10.33	53	3.30	49	0.08	54	-0.04	49	-0.06	56	-613.34	16
820	41419111	114.05		-0.14	6	-2.61	47	3.29	47	14.95	41	0.02	48	0.04	42	0.11	8		
821	65111553*	114.01		-0.52	47	-2.24	47	-8.00	46	32.80	41	0.12	47	0.08	41	0.09	51		
822	41418105	113.91	91.04	-1.02	22	3.78	54	0.77	53	6.63	49	-0.03	53	0.06	48	0.20	55	-603.81	15
823	15517F02	113.85	97.45	-0.13	45	-0.41	52	0.33	51	13.94	43	-0.05	51	0.06	44	0.00	51	-378.82	3
824	43110055	113.84	104.75	0.43	44	-0.14	45	-0.77	44	12.79	40	0.07	45	0.05	40	-0.05	48	-124.02	5
825	22210076*	113.80		0.80	47	-1.36	47	-11.96	47	31.43	41	0.30	47	-0.06	41	0.06	51		
826	21216066*	113.71	114.01	1.26	46	-0.88	47	-14.07	46	31.64	41	0.26	47	0.03	42	0.03	50	201.98	3
827	13218379	113.64	103.85	-0.53	47	0.21	50	-2.15	50	17.59	44	0.05	51	0.08	45	0.16	52	-151.39	3
828	41219561	113.55		0.00	51	0.44	49	2.98	48	7.03	43	-0.12	12	0.03	11	0.03	13		
829	15618115 22218115	113.53	113.74	-0.11	53	0.42	53	1.38	55	9.94	49	-0.13	55	0.00	50	-0.02	29	196.20	9
830	15610347	113.50	98.25	-1.61	51	-2.62	52	2.08	51	22.01	46	0.00	51	0.01	46	0.02	54	-343.76	9

（续）

（续）

序号	牛号	CBI	TPI	体型外貌评分		初生重		6月龄体重		18月龄体重		6~12月龄日增重		13~18月龄日增重		19~24月龄日增重		4%乳脂率校正奶量	
				EBV	r^2 (%)	EBV	r^2 (%)	EBV	r^2 (%)	EBV	r^2 (%)	EBV	r^2 (%)	EBV	r^2 (%)	EBV	r^2 (%)	EBV	r^2 (%)
	22210247*																		
831	15218551	113.46		-0.46	50	-0.04	52	-4.72	52	21.70	45	0.06	52	0.14	46	-0.07	54		
832	22119035	113.42		0.48	29	1.29	42	-12.88	60	27.31	55	0.08	60	0.07	55	-0.12	61		
833	14111013	113.42	106.06	-0.29	49	-1.51	49	1.46	48	15.08	43	-0.32	49	0.18	44	0.00	52	-69.67	7
834	22419001	113.38	106.14	0.20	15	1.51	50	7.61	49	-3.59	42	-0.04	49	-0.02	43	0.03	48	-66.00	2
835	15414014	113.37		-1.87	50	1.43	58	5.02	58	8.58	51	-0.02	58	0.11	52	-0.24	54		
836	15211522*	113.35		1.13	20	2.97	52	7.89	51	-11.18	46	-0.07	51	0.01	47	0.20	54		
837	22117015	113.35		-0.42	55	0.92	58	10.51	59	-4.23	54	-0.05	59	-0.10	55	-0.32	60		
838	22417203	113.34	90.63	-0.83	24	2.03	26	7.11	26	-0.13	25	-0.02	26	0.01	25	0.13	26	-606.23	15
839	65111551*	113.32		-0.42	48	-1.15	48	-3.75	48	22.61	42	0.16	49	0.04	43	0.09	51		
840	15416314	113.21	119.45	1.45	53	2.17	58	6.46	57	-8.42	48	0.05	57	-0.14	48	0.09	56	402.09	18
841	22219817	113.17		2.52	31	2.74	55	21.80	53	-37.50	52	-0.06	54	-0.16	49	-0.15	25		
842	15206005*	113.06		-1.52	50	-1.13	50	19.36	49	-8.85	43	-0.21	50	-0.05	44	0.01	51		
843	15217172	113.02		0.44	58	2.51	61	-7.95	61	16.58	56	-0.20	61	0.38	57	-0.16	62		
844	13219088	112.85		-0.51	44	-1.18	44	-7.46	44	28.28	38	0.16	45	0.07	39	0.17	48		
845	15618521	112.85	110.62	-1.46	50	-0.98	25	14.72	50	-2.53	30	-0.18	51	-0.08	19	-0.07	31	101.72	8
	22218521																		
846	22316142	112.71	103.74	-0.17	4	-0.22	44	-6.51	5	23.05	38	0.02	5	0.01	4	-0.18	47	-135.72	3
847	41115298	112.65		0.37	53	-0.40	70	-6.60	65	21.48	54	0.04	60	0.12	55	0.29	59		
848	22117107*	112.64		0.17	28	0.89	57	22.50	57	-25.49	53	-0.13	58	-0.17	53	0.09	59		
849	11116931	112.63		0.74	49	-2.56	64	6.75	62	4.79	49	0.36	57	0.03	26	0.25	51		
850	15617415*	112.61		0.60	52	-2.06	54	-0.87	54	15.78	49	-0.04	55	-0.03	50	0.17	57		
851	15207215*	112.60	102.55	0.67	13	4.56	50	11.43	49	-19.37	44	-0.12	50	-0.12	45	0.16	53	-174.83	4
852	11111903	112.42		-0.96	49	-3.81	58	21.78	57	-8.84	52	-0.40	58	0.16	52	-0.37	52		
853	15216234*	112.34		1.36	51	2.09	78	11.09	82	-15.79	64	-0.20	71	-0.05	65	0.02	71		
854	41215410	112.31	98.09	-0.87	52	-0.40	53	-3.21	53	20.77	48	0.16	53	-0.02	48	0.06	55	-324.43	14
	64115325*																		
855	51114002	112.19	111.47	-1.02	53	-1.47	54	-2.10	54	22.12	49	0.14	55	0.00	50	-0.10	56	145.13	19

（续）

序号	牛号	CBI	TPI	体型外貌评分		初生重		6月龄体重		18月龄体重		6~12月龄日增重		13~18月龄日增重		19~24月龄日增重		4%乳脂率校正奶量	
				EBV	r²(%)	EBV	r²(%)	EBV	r²(%)	EBV	r²(%)	EBV	r²(%)	EBV	r²(%)	EBV	r²(%)	EBV	r²(%)
856	51115018	112.17	118.32	-0.45	54	0.57	55	5.81	55	2.83	50	-0.14	56	0.03	51	-0.12	58	384.34	31
857	15615327 22215127	112.16	120.37	-1.39	52	-2.96	52	7.68	54	12.14	49	0.14	55	-0.08	49	0.21	57	456.39	43
858	65116526	112.14	136.52	0.47	50	-2.30	49	2.78	49	10.83	44	0.03	50	0.04	44	0.04	53	1020.35	44
859	13219115	111.96	114.98	0.05	50	2.95	55	-4.19	53	10.27	48	-0.03	54	0.10	48	0.31	55	272.18	7
860	41115206*	111.73		-0.07	56	-0.68	61	6.80	61	2.46	56	0.08	61	-0.09	56	-0.12	61		
861	11118958	111.69		1.98	55	1.54	55	2.52	55	-4.33	51	-0.10	53	0.11	47	0.27	58		
862	41215415	111.69	101.24	-0.12	46	1.41	45	-4.11	44	14.28	39	0.03	45	0.11	39	-0.11	49	-201.65	42
863	41319232	111.60		0.36	20	-1.47	54	-3.94	53	19.05	27	0.09	29	0.05	27	0.05	30		
864	41213425 64113425*	111.60	92.94	0.80	50	0.26	51	-2.67	50	11.21	45	0.10	51	0.00	46	-0.01	53	-489.18	13
865	41218894	111.56		-1.19	45	0.86	1	-1.15	1	15.10	38	—	—	—	—	—	—		
866	53119387	111.56		-0.04	7	-1.51	55	3.24	55	9.65	50	0.10	56	-0.05	50	-0.05	32		
867	15617935 22217335	111.54	107.29	-1.05	53	-0.43	23	5.13	53	8.03	48	-0.12	53	0.12	48	-0.15	55	12.88	12
868	15217512	111.50		1.75	53	-2.03	55	-0.79	55	10.10	50	0.12	55	-0.05	50	0.13	57		
869	41414150	111.48		1.07	52	-0.52	53	2.42	79	4.14	61	0.14	53	0.03	61	0.02	55		
870	14116409	111.48	119.32	0.98	51	-4.14	51	3.24	51	11.99	47	-0.07	52	0.20	47	-0.01	54	433.79	16
871	11117935*	111.40		2.53	56	-0.92	58	-1.70	57	5.69	52	-0.03	57	-0.03	52	0.73	59		
872	36118460	111.33		1.48	28	0.41	56	11.53	34	-13.81	31	-0.09	32	0.06	30	-0.02	31		
873	13218431	111.31	117.40	-0.94	50	-4.50	51	4.46	50	18.26	45	-0.03	51	0.15	46	0.21	53	370.38	11
874	11118988	111.29	103.28	0.62	53	0.50	54	-8.96	53	20.68	48	0.09	54	0.19	49	-0.20	56	-122.04	16
875	41217457	111.28	97.70	1.15	51	1.60	55	-14.05	54	23.76	48	-0.01	54	0.45	49	0.15	57	-316.53	4
876	36117331	111.26		-0.75	20	-0.57	54	-0.17	53	15.07	23	-0.04	52	0.10	23	-0.08	25		
877	43110058	111.26	103.77	-0.23	47	-1.58	49	2.03	48	12.13	44	0.05	49	0.03	44	0.00	52	-104.04	13
878	15208126*	111.17		-0.20	9	0.51	9	-3.65	10	15.58	9	0.07	10	0.01	9	0.00	10		
879	65112593*	111.11	155.79	-1.21	51	3.55	52	3.97	52	0.39	46	-0.14	52	0.14	47	-0.25	55	1714.37	47
880	15215608	111.08	105.55	-1.28	52	-0.53	58	-5.06	57	24.35	49	0.14	57	0.04	50	-0.22	56	-38.21	13

（续）

（续）

序号	牛号	CBI	TPI	体型外貌评分		初生重		6月龄体重		18月龄体重		6~12月龄日增重		13~18月龄日增重		19~24月龄日增重		4%乳脂率校正奶量	
				EBV	r^2(%)	EBV	r^2(%)	EBV	r^2(%)	EBV	r^2(%)	EBV	r^2(%)	EBV	r^2(%)	EBV	r^2(%)	EBV	r^2(%)
881	15619085	111.05		-1.85	56	0.56	56	12.72	55	-3.36	50	0.02	55	0.14	48	0.12	26		
882	41213427 64113427*	111.00	91.55	-0.93	50	2.06	51	-1.99	50	11.95	45	0.05	51	0.05	45	0.00	53	-525.16	13
883	11117933*	110.81		1.65	56	-2.05	58	-1.04	57	10.27	52	0.01	57	-0.04	52	0.68	59		
884	22217029	110.80		1.72	64	-1.53	74	-3.60	74	12.66	63	-0.40	69	0.34	63	0.00	67		
885	41110276	110.68	118.61	2.24	53	-0.72	54	5.19	56	-4.91	49	-0.05	54	0.03	50	0.03	57	425.84	14
886	15410916*	110.66		0.82	51	0.65	54	-6.90	53	15.80	48	0.09	53	0.05	48	-0.04	55		
887	65112592*	110.56	155.46	0.11	51	2.13	52	5.74	52	-4.51	46	-0.10	52	0.02	47	0.03	55	1714.37	47
888	62116109	110.46	106.75	-0.91	50	0.95	52	-7.57	51	22.61	45	0.02	52	0.05	46	0.03	22	16.55	11
889	22418123	110.37	104.24	-0.05	17	0.04	23	9.34	22	-4.53	17	-0.06	19	-0.03	17	-0.01	17	-69.07	2
890	15619339	110.37	103.27	-0.79	19	-1.92	24	-0.71	23	18.49	21	0.09	23	0.03	21	-0.04	22	-103.17	2
891	41115268	110.36	95.93	0.70	48	0.93	51	-9.26	50	18.92	45	-0.05	51	0.15	46	0.09	53	-358.81	2
892	65116527	110.23	143.08	0.98	50	-3.35	49	0.65	49	12.88	44	-0.02	50	0.01	45	0.13	53	1289.26	44
893	15208203*	110.17	93.87	0.51	9	1.78	11	-0.19	12	3.52	11	0.02	11	0.03	11	-0.01	11	-427.01	9
894	22217825	110.05		-0.22	13	-0.24	50	7.63	49	-0.87	43	0.13	50	-0.11	44	0.05	53		
895	41113260	110.01	116.88	2.01	53	-0.60	59	-7.87	60	15.09	56	0.11	61	0.06	57	0.01	63	379.45	46
896	15619139	109.97		0.51	26	2.53	59	1.90	37	-1.69	34	0.04	37	-0.08	34	0.17	36		
897	41109222*	109.90	91.36	1.28	50	-1.18	52	-1.09	51	8.82	46	0.04	52	0.01	47	0.06	55	-508.86	11
898	41118282	109.66		0.68	53	-0.99	59	2.57	58	4.85	53	0.20	59	-0.10	53	0.01	59		
899	41118298	109.64	111.09	-0.26	50	-0.25	57	8.81	55	-2.88	49	0.09	56	-0.10	50	-0.03	57	185.33	3
900	15410886*	109.63		0.82	48	0.88	57	0.30	57	3.24	52	-0.07	57	0.09	53	-0.14	51		
901	15414004	109.62		-2.21	49	-1.67	48	9.35	47	7.26	42	-0.02	47	0.00	42	-0.25	51		
902	41219666	109.54		-0.66	50	-2.61	49	-2.83	48	22.13	43	-0.12	12	0.03	11	0.03	13		
903	65111554	109.50		1.07	48	-2.05	49	-13.38	48	30.21	43	0.08	49	0.17	43	0.07	51		
904	22218325	109.40		-0.45	3	-1.58	45	10.89	44	-2.34	39	-0.14	46	0.02	39	0.06	4		
905	15417501	109.29	96.67	1.94	52	-1.38	53	-13.89	52	25.81	47	-0.01	52	0.15	47	0.25	54	-310.62	10
906	22114001*	109.27		0.98	56	-3.68	61	10.76	61	-2.72	56	-0.04	61	-0.06	57	0.07	63		
907	15210417*	109.18		-0.04	10	0.32	12	-3.66	12	13.57	10	0.07	12	0.02	10	-0.01	10		

（续）

序号	牛号	CBI	TPI	体型外貌评分		初生重		6月龄体重		18月龄体重		6~12月龄日增重		13~18月龄日增重		19~24月龄日增重		4%乳脂率校正奶量	
				EBV	r^2(%)	EBV	r^2(%)	EBV	r^2(%)	EBV	r^2(%)	EBV	r^2(%)	EBV	r^2(%)	EBV	r^2(%)	EBV	r^2(%)
908	65111564*	109.07		-0.76	48	-2.45	47	-11.73	46	35.33	41	0.05	47	0.23	42	0.05	51		
909	22218017	109.03		-0.95	13	3.41	53	7.95	53	-8.32	48	0.14	53	-0.14	48	-0.03	55		
910	13218018	109.03	102.89	0.13	49	1.75	56	4.74	55	-3.56	46	-0.02	54	0.09	47	0.19	52	-88.20	15
911	53118380	108.97		-0.01	49	0.23	54	5.29	54	-0.24	48	0.05	54	-0.04	48	-0.20	52		
912	15619511	108.94	105.57	1.80	17	-0.80	51	-3.15	50	8.15	18	-0.21	51	0.08	18	-0.30	16	7.36	3
913	22217326	108.93	105.73	-0.52	53	-1.42	29	5.33	54	5.63	49	-0.23	54	0.13	49	-0.17	56	12.88	12
914	22118089	108.84		0.08	22	2.76	34	-1.01	56	2.82	50	-0.01	56	0.04	51	0.02	57		
915	36117359	108.80		-0.50	22	-0.76	54	15.30	53	-11.46	25	-0.36	53	0.04	25	0.00	26		
916	41218846	108.80		0.12	44	0.11	1	-0.78	1	8.69	37	—		—		—			
917	22419159	108.76		0.08	12	0.54	44	1.86	43	3.72	36	0.00	44	0.02	37	0.02	5		
918	65116510	108.73		-0.39	45	-1.96	47	2.70	46	10.27	37	-0.07	47	0.04	38	0.15	48		
919	41215409 64115322	108.70	116.23	0.00	52	0.74	53	-6.08	52	15.66	48	0.17	53	-0.02	48	0.04	55	384.11	17
920	41419125	108.69		-0.79	11	0.77	53	14.03	53	-12.19	46	-0.07	53	-0.09	47	-0.23	53		
921	53216197	108.63	106.68	-0.11	49	0.51	51	-16.44	50	32.46	46	-0.03	51	0.27	46	-0.22	53	52.34	11
922	22215151	108.63	104.67	-0.78	51	-2.85	53	6.93	52	7.36	24	0.08	25	0.03	24	-0.02	26	-17.71	43
923	41115266	108.56	92.51	0.63	49	-0.93	53	-12.39	53	26.81	48	0.01	54	0.17	48	0.03	55	-440.60	3
924	15207244*	108.54		0.04	2	1.27	46	7.17	45	-6.24	39	-0.05	46	-0.09	40	0.15	48		
925	15204117*	108.32		-0.53	2	-0.64	4	4.03	4	5.20	3	0.00	3	0.01	3	-0.04	3		
926	21216039	108.27	115.56	0.25	51	0.36	54	-0.51	53	6.67	48	0.14	53	-0.08	48	-0.02	54	369.89	45
927	14118601	108.16	103.13	0.20	9	1.96	46	-5.59	45	10.68	40	-0.07	46	0.12	40	0.08	49	-61.51	4
928	41212439 64112439	108.12	111.35	0.29	53	0.86	54	-19.35	53	34.05	49	0.44	54	-0.06	49	0.10	56	226.10	17
929	13213127	108.00	104.99	0.12	50	-1.18	50	21.12	50	-22.51	45	0.01	50	-0.23	45	0.14	53	6.77	43
930	51112167	107.90	102.58	0.52	45	0.47	45	5.07	44	-3.54	39	0.04	5	0.15	39	0.06	48	-75.27	1
931	15219471	107.79	103.86	-0.08	50	1.63	51	-8.01	50	15.93	46	0.07	51	0.09	46	0.08	54	-28.31	12
932	22120007	107.73		0.50	27	1.16	59	-4.25	57	9.00	35	0.05	57	0.04	35	0.15	35		
933	41316924	107.69	104.08	-0.39	14	-0.77	51	-2.23	50	13.98	19	-0.02	50	0.00	19	0.06	19	-18.64	4

（续）

序号	牛号	CBI	TPI	体型外貌评分 EBV	r²(%)	初生重 EBV	r²(%)	6月龄体重 EBV	r²(%)	18月龄体重 EBV	r²(%)	6~12月龄日增重 EBV	r²(%)	13~18月龄日增重 EBV	r²(%)	19~24月龄日增重 EBV	r²(%)	4%乳脂率校正奶量 EBV	r²(%)
	41116924																		
934	41114264	107.60		0.21	51	1.32	56	-4.13	56	9.43	52	-0.02	57	0.05	52	0.05	59		
935	15618069	107.58		0.17	57	1.17	41	-0.18	58	3.87	54	0.07	59	-0.07	54	0.10	39		
	22118069*																		
936	15214503	107.54	98.77	-1.22	54	-0.71	57	-6.85	57	23.99	49	0.17	57	0.00	50	-0.07	57	-200.78	17
937	53115353	107.49		-0.24	51	0.28	54	-14.34	54	29.24	48	0.04	54	0.06	48	0.13	54		
938	22215141*	107.36		-0.89	50	-0.87	54	-7.74	53	24.30	48	0.12	54	0.08	48	0.04	56		
939	37110035*	107.32	88.19	0.46	17	-0.82	22	1.01	50	5.50	45	0.01	51	0.02	46	-0.18	53	-565.32	11
940	37110041	107.17	122.39	0.38	54	4.31	56	20.19	56	-36.15	52	-0.14	57	-0.15	52	-0.05	59	631.36	23
941	15415305	107.15	117.64	-0.26	54	-1.71	58	-10.03	57	27.21	49	-0.08	58	0.26	50	-0.04	56	465.88	19
942	15616633	107.12		-1.29	51	2.85	53	-2.89	53	9.19	48	-0.05	53	0.04	48	0.10	26		
	22216641*																		
943	41416120	107.10		1.57	48	0.87	50	-12.77	49	18.03	43	0.13	49	0.13	44	-0.19	52		
944	14117333	107.02	96.75	-0.42	52	0.96	57	2.98	55	1.30	49	0.02	55	0.03	49	0.03	57	-260.25	13
945	15619343	107.00	101.24	-0.59	18	-1.01	22	0.75	22	10.12	19	0.07	21	0.03	19	-0.06	20	-103.17	2
946	53217201	106.99	102.52	0.02	19	4.24	52	-9.61	53	10.93	48	0.28	52	-0.09	48	-0.18	55	-58.57	11
947	41213424	106.95	95.83	0.77	51	-1.66	51	-0.06	50	7.62	45	0.04	51	0.01	46	0.05	54	-291.00	14
	64113424*																		
948	13317106	106.89		2.02	47	-2.85	66	-0.82	66	6.77	50	-0.11	66	0.23	50	-0.15	51		
949	36117999	106.88		1.61	28	1.41	57	12.41	56	-22.24	32	0.02	32	-0.03	30	-0.05	31		
950	22216647	106.87		-0.24	49	-0.46	50	-16.71	50	34.08	44	-0.12	51	0.12	45	0.01	18		
951	15215609	106.85		-1.01	50	-2.23	58	-0.76	57	16.88	50	0.12	56	0.02	50	-0.22	57		
952	41218484	106.84		-0.58	51	-2.12	52	7.58	51	2.15	46	0.02	52	-0.03	47	0.05	54		
953	41217469	106.80		0.90	52	0.80	56	10.76	65	-15.56	47	-0.17	60	-0.06	47	0.06	54		
954	42113095*	106.73		-0.19	63	-0.71	86	14.75	83	-13.87	74	-0.18	78	0.12	75	0.01	76		
955	36113001	106.69	134.49	-0.02	44	-1.50	48	2.94	47	5.45	40	0.11	46	-0.09	40	-0.07	49	1063.57	44
956	41218482	106.65		-0.18	52	-5.79	52	9.20	51	6.82	46	0.14	52	-0.10	47	0.10	54		
957	13219100	106.62	124.85	0.56	50	0.62	58	-0.86	56	3.84	51	-0.09	56	0.12	51	0.17	55	728.66	16

（续）

序号	牛号	CBI	TPI	体型外貌评分		初生重		6月龄体重		18月龄体重		6~12月龄日增重		13~18月龄日增重		19~24月龄日增重		4%乳脂率校正奶量	
				EBV	r²(%)	EBV	r²(%)	EBV	r²(%)	EBV	r²(%)	EBV	r²(%)	EBV	r²(%)	EBV	r²(%)	EBV	r²(%)
958	15410719*	106.58		0.02	40	-0.53	41	-5.80	39	14.60	34	0.04	41	0.10	35	-0.07	44		
959	41217465	106.58		0.67	49	2.43	54	-22.87	53	32.74	48	0.00	53	0.54	48	-0.04	56		
960	22119157	106.56		0.02	12	3.47	27	-6.90	55	8.24	28	-0.11	55	0.08	28	0.01	30		
961	11117956	106.53		1.41	55	-2.19	58	3.39	58	0.75	53	-0.04	58	-0.09	53	0.53	59		
962	13217077	106.53	101.89	0.69	49	1.04	51	1.71	51	-1.71	46	-0.02	51	0.00	46	-0.30	52	-70.61	12
963	36117998	106.52		-0.02	29	1.07	56	9.74	55	-11.35	31	-0.18	55	-0.02	30	0.04	30		
964	22210037	106.50	97.39	-0.30	50	0.08	51	-17.74	50	34.24	46	0.34	51	-0.02	46	-0.09	54	-227.02	9
965	65116517	106.47		1.37	51	-0.37	68	-14.88	81	24.45	51	0.09	62	0.06	51	0.07	59		
966	21119737	106.41	83.42	-1.32	16	0.14	56	-3.67	35	16.39	23	0.06	34	0.02	23	-0.03	24	-712.68	22
967	22218929	106.35		0.74	14	2.15	51	-3.63	51	3.43	44	-0.04	50	0.08	44	-0.10	53		
968	15208129*	106.32		0.09	5	0.71	5	-0.91	5	5.24	4	0.06	5	-0.04	4	0.02	5		
969	41316224 41116224	106.15		-0.22	50	-0.67	57	-3.12	56	13.01	31	0.12	56	-0.06	30	0.12	33		
970	14115816	106.11	106.77	3.32	52	-0.87	56	-4.46	56	1.80	49	0.35	56	-0.27	49	-0.21	56	108.40	46
971	53114309 22114031	106.08		1.84	52	1.63	63	4.38	75	-12.10	59	-0.07	26	-0.17	46	-0.05	55		
972	41217463	105.99	94.33	1.04	51	0.91	54	-15.76	54	23.53	48	-0.03	53	0.48	48	0.11	56	-323.23	4
973	14118017	105.93	117.30	-0.58	52	2.41	52	-4.80	51	9.32	47	0.08	52	0.07	47	0.00	55	479.67	15
974	37110057*	105.88	124.13	0.65	54	1.66	57	5.72	56	-9.81	52	-0.07	57	-0.03	53	-0.25	59	719.11	49
975	41319256	105.71	106.04	0.40	19	-0.31	51	-2.70	53	8.68	24	-0.03	53	0.03	24	-0.05	28	91.25	1
976	14117283	105.64	111.40	-1.34	54	0.94	57	1.55	56	5.81	49	0.10	57	0.03	50	-0.02	57	279.61	17
977	65111565*	105.61		0.05	51	-2.18	80	-0.50	74	11.09	65	-0.03	69	0.11	65	0.07	68		
978	41218480	105.60		-0.23	52	1.11	54	4.55	53	-3.54	46	0.15	52	-0.11	44	0.11	53		
979	15618079*	105.59		-3.56	56	-1.92	55	11.34	54	6.27	52	0.14	54	-0.18	49	0.07	26		
980	41413103	105.41		0.95	52	-1.85	53	-2.51	54	9.70	48	0.13	53	-0.04	49	0.04	55		
981	22419015	105.38		-0.11	8	0.71	3	1.47	3	1.48	3	0.03	3	-0.04	3	0.01	3		
982	15215311*	105.33	98.65	0.04	19	0.44	53	-13.58	52	24.58	47	0.10	52	0.06	47	-0.09	55	-158.71	13
983	14117208	105.30	107.34	-0.43	49	4.45	51	4.36	50	-10.83	42	-0.05	50	0.01	43	0.00	15	145.22	8

（续）

序号	牛号	CBI	TPI	体型外貌评分 EBV	r²(%)	初生重 EBV	r²(%)	6月龄体重 EBV	r²(%)	18月龄体重 EBV	r²(%)	6~12月龄日增重 EBV	r²(%)	13~18月龄日增重 EBV	r²(%)	19~24月龄日增重 EBV	r²(%)	4%乳脂率校正奶量 EBV	r²(%)
984	15210067*	105.07	91.78	-0.12	17	0.70	34	-3.56	32	8.97	17	0.01	20	-0.02	17	0.02	18	-393.04	11
985	15205030*	105.03		0.28	8	1.39	6	1.85	9	-2.58	9	0.00	9	-0.01	7	-0.08	9		
986	65116511	104.94		-0.32	57	-3.69	69	-5.64	77	23.43	57	0.29	62	-0.24	58	0.44	64		
987	41117914*	104.89	94.03	0.62	52	-1.62	53	-8.76	52	19.52	47	-0.04	53	0.14	48	0.12	24	-310.62	10
988	21116723	104.60	108.40	-0.62	15	-1.35	53	-9.23	53	24.12	47	0.15	53	0.24	47	0.01	53	196.84	4
989	13214933	104.53	93.99	-0.49	47	0.03	50	17.84	49	-21.29	43	0.09	49	-0.23	44	0.28	52	-304.75	42
990	15410787*	104.45		-0.02	43	-0.39	45	-11.79	43	22.13	38	0.09	45	0.09	39	-0.06	48		
991	65111550*	104.45		0.70	47	-0.77	47	-19.21	46	32.76	41	0.10	47	0.18	41	0.11	50		
992	22217417	104.44		-0.30	6	-1.42	48	10.03	49	-6.63	44	0.00	47	-0.11	44	-0.04	53		
993	15218719	104.42		-0.02	51	-0.78	57	1.05	57	4.49	50	0.02	57	0.00	50	-0.05	54		
994	53118374	104.40		-1.00	48	-1.90	57	-19.78	56	42.91	49	0.19	57	0.25	49	0.00	25		
995	41119222	104.39		-0.49	53	-1.37	56	1.07	56	7.68	51	0.08	56	0.00	51	0.11	58		
996	22219215	104.31		-0.81	16	-2.88	56	6.70	53	3.86	25	0.16	54	0.00	25	0.00	17		
997	22219807	104.18		-0.37	6	-2.40	57	27.95	57	-31.70	49	-0.24	56	-0.14	47	0.00	19		
998	15410827*	104.08		0.18	47	2.10	47	-12.02	46	16.46	40	0.11	47	0.04	41	-0.06	51		
999	15213327	104.07		-0.77	58	2.11	62	2.02	75	-1.42	57	-0.08	64	0.07	57	0.24	59		
1000	36117000	103.97		1.18	29	1.49	57	-1.50	56	-2.16	29	0.11	31	0.05	28	-0.11	29		
1001	15410900*	103.92		0.72	50	-0.10	49	-18.76	49	29.88	44	0.07	50	0.17	44	-0.07	53		
1002	13216469	103.88	91.36	-0.70	47	2.68	49	-4.20	49	6.29	43	0.00	49	0.01	43	-0.37	51	-382.91	11
1003	22218525	103.84		0.01	13	1.45	53	20.30	52	-31.08	51	0.14	53	-0.30	48	-0.06	54		
1004	62115101	103.77	104.43	-0.05	47	0.57	48	-16.43	47	27.53	41	0.15	47	0.10	42	0.22	50	75.53	1
1005	11114706	103.75	73.67	-0.50	59	-1.67	84	13.61	81	-11.38	62	-0.09	73	0.03	60	0.10	57	-997.44	49
1006	37318102	103.72		-0.18	1	-0.33	1	1.20	12	3.13	10	0.02	12	0.02	10	0.02	13		
1007	15619011	103.68		-1.28	55	1.11	40	8.89	41	-7.92	38	-0.05	40	-0.09	38	0.07	40		
1008	22118103	103.65		0.20	18	4.36	32	-0.09	56	-7.77	50	-0.11	56	-0.03	50	-0.10	57		
1009	37110059*	103.60	118.78	-0.11	58	0.30	62	1.13	61	1.33	55	-0.10	61	0.08	55	-0.08	61	580.14	53
1010	65116516	103.58	138.51	1.22	50	-3.70	50	-4.47	50	14.43	45	-0.18	51	0.13	45	0.19	54	1268.85	45
1011	15215606	103.57	108.38	-0.61	51	-1.58	54	-5.47	54	17.91	47	0.02	52	0.08	47	-0.13	54	217.65	13

（续）

序号	牛号	CBI	TPI	体型外貌评分		初生重		6月龄体重		18月龄体重		6~12月龄日增重		13~18月龄日增重		19~24月龄日增重		4%乳脂率校正奶量	
				EBV	r²(%)	EBV	r²(%)	EBV	r²(%)	EBV	r²(%)	EBV	r²(%)	EBV	r²(%)	EBV	r²(%)	EBV	r²(%)
1012	53219209	103.51		1.10	17	-0.28	33	4.00	55	-6.43	49	-0.02	55	-0.02	49	-0.08	55		
1013	21113727	103.44		-0.02	48	-4.38	57	14.22	57	-7.91	34	-0.07	37	0.01	34	-0.20	16		
1014	22120013	103.42		-0.66	26	0.54	36	2.26	56	0.98	32	0.13	57	-0.04	31	0.16	34		
1015	15406224*	103.41		0.06	44	-0.52	44	3.02	43	-0.42	38	0.07	45	-0.11	39	0.01	48		
1016	15617021 22217003	103.40		2.06	57	-5.25	59	-11.60	59	25.69	52	-0.03	58	0.08	53	-0.07	59		
1017	22120005	103.35		0.59	24	0.19	34	-1.46	58	2.63	34	0.00	58	0.00	34	0.12	36		
1018	15618311	103.34		2.60	64	-0.70	53	-14.14	67	16.43	63	-0.29	67	0.32	63	0.01	67		
1019	41119902	103.32	102.10	-0.14	54	-0.38	37	6.63	57	-5.60	53	-0.06	58	-0.03	53	0.01	35	3.80	34
1020	41212442 64112442	103.07	116.12	0.91	53	-0.15	55	-14.57	55	22.05	51	0.43	56	-0.14	51	0.13	58	498.39	15
1021	13216459	103.06	100.92	-0.08	44	2.26	45	-5.73	44	6.49	38	0.03	45	0.01	39	-0.42	47	-32.01	4
1022	22217329	103.02		-0.41	53	7.22	54	18.75	53	-41.81	48	0.03	54	-0.34	48	0.17	55		
1023	41117210	102.98	107.51	0.65	53	0.45	58	-7.08	58	10.03	53	-0.05	58	0.01	53	0.22	59	199.51	4
1024	22420101	102.84		-0.36	15	1.71	44	-1.96	43	2.92	5	-0.01	44	0.03	5	-0.05	6		
1025	41116218	102.84	93.27	0.87	47	3.11	54	-7.57	51	3.37	48	0.01	51	0.07	46	0.03	57	-294.46	7
1026	15206228*	102.79		-2.20	44	-0.38	44	16.84	44	-13.77	38	-0.01	45	-0.16	39	0.11	48		
1027	22419173	102.66	99.67	-0.72	19	-2.21	51	-2.90	50	15.07	44	0.05	50	0.00	45	0.01	50	-67.18	11
1028	41116904	102.63	104.06	0.42	49	1.11	52	-15.76	51	22.31	47	-0.03	51	0.17	46	0.02	54	86.61	5
1029	53219210	102.62		-0.06	18	-0.70	27	5.75	52	-4.44	47	0.02	53	-0.04	47	-0.11	52		
1030	62114091	102.61	112.26	-0.49	54	-2.14	56	-1.97	56	12.54	50	0.11	55	-0.05	50	0.09	57	373.29	15
1031	41413193	102.37		0.08	50	-4.37	59	11.18	58	-4.66	53	-0.15	58	-0.02	53	0.11	53		
1032	41109236*	102.33	106.80	0.66	51	-0.48	55	1.68	54	-1.79	50	0.01	55	-0.05	51	0.16	58	188.47	18
1033	15212133*	102.27	100.86	1.73	54	2.62	43	-1.90	60	-8.00	53	0.00	60	-0.06	53	-0.05	58	-17.57	29
1034	22117059	102.22		0.24	52	5.39	57	6.48	57	-21.83	53	-0.03	58	-0.17	53	0.30	60		
1035	53213149	102.21	102.09	-1.71	50	-0.55	57	16.48	56	-15.25	48	-0.16	57	0.04	48	-0.02	54	26.66	15
1036	15617937 22217341	102.19	105.58	0.32	49	0.01	51	-22.80	49	35.74	43	0.04	50	0.20	43	0.24	52	148.84	3

（续）

序号	牛号	CBI	TPI	体型外貌评分		初生重		6月龄体重		18月龄体重		6~12月龄日增重		13~18月龄日增重		19~24月龄日增重		4%乳脂率校正奶量	
				EBV	r²(%)	EBV	r²(%)	EBV	r²(%)	EBV	r²(%)	EBV	r²(%)	EBV	r²(%)	EBV	r²(%)	EBV	r²(%)
1037	15207206*	102.12		0.26	5	2.04	47	-1.14	46	-2.21	41	-0.04	48	0.00	42	-0.07	50		
1038	62111151	102.10		1.98	46	0.16	45	-7.54	44	5.47	39	-0.07	46	0.06	40	-0.17	49		
1039	36117111	102.07		-0.02	29	-1.24	56	10.67	55	-11.35	31	-0.23	55	-0.02	30	0.04	30		
1040	13217080	101.94	109.16	0.31	50	1.10	53	-1.80	52	0.71	46	-0.07	52	0.07	46	0.14	53	278.97	13
1041	41118934	101.70	94.82	-1.55	50	-2.55	51	15.77	50	-10.42	45	-0.03	51	0.05	46	-0.25	54	-216.41	5
1042	15417509	101.69	100.73	0.31	50	-0.04	54	-18.09	53	28.21	47	0.03	53	0.20	47	0.12	54	-9.90	13
1043	41118290	101.68		0.35	53	-0.56	55	-4.79	55	8.91	50	0.29	55	-0.17	50	0.08	56		
1044	13216087	101.66	98.29	0.59	49	1.61	51	-0.80	51	-3.40	46	-0.03	51	-0.02	46	-0.30	52	-94.58	12
1045	51115017	101.65	112.49	0.51	50	-0.66	52	-0.14	51	1.38	45	-0.15	52	-0.02	46	-0.09	53	401.45	14
1046	15619133	101.58		2.09	52	-1.69	56	8.80	57	-16.02	30	-0.11	34	-0.04	30	-0.08	32		
1047	41217475	101.56		0.36	53	2.04	53	9.69	53	-19.73	48	0.07	53	-0.17	48	0.09	55		
1048	13218195	101.56	102.04	-0.22	50	2.42	53	-3.35	52	1.59	46	0.05	52	0.00	46	0.15	53	38.57	9
1049	65111548*	101.51		-0.97	46	-2.82	45	-10.12	44	27.51	39	0.08	45	0.13	39	0.08	49		
1050	15218841	101.50	109.84	-0.83	56	2.69	59	-4.08	59	4.36	53	0.08	59	-0.05	54	0.12	61	312.09	19
1051	22118017	101.45		-0.83	50	4.55	55	6.66	56	-16.65	50	-0.16	56	-0.02	50	0.04	57		
1052	15216542	101.25		0.23	50	-2.82	50	11.08	49	-9.89	44	-0.18	50	-0.12	45	0.13	53		
1053	15617957 22217615	101.21	105.55	-1.26	53	-2.00	25	1.43	55	8.66	51	-0.05	55	-0.09	49	0.26	58	168.23	8
1054	36118260	101.17		-0.61	19	-1.64	53	-5.16	52	15.34	22	0.02	23	0.09	22	-0.07	23		
1055	22418107	101.07		-0.19	14	1.07	2	2.58	2	-4.81	1	-0.03	2	-0.03	1	0.04	1		
1056	41118922	101.06	95.66	-1.15	48	1.60	51	-3.67	51	7.20	45	0.07	51	0.08	45	-0.30	52	-173.64	3
1057	15517F04	101.05	89.77	0.64	45	-2.17	52	-3.75	51	9.50	43	0.05	51	0.01	44	-0.02	51	-378.82	3
1058	21217001*	100.94	93.91	-0.52	46	-0.39	47	-8.98	46	17.60	41	0.26	47	-0.03	41	0.05	49	-232.14	2
1059	41416123	100.92	104.63	1.21	53	-2.43	55	-9.88	54	17.20	48	0.22	54	-0.01	49	0.04	56	142.18	3
1060	21117730	100.75		0.59	15	-5.47	54	3.23	54	6.70	48	0.06	53	0.01	48	-0.02	55		
1061	41213426 64113426*	100.73	105.95	1.10	54	-1.76	55	-5.87	72	9.68	50	0.10	55	0.01	50	0.08	57	192.51	17
1062	15417503	100.69		0.00	55	-1.99	58	13.55	57	-15.31	52	-0.36	57	0.07	52	0.28	59		

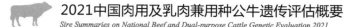

（续）

序号	牛号	CBI	TPI	体型外貌评分		初生重		6月龄体重		18月龄体重		6~12月龄日增重		13~18月龄日增重		19~24月龄日增重		4%乳脂率校正奶量	
				EBV	r²(%)	EBV	r²(%)	EBV	r²(%)	EBV	r²(%)	EBV	r²(%)	EBV	r²(%)	EBV	r²(%)	EBV	r²(%)
	41117228																		
1063	41318240	100.63	98.08	0.10	57	-1.30	61	-7.42	60	14.72	56	0.08	61	-0.01	56	-0.05	63	-80.12	1
1064	41418134	100.55	94.94	0.21	8	-2.41	50	-9.73	49	20.45	44	0.19	50	0.03	44	0.16	53	-188.09	1
1065	15615329	100.39	88.44	-0.01	49	0.62	55	-1.16	55	0.68	47	0.12	55	-0.07	47	-0.07	55	-411.46	43
	22215129																		
1066	22218371	100.35		-0.81	49	-1.33	54	20.72	51	-25.08	46	-0.13	52	-0.23	47	0.25	54		
1067	41112940*	100.30	102.25	1.15	49	-0.96	58	-0.25	57	-1.47	49	0.12	58	-0.07	50	-0.03	55	72.09	45
1068	15617765	100.28		-1.68	55	0.90	55	-0.62	56	5.54	51	0.02	57	0.02	52	-0.16	57		
	22217763																		
1069	41212437	100.27	101.59	0.69	53	-1.52	55	-12.93	54	21.08	49	0.17	54	0.11	50	0.07	56	49.94	16
	64112437																		
1070	53216196	100.26	96.47	-0.09	52	-1.51	53	-11.13	53	21.31	48	0.14	53	0.01	48	0.20	54	-128.55	2
1071	11109003*	100.19		-0.50	50	-1.34	50	1.50	50	3.06	45	-0.12	52	0.02	46	0.02	55		
1072	21211105	100.15	81.29	-1.92	52	-2.72	77	8.61	75	0.96	50	-0.04	62	-0.02	50	0.00	56	-656.10	17
1073	53214164	100.13	81.33	-1.56	51	-0.22	51	12.28	51	-12.13	47	-0.07	51	-0.02	47	-0.20	54	-654.30	17
1074	15210077*	100.08		-2.43	45	8.81	45	2.91	44	-16.29	38	0.07	45	-0.05	39	0.08	49		
1075	22119159	100.08		-0.04	20	1.57	35	4.01	58	-9.72	33	0.02	58	-0.01	33	-0.07	35		
1076	41118946	99.99	99.77	0.17	46	-3.37	46	3.63	45	1.92	40	-0.01	46	-0.01	40	-0.10	50	-7.84	3
1077	15518X22	99.92		-0.36	31	0.94	55	-2.43	54	2.77	48	-0.10	55	-0.13	48	0.30	53		
1078	15210059*	99.92	97.96	-2.25	50	-2.00	53	15.92	52	-10.93	45	-0.21	51	-0.06	45	0.03	53	-69.67	7
1079	15516X07*	99.91	100.23	0.08	50	-2.47	52	-8.49	52	18.60	47	0.00	52	0.23	47	-0.07	53	9.86	6
1080	22417091*	99.86		-0.86	47	0.93	1	3.51	1	-4.43	1	-0.03	1	-0.03	1	0.04	1		
1081	15214813	99.72		0.90	45	0.22	44	-3.69	44	1.38	38	0.08	45	-0.04	39	-0.08	48		
1082	15410824*	99.70		1.05	49	2.46	49	-13.08	48	9.75	43	0.08	49	0.07	43	-0.08	52		
1083	15218464	99.69	111.45	-0.78	52	-0.16	53	-5.84	52	12.07	47	-0.02	53	0.16	47	0.00	24	405.90	13
1084	41219555	99.68	94.78	-1.22	50	0.98	50	-0.78	49	3.25	44	-0.09	16	-0.01	14	0.05	17	-175.46	2
1085	22216609*	99.64		-2.39	53	0.24	54	-1.04	54	9.93	50	0.09	55	-0.04	50	0.09	29		
1086	21117729	99.64		-0.21	16	-0.96	54	-10.73	53	19.25	48	0.01	53	0.05	49	-0.01	55		

（续）

序号	牛号	CBI	TPI	体型外貌评分		初生重		6月龄体重		18月龄体重		6~12月龄日增重		13~18月龄日增重		19~24月龄日增重		4%乳脂率校正奶量	
				EBV	r²(%)	EBV	r²(%)	EBV	r²(%)	EBV	r²(%)	EBV	r²(%)	EBV	r²(%)	EBV	r²(%)	EBV	r²(%)
1087	41217468	99.62		1.66	50	0.77	54	-15.07	54	14.46	48	-0.06	53	0.45	48	0.10	56		
1088	22211106	99.60		1.46	52	-0.19	52	-11.03	63	11.34	52	0.18	52	0.07	52	0.02	54		
1089	65111549*	99.59		-1.14	50	-1.86	51	-7.04	50	19.33	45	0.16	50	0.05	45	0.00	52		
1090	53212144	99.52	101.28	-1.08	54	-2.18	58	8.87	58	-4.59	51	0.10	58	-0.12	51	0.03	58	54.73	25
1091	21216051	99.51	114.60	0.25	50	-0.63	55	-8.15	55	12.59	46	0.02	55	0.03	46	-0.07	53	519.59	45
1092	41113274	99.42		1.71	49	-1.03	80	2.49	84	-8.49	66	-0.06	69	0.12	66	0.06	63		
1093	41217467	99.42		1.60	50	1.30	55	-16.53	51	15.46	46	-0.04	51	0.45	46	0.09	54		
1094	15217891	99.39	98.48	0.39	51	-1.50	54	-14.88	54	24.36	49	-0.08	54	0.17	49	0.03	57	-40.40	11
1095	22418011	99.38		0.06	46	0.39	2	-0.35	2	-1.22	2	0.00	2	-0.01	2	0.00	1		
1096	21216065*	99.30	101.94	1.32	45	-0.09	46	-16.24	46	19.35	40	0.18	47	0.03	41	0.00	49	82.27	1
1097	13217015	99.27	87.35	0.42	43	1.55	50	-3.42	48	-0.82	42	-0.04	48	0.04	42	-0.42	51	-426.19	6
1098	15619029	99.20		2.86	52	-0.35	33	-10.52	58	5.15	33	0.08	36	0.05	30	-0.01	36		
1099	41109234	99.20	114.07	1.79	52	-1.58	53	-2.34	52	-0.27	48	0.06	53	0.00	49	0.22	55	507.63	16
1100	41215401 64115312	99.17	105.98	-0.03	53	-0.64	53	-13.63	53	21.79	48	0.23	53	-0.02	49	0.04	56	226.10	17
1101	41116220	99.14	105.17	0.43	53	-4.20	76	-2.68	77	11.80	58	0.04	63	0.00	56	0.21	63	198.51	4
1102	62111163	99.10		1.23	46	0.73	45	-8.45	44	5.58	39	-0.07	45	0.05	40	-0.04	49		
1103	15410825*	99.09		0.45	52	1.02	52	-5.06	52	2.70	48	0.10	52	0.03	47	-0.17	54		
1104	11117951*	99.02		1.12	55	-0.21	58	-11.55	58	12.96	53	0.20	58	-0.13	53	0.64	59		
1105	51114011	98.97	123.66	-0.39	55	-0.05	57	4.07	57	-5.57	52	0.12	57	-0.13	51	-0.08	58	847.40	25
1106	22120025	98.96		0.39	23	-1.16	33	8.11	57	-12.11	33	-0.12	57	0.05	33	0.08	35		
1107	51115025	98.96	115.99	0.34	51	-1.87	52	3.73	52	-3.48	47	-0.23	52	0.02	48	0.07	55	579.68	17
1108	41115290	98.90		-0.61	52	-0.72	57	-7.26	53	14.21	51	-0.07	54	0.15	49	0.03	59		
1109	15216581	98.84	102.59	0.70	52	-0.65	33	3.76	55	-7.99	50	-0.03	32	-0.10	51	0.01	55	114.67	10
1110	41217466	98.81	87.41	0.39	51	0.59	54	-14.96	54	18.89	48	-0.02	54	0.45	49	0.06	57	-414.40	4
1111	41118242	98.74		-0.80	48	0.37	51	-12.67	50	20.45	45	-0.02	51	0.16	45	-0.13	52		
1112	22219227	98.64		-0.85	19	-2.82	57	4.54	53	1.88	49	0.02	54	-0.06	49	-0.06	57		
1113	22117019*	98.62		-0.56	54	4.19	56	3.51	57	-14.64	52	-0.08	57	-0.10	53	-0.25	58		

（续）

序号	牛号	CBI	TPI	体型外貌评分		初生重		6月龄体重		18月龄体重		6~12月龄日增重		13~18月龄日增重		19~24月龄日增重		4%乳脂率校正奶量	
				EBV	r²(%)	EBV	r²(%)	EBV	r²(%)	EBV	r²(%)	EBV	r²(%)	EBV	r²(%)	EBV	r²(%)	EBV	r²(%)
1114	22215115*	98.58		-1.03	51	-1.15	55	-9.07	55	19.35	49	0.09	56	0.12	50	0.02	56		
1115	41215411	98.45	83.45	0.29	46	1.90	63	-9.94	75	8.07	46	0.04	52	-0.04	47	0.03	56	-545.01	43
1116	15219122	98.43		0.12	53	-0.72	56	1.13	56	-1.92	48	-0.11	55	-0.01	49	0.23	56		
1117	15210403*	98.41		-0.01	7	0.59	8	-7.34	7	8.38	7	0.05	7	-0.01	6	0.04	8		
1118	13114691	98.27		0.02	48	-4.21	50	6.49	49	-1.46	44	-0.03	50	0.08	44	-0.21	52		
1119	21115760	98.27	109.48	0.09	49	4.83	50	-12.49	50	5.50	44	-0.07	50	0.05	45	-0.05	52	367.13	12
1120	22211101*	98.18		0.37	40	-0.96	41	-5.22	40	6.55	35	0.14	41	-0.05	36	-0.04	44		
1121	41413102	98.02	99.47	0.06	48	-2.48	50	-1.56	49	6.31	43	-0.06	50	0.02	44	0.25	52	22.96	3
1122	15210422*	97.99		0.48	4	-0.03	4	-7.80	4	8.29	4	0.06	4	0.01	3	0.06	4		
1123	15215509	97.93	97.32	0.22	52	-2.91	70	-7.76	76	16.15	50	0.23	56	0.02	48	-0.02	58	-50.34	12
1124	41113954	97.83	111.13	-0.55	74	-2.27	71	-7.50	70	17.09	66	0.10	67	-0.05	62	0.00	67	433.81	46
1125	15618315*	97.77	102.93	1.58	49	-0.60	51	-18.27	49	21.26	43	-0.21	50	0.25	43	0.23	52	148.84	3
1126	41218896	97.76		-0.73	45	0.71	4	1.31	4	-2.99	38	0.01	3	-0.01	3	-0.01	3		
1127	15217458	97.75		-0.93	45	-0.72	44	1.20	43	1.40	38	-0.11	44	0.11	38	0.08	48		
1128	41114218	97.75		0.74	55	0.81	62	-14.81	62	15.78	56	0.16	60	0.04	56	0.10	62		
1129	41115270*	97.73	114.01	0.30	49	0.92	54	-12.28	54	13.32	49	0.02	54	0.11	49	0.12	56	536.49	45
1130	13114694	97.71		0.16	46	-1.02	47	0.43	46	-0.95	41	-0.05	48	0.00	42	0.17	51		
1131	22219829	97.61		1.10	16	3.46	52	17.79	51	-42.14	47	-0.14	50	0.16	43	-0.01	26		
1132	22418119	97.61		-0.76	10	-0.26	5	-0.84	5	2.63	4	0.04	4	-0.06	4	0.03	4		
1133	37118417	97.56		2.05	50	-1.32	53	-2.02	52	-3.93	47	-0.07	52	0.04	47	0.06	54		
1134	15213105*	97.54	97.01	-0.01	31	-0.25	58	6.71	58	-11.94	52	-0.05	58	-0.01	52	0.22	59	-52.86	20
1135	13218263	97.52	96.95	1.01	49	-0.62	54	-16.34	54	20.32	49	0.08	54	0.10	48	0.02	56	-54.50	6
1136	41417172	97.41	86.13	-0.60	20	-1.78	56	-8.57	54	17.35	48	0.06	54	0.01	49	0.14	56	-429.75	8
1137	41112952	97.36	113.61	2.04	51	-1.09	53	-4.61	52	-0.66	47	0.06	52	-0.03	47	0.09	55	530.29	45
1138	21214018*	97.35		-0.23	43	1.45	58	-14.41	57	17.00	50	-0.14	57	0.05	50	0.12	55		
1139	41113264	97.35	107.04	1.39	51	0.01	53	-7.83	70	4.12	55	0.02	53	0.09	55	0.02	56	301.04	46
1140	36117102	97.26		-0.11	24	-1.52	54	16.34	53	-23.51	28	-0.27	54	-0.02	27	-0.05	27		
1141	36113007	97.22	106.99	-0.28	48	-0.65	49	4.22	48	-6.41	43	0.08	49	-0.08	43	-0.02	51	302.30	14

（续）

序号	牛号	CBI	TPI	体型外貌评分		初生重		6月龄体重		18月龄体重		6~12月龄日增重		13~18月龄日增重		19~24月龄日增重		4%乳脂率校正奶量	
				EBV	r²(%)	EBV	r²(%)	EBV	r²(%)	EBV	r²(%)	EBV	r²(%)	EBV	r²(%)	EBV	r²(%)	EBV	r²(%)
1142	22119155	97.03		0.71	25	1.78	32	-12.19	55	8.86	50	0.01	56	0.02	51	0.12	31		
1143	15418514	96.85		-0.94	52	-0.98	56	-15.93	55	27.49	50	0.14	56	0.08	51	-0.04	58		
1144	14117115*	96.79	88.94	0.58	46	2.80	46	-8.07	45	0.35	40	0.06	46	-0.05	40	0.04	49	-318.83	5
1145	15219409	96.73	101.15	0.39	18	0.72	51	6.72	50	-16.61	18	-0.04	51	-0.03	18	0.01	19	108.53	10
1146	15410858*	96.73	95.74	-0.36	47	2.47	48	-12.32	47	11.25	42	0.09	49	0.05	42	-0.11	50	-80.12	3
1147	22217304	96.66	98.37	-0.87	51	-0.86	21	4.68	51	-4.85	46	-0.30	52	0.19	46	-0.30	54	12.88	12
1148	15210079*	96.58		0.12	5	4.27	45	12.03	44	-32.44	39	0.05	46	-0.26	40	0.32	49		
1149	42113075	96.56		1.22	66	-1.14	81	-0.29	75	-4.74	58	-0.11	68	0.06	58	-0.06	64		
1150	41312113*	96.49	96.40	-0.41	49	1.45	49	-2.93	48	-0.71	43	0.06	49	-0.03	44	0.24	52	-52.04	12
1151	11117981	96.48	104.45	1.85	47	0.38	54	-5.83	53	-2.44	45	0.04	52	-0.01	46	0.16	54	229.15	10
1152	15615325 22215125	96.36	96.19	-1.08	49	-2.64	54	14.47	53	-15.02	48	0.07	54	-0.21	49	0.03	54	-56.66	44
1153	53115339*	96.31	99.69	-1.78	53	-3.21	57	-2.01	56	14.29	51	0.02	57	0.14	52	0.03	56	66.27	15
1154	14116701	96.28	107.53	-0.51	46	0.29	45	-16.80	45	23.55	40	0.29	46	-0.05	40	-0.20	49	340.60	3
1155	15218465	96.27	101.05	-1.01	51	-1.19	52	-7.16	51	14.28	45	0.02	51	0.12	46	-0.02	21	114.67	11
1156	15619149	96.17		-0.12	20	-3.12	37	-5.54	37	12.93	31	0.04	35	0.04	31	0.00	33		
1157	37110631	96.00	106.76	0.72	54	-3.42	57	11.70	56	-16.19	51	-0.05	57	-0.10	52	0.05	58	319.63	48
1158	62111159	95.98		1.08	45	0.17	45	-8.58	44	4.80	39	-0.08	45	0.05	39	0.04	49		
1159	15219472	95.97		-1.31	45	1.90	46	-10.89	45	13.40	38	0.13	46	-0.02	39	0.01	3		
1160	41418184	95.83	84.40	-0.73	26	-0.52	55	-1.87	54	3.05	49	0.06	55	-0.10	50	0.38	56	-456.98	16
1161	15218709	95.78		-0.54	49	-1.12	55	-12.71	54	20.34	50	0.08	55	0.05	50	-0.05	55		
1162	41116912	95.78	95.27	0.76	50	2.63	53	-15.85	52	11.05	47	-0.08	53	0.17	48	-0.07	55	-76.62	8
1163	13213743*	95.76	89.72	-0.10	50	-0.95	24	3.38	51	-6.46	46	0.16	52	-0.16	47	-0.21	54	-269.97	45
1164	14115303*	95.65	98.63	3.28	49	-5.94	49	-12.74	48	17.14	42	0.00	49	0.14	42	0.05	51	43.43	10
1165	41116908	95.57	107.92	0.41	52	2.56	54	-15.09	54	11.21	48	-0.01	54	0.12	48	0.03	56	369.06	15
1166	11117939*	95.45		0.80	54	-0.89	56	-14.98	56	17.77	51	0.29	56	-0.17	51	0.52	58		
1167	15215324	95.31		-0.18	55	0.52	73	-0.26	79	-4.55	58	0.01	64	-0.13	59	0.06	65		
1168	22418121	95.28		-0.08	9	0.27	2	-2.17	2	-1.43	2	-0.01	2	-0.02	2	0.05	2		

（续）

序号	牛号	CBI	TPI	体型外貌评分		初生重		6月龄体重		18月龄体重		6~12月龄日增重		13~18月龄日增重		19~24月龄日增重		4%乳脂率校正奶量	
				EBV	r²(%)	EBV	r²(%)	EBV	r²(%)	EBV	r²(%)	EBV	r²(%)	EBV	r²(%)	EBV	r²(%)	EBV	r²(%)
1169	36113005	95.28	99.77	-0.71	46	-0.42	46	1.12	45	-2.36	40	0.09	46	-0.10	40	-0.02	49	90.72	6
1170	41217455	95.28	88.52	1.02	50	0.98	29	-17.42	52	15.97	48	-0.02	53	0.49	48	0.08	55	-301.92	4
1171	42118241	95.22		0.61	50	-0.69	50	4.69	49	-12.35	45	0.01	48	-0.07	42	-0.02	49		
1172	22117087	94.98		-0.78	54	8.24	57	7.12	56	-32.53	51	0.01	57	-0.26	52	0.38	58		
1173	41118266	94.91		-0.21	48	-0.88	53	-8.22	53	10.79	47	-0.06	53	0.16	48	-0.07	54		
1174	41117260	94.84		0.45	53	-0.05	57	-2.07	60	-3.27	54	-0.13	59	0.09	55	-0.19	60		
1175	36113003	94.78	89.66	-0.83	49	-1.59	50	5.91	50	-6.88	44	0.09	49	-0.06	44	-0.04	52	-251.64	48
1176	41419159	94.75		1.04	17	-1.73	53	-6.12	53	4.63	47	-0.02	53	0.09	47	-0.05	54		
1177	15216704	94.71		0.27	45	-0.29	44	-9.39	44	9.11	38	0.09	45	-0.03	39	0.06	48		
1178	13213115*	94.70	85.22	-0.70	50	-0.16	50	13.90	49	-23.17	44	0.00	50	-0.20	45	0.02	53	-404.87	44
1179	41118916	94.63	99.18	-0.57	47	7.71	50	-14.12	49	0.18	43	0.17	50	-0.13	44	-0.12	51	83.84	2
1180	15410828*	94.51		0.26	46	2.02	45	-13.76	44	10.07	39	0.08	45	0.04	40	-0.06	49		
1181	53213147	94.51	90.72	-1.25	48	1.06	50	0.37	49	-3.42	43	-0.04	50	-0.03	44	0.12	52	-209.03	7
1182	41312118	94.49	108.85	-0.29	48	0.26	22	-11.50	50	12.97	44	0.18	50	-0.03	45	0.09	52	424.11	14
1183	14118168	94.45		-0.43	45	-0.35	15	3.14	15	-7.49	43	-0.03	15	0.00	14	-0.07	4		
1184	22119135	94.35		0.17	14	1.49	26	-11.37	55	7.89	49	-0.03	56	0.09	50	0.02	32		
1185	15215412*	94.35	100.49	-3.01	54	-0.61	57	-6.17	57	17.31	49	0.03	58	0.06	50	-0.23	57	135.29	18
1186	41115278	94.33		0.09	53	-0.35	72	-5.62	79	3.81	59	-0.08	66	0.10	60	0.06	66		
1187	22216521	94.25		0.44	48	1.33	87	-1.92	51	-7.35	44	0.02	50	-0.10	44	0.06	52		
1188	21108706*	94.21		-1.68	43	-0.06	3	-4.19	3	7.66	2	0.07	3	-0.01	2	0.03	3		
1189	15216571	94.16	109.41	1.25	52	-0.98	29	-3.90	53	-1.95	49	0.10	27	-0.08	49	0.23	56	450.78	11
1190	15215405*	94.05		-3.12	52	-0.57	53	-0.72	52	9.00	47	0.14	53	-0.04	47	0.18	23		
1191	22212115*	94.04		-1.01	22	-0.48	54	-5.07	53	7.27	49	0.10	54	0.03	49	0.12	56		
1192	22417001	94.04		-0.62	46	-0.05	5	-0.15	5	-2.82	4	0.02	5	-0.08	4	0.01	5		
1193	15418511	94.01	94.65	0.35	49	-0.21	53	-12.82	51	13.21	22	-0.02	52	0.08	21	0.10	21	-61.17	6
1194	22217769	94.00	93.63	-0.37	52	5.60	53	-3.95	53	-11.67	48	-0.22	54	0.13	49	0.02	56	-96.68	2
1195	13317104	93.98		-1.61	27	0.52	38	-12.69	40	18.80	40	-0.01	60	0.09	40	-0.07	40		
1196	51114010	93.87	107.76	1.34	49	0.15	52	-4.49	51	-4.40	44	0.08	52	-0.07	45	0.01	53	399.17	16

（续）

序号	牛号	CBI	TPI	体型外貌评分		初生重		6月龄体重		18月龄体重		6~12月龄日增重		13~18月龄日增重		19~24月龄日增重		4%乳脂率校正奶量	
				EBV	r²(%)	EBV	r²(%)	EBV	r²(%)	EBV	r²(%)	EBV	r²(%)	EBV	r²(%)	EBV	r²(%)	EBV	r²(%)
1197	36117104	93.79		-0.79	22	-1.86	53	0.97	52	0.27	24	-0.04	25	0.00	24	-0.06	24		
1198	41217461	93.79		1.77	50	-0.45	55	-21.10	52	20.78	46	-0.02	51	0.56	46	0.10	54		
1199	41118244	93.77		-1.77	48	-0.76	51	-14.36	50	24.89	45	0.00	51	0.17	45	-0.07	52		
1200	15212131*	93.75	115.26	-0.45	51	-0.11	56	-3.08	55	0.89	46	0.03	55	-0.04	47	-0.03	54	663.41	20
1201	14118417	93.60	97.78	-0.07	49	3.90	52	1.94	51	-18.12	44	-0.20	52	0.28	45	-0.06	53	56.58	16
1202	41217454	93.56		1.07	50	0.43	54	-13.21	54	9.05	48	-0.09	53	0.42	48	0.03	56		
1203	22118091	93.46		-0.17	23	0.76	37	-19.11	57	22.00	51	-0.02	57	0.24	51	0.03	58		
1204	41217472	93.46		-0.36	52	0.28	26	8.57	52	-18.54	47	0.05	53	-0.16	48	0.11	55		
1205	15208603*	93.44	97.23	-4.40	52	-2.82	72	8.44	78	4.79	69	-0.12	76	0.17	70	-0.09	71	40.62	1
1206	37110055*	93.37	123.63	0.45	54	1.41	57	-1.71	57	-8.73	53	-0.07	57	0.05	53	0.06	59	963.41	50
1207	22417137	93.29	94.02	-0.06	53	-0.15	38	-13.14	38	14.47	28	0.00	32	0.04	28	0.04	24	-68.09	15
1208	15619335	93.25		-0.75	18	-3.40	30	-2.98	29	9.39	26	0.10	28	-0.04	26	-0.04	29		
1209	41413189	93.24		-0.70	51	-0.40	51	-3.27	50	2.37	45	0.13	51	0.09	45	-0.46	54		
1210	41217459	93.23	90.90	1.27	50	-0.65	52	-20.47	52	21.71	46	-0.07	51	0.59	46	0.05	54	-175.72	1
1211	37110053	93.16	85.39	1.09	52	1.80	58	5.21	57	-22.96	50	-0.01	56	-0.16	50	-0.06	57	-366.50	22
1212	14117143	93.10	82.26	-0.94	48	4.68	57	6.35	55	-23.87	48	0.01	54	-0.11	47	-0.15	55	-474.59	11
1213	21117728	93.09		0.48	15	-0.41	50	-23.16	49	28.18	45	0.22	50	-0.04	45	-0.04	53		
1214	15206004*	93.07		-0.64	1	-0.35	3	-1.58	3	-0.73	2	-0.03	2	0.00	2	-0.02	2		
1215	15617955 22217517	92.98		-0.34	49	0.92	19	1.34	50	-9.53	46	-0.21	50	-0.06	44	0.20	53		
1216	37318103	92.73		0.00	1	0.64	1	-3.55	1	-2.90	1	-0.01	1	0.00	1	0.01	1		
1217	41109248*	92.51	106.64	1.62	53	1.24	54	5.49	53	-24.69	49	0.02	54	-0.15	50	0.28	57	388.53	14
1218	53219212	92.50		0.04	25	-0.59	33	1.38	55	-7.85	49	0.07	32	-0.04	29	0.10	29		
1219	41119218	92.49		-0.51	51	0.26	54	-1.79	54	-2.93	49	0.17	55	-0.13	49	0.02	30		
1220	65111547*	92.47		-0.29	49	-0.28	48	-14.68	48	17.27	43	0.06	49	0.11	43	0.00	52		
1221	22217027	92.41		1.43	64	-2.86	80	-14.77	78	16.93	63	-0.26	74	0.32	63	-0.05	67		
1222	41417176	92.36	101.89	0.16	20	-4.26	55	-2.53	53	6.43	49	0.00	54	-0.02	48	0.20	55	225.92	7
1223	22117075	92.26		-0.04	52	-0.39	56	19.39	57	-35.86	52	-0.09	57	-0.24	52	0.11	59		

（续）

序号	牛号	CBI	TPI	体型外貌评分		初生重		6月龄体重		18月龄体重		6~12月龄日增重		13~18月龄日增重		19~24月龄日增重		4%乳脂率校正奶量	
				EBV	r²(%)	EBV	r²(%)	EBV	r²(%)	EBV	r²(%)	EBV	r²(%)	EBV	r²(%)	EBV	r²(%)	EBV	r²(%)
1224	22119003	92.13		-0.02	18	1.05	29	-18.32	57	18.27	50	0.09	57	0.16	51	-0.31	58		
1225	11116910*	92.11		-1.59	57	-3.32	59	11.24	59	-10.42	54	0.12	58	-0.30	54	0.31	60		
1226	41218485	92.05		-0.73	52	1.14	52	2.25	52	-10.81	46	-0.02	52	-0.04	47	0.14	54		
1227	21211106	92.01	92.26	-1.45	49	2.60	50	-1.35	49	-6.08	45	0.00	50	-0.01	45	0.04	52	-102.78	43
1228	14118408	91.96		-0.76	47	-1.19	10	13.84	11	-22.91	41	0.03	9	-0.01	9	-0.03	7		
1229	15218665	91.88	94.97	1.01	51	0.06	58	-17.10	58	14.57	49	0.18	55	0.03	49	0.22	56	-5.37	6
1230	62111166	91.85		1.13	56	-2.26	65	-4.13	65	-0.19	61	-0.02	65	-0.03	61	-0.17	66		
1231	15616555 22216655	91.81		-0.87	50	1.71	51	-18.98	50	20.67	19	0.03	51	-0.01	19	-0.03	20		
1232	37110045*	91.71	107.72	0.18	56	-0.39	58	2.52	58	-11.37	53	-0.03	58	-0.03	54	-0.02	60	443.15	27
1233	15214210*	91.67		0.12	15	4.60	51	-4.88	50	-11.90	43	-0.05	50	-0.02	44	0.22	52		
1234	11116919*	91.66		-0.67	57	-3.25	58	3.85	58	-3.24	53	0.26	58	-0.35	53	0.31	59		
1235	15218467	91.47	94.25	-0.92	53	-0.54	55	-12.38	54	15.88	49	-0.03	54	0.18	50	0.03	28	-22.17	12
1236	41216451	91.40	94.49	1.94	48	1.30	54	-21.47	52	14.22	47	-0.06	52	0.32	47	0.11	55	-12.08	1
1237	21216183	91.27	107.67	-0.58	49	-1.40	56	-0.17	56	-2.27	47	0.06	55	-0.03	47	0.07	54	450.53	43
1238	15210921*	91.04	89.57	0.10	19	3.05	51	5.95	50	-25.27	46	-0.05	51	-0.17	46	0.09	54	-176.25	7
1239	65112584*	90.71	92.16	0.40	51	-1.21	51	2.14	51	-10.59	46	0.04	51	-0.07	46	0.08	54	-79.23	44
1240	41219562	90.69	93.33	-0.81	50	-2.48	49	-7.94	49	12.61	44	-0.10	14	0.02	13	0.00	15	-37.72	2
1241	62111150	90.65		1.50	46	0.12	45	-12.15	44	3.79	39	-0.05	46	0.07	40	-0.07	49		
1242	22217617	90.43	99.08	-1.40	53	-2.00	25	19.84	55	-29.10	52	-0.37	55	-0.11	50	0.15	59	168.23	8
1243	14118305*	90.39		0.06	50	0.58	28	-7.03	28	0.16	49	0.05	28	0.02	25	-0.08	21		
1244	41114216*	90.38		0.32	55	1.58	58	-18.17	58	13.80	54	0.08	58	0.11	54	0.02	60		
1245	15215731*	90.26		0.13	18	2.93	60	-15.74	61	7.43	54	0.37	62	-0.26	55	-0.11	61		
1246	41118938	90.22	89.07	-1.51	50	-0.41	53	-5.23	52	5.72	47	0.12	51	-0.08	45	-0.09	53	-176.66	9
1247	14116407	90.13	115.90	1.82	52	-4.48	52	-14.78	52	17.23	48	0.05	53	0.23	49	0.07	56	761.66	17
1248	41115276	90.13	93.67	0.60	48	-1.52	53	-15.47	53	15.85	48	0.04	53	0.13	48	0.14	55	-14.18	9
1249	21114702 41114242	90.12		1.18	53	-2.78	79	1.07	83	-8.72	71	-0.06	72	0.07	67	0.17	64		

（续）

序号	牛号	CBI	TPI	体型外貌评分		初生重		6月龄体重		18月龄体重		6~12月龄日增重		13~18月龄日增重		19~24月龄日增重		4%乳脂率校正奶量	
				EBV	r^2(%)	EBV	r^2(%)	EBV	r^2(%)	EBV	r^2(%)	EBV	r^2(%)	EBV	r^2(%)	EBV	r^2(%)	EBV	r^2(%)
1250	37113612	89.92	88.19	-1.14	51	-0.89	56	7.67	55	-14.61	48	0.05	56	-0.09	48	0.14	55	-200.91	48
1251	41317106	89.80	102.44	0.34	9	-1.79	46	-21.09	46	25.81	40	0.09	47	0.20	41	-0.28	49	298.76	3
1252	41116212	89.70	82.38	1.32	48	2.28	51	-16.86	52	5.59	47	-0.09	53	0.10	48	0.13	55	-399.21	3
1253	15616665 22216669*	89.69		-0.95	52	-3.50	53	13.24	52	-17.79	47	-0.24	53	-0.16	48	0.06	24		
1254	11116911*	89.61		-1.54	48	-3.62	69	11.43	80	-12.51	48	-0.05	59	-0.14	49	0.26	57		
1255	65114501	89.54	116.48	0.76	52	-0.94	53	-3.73	76	-4.73	50	0.09	53	0.00	51	0.02	56	793.99	46
1256	41217458	89.51		0.35	49	-0.44	54	-19.88	54	20.38	48	-0.05	53	0.46	48	0.08	56		
1257	41118274	89.51	90.93	-0.15	51	-1.22	54	-21.94	54	27.36	49	0.10	55	0.14	50	-0.04	57	-97.02	4
1258	41418130	89.22		-0.36	24	-2.95	55	-2.69	54	2.58	50	0.14	55	-0.12	50	0.29	56		
1259	41115288	89.09		0.68	53	-2.96	69	-17.45	74	21.08	59	-0.14	64	0.21	60	0.16	65		
1260	22218819	89.01		-0.26	15	2.29	51	-0.44	49	-14.13	43	-0.04	50	-0.07	44	0.06	52		
1261	41217464	88.97	92.53	1.91	50	0.57	57	-18.75	55	9.66	50	-0.04	56	0.44	50	0.06	58	-29.56	1
1262	14115311	88.88	92.10	2.00	49	-6.33	48	-2.78	47	1.44	43	-0.10	48	0.12	43	0.02	52	-42.68	2
1263	14116439	88.79	92.58	-0.33	50	-1.50	50	-9.54	49	9.05	44	0.07	50	0.01	44	-0.05	53	-24.24	8
1264	15618518*	88.78		0.93	49	0.49	48	-9.45	50	-0.79	46	-0.18	50	0.21	44	-0.10	53		
1265	15208205*	88.76	92.03	-1.44	49	0.61	50	0.48	49	-7.14	44	0.04	50	-0.10	45	-0.01	53	-42.91	5
1266	11117952*	88.66		1.32	55	-1.78	56	-16.20	56	13.43	51	0.30	56	-0.21	51	0.49	58		
1267	15215616	88.64	86.82	-1.89	51	-0.66	58	-10.58	58	14.52	48	0.06	54	0.09	48	-0.17	54	-222.01	1
1268	15212132	88.47	109.71	1.71	51	-2.05	53	-1.85	52	-9.60	45	-0.01	52	-0.05	46	0.04	54	580.17	17
1269	22210053*	88.46	88.20	-0.25	12	-3.17	50	-14.74	50	20.45	45	0.30	50	0.02	45	-0.05	53	-170.20	8
1270	42113091	88.35		-1.30	75	-1.94	92	8.01	89	-13.44	82	-0.05	83	-0.03	81	-0.17	83		
1271	15215403	88.26	93.43	-0.21	50	1.06	51	-12.61	50	6.61	45	0.06	51	0.00	45	0.02	53	16.55	11
1272	53112284	88.25		0.78	52	-3.34	54	7.26	52	-17.05	47	-0.07	53	-0.08	48	0.02	55		
1273	36117339	88.14		-0.68	24	0.82	57	6.58	54	-20.53	26	-0.10	54	-0.02	26	-0.03	26		
1274	22117095	88.10		-0.53	53	2.53	58	12.06	56	-33.68	52	-0.01	57	-0.26	52	0.25	59		
1275	22419179	87.77		0.08	12	-1.20	44	-0.85	43	-7.54	36	-0.05	44	-0.01	37	0.04	44		
1276	14116218	87.55	93.56	-0.14	47	0.10	46	-16.04	45	13.25	40	0.21	46	-0.05	41	-0.07	50	36.06	4

（续）

序号	牛号	CBI	TPI	体型外貌评分		初生重		6月龄体重		18月龄体重		6~12月龄日增重		13~18月龄日增重		19~24月龄日增重		4%乳脂率校正奶量	
				EBV	r²(%)	EBV	r²(%)	EBV	r²(%)	EBV	r²(%)	EBV	r²(%)	EBV	r²(%)	EBV	r²(%)	EBV	r²(%)
1277	37316802	87.44		-0.36	38	0.34	43	-10.56	42	5.02	38	0.03	43	-0.02	38	-0.03	44		
1278	22216421	87.41	95.88	0.61	49	-0.79	50	3.36	50	-17.37	44	-0.16	51	-0.01	45	0.38	53	119.69	7
1279	15618921	87.40		-0.70	49	-0.76	27	-8.84	50	6.32	48	-0.22	51	0.24	45	-0.05	29		
1280	41218487	87.40		0.12	53	-5.49	54	3.36	53	-4.11	47	0.16	53	-0.13	48	0.07	54		
1281	15214123	87.32		-1.83	54	0.62	57	3.93	55	-12.29	50	0.00	56	-0.10	51	0.06	57		
1282	13217076	87.29	87.11	0.49	48	-0.31	49	-5.04	48	-5.30	43	0.00	49	-0.03	43	0.12	51	-183.77	9
1283	15209001*	87.26		-0.27	21	2.18	26	-9.61	26	-1.41	24	0.04	26	0.04	24	0.02	26		
1284	11116922*	87.07		-0.97	57	-1.55	58	8.27	58	-17.26	53	0.19	58	-0.39	53	0.31	59		
1285	15410867*	86.94		1.03	49	-0.09	47	-18.28	47	12.05	42	0.11	48	0.05	43	-0.05	52		
1286	41212438 64112438*	86.91	94.81	1.53	53	1.64	53	-18.27	52	5.88	48	0.23	53	-0.01	49	0.06	56	93.07	16
1287	41118270	86.90	90.15	-1.43	51	-0.01	55	-13.22	55	13.58	50	0.00	55	0.10	50	-0.05	58	-69.48	3
1288	15214107	86.89	89.05	-1.23	55	-0.40	56	-10.65	55	9.80	51	0.11	56	0.04	51	-0.02	58	-107.45	20
1289	53113300 22113015	86.81		0.89	50	-2.11	69	10.57	69	-26.88	49	-0.22	63	-0.12	50	0.05	55		
1290	41114204	86.74		0.71	55	-0.50	59	-22.22	58	20.13	54	0.14	59	0.15	55	0.07	61		
1291	15209919*	86.71	77.61	-2.83	49	-0.97	67	-1.29	64	2.86	53	-0.03	61	0.10	54	0.02	59	-503.16	11
1292	41313120*	86.68	102.70	-0.45	50	-0.11	51	-5.77	50	-1.60	46	0.06	51	-0.03	47	0.10	54	373.26	16
1293	15215511	86.56		1.52	52	-4.22	51	-16.31	51	16.77	45	0.16	52	0.05	46	0.11	54		
1294	15206003*	86.54		-1.40	45	-2.39	47	11.72	46	-19.35	40	-0.12	47	-0.13	41	0.12	49		
1295	22119021	86.52		0.31	13	0.62	26	-24.77	55	22.67	49	0.20	56	0.09	50	-0.05	57		
1296	41118906	86.33	92.97	-1.11	52	0.14	53	-7.99	52	3.43	47	0.05	53	0.01	47	-0.05	55	40.93	13
1297	41114260*	86.27		0.39	50	0.64	56	-18.10	55	11.86	51	0.07	56	0.11	51	0.03	58		
1298	51114013	86.27	101.37	0.93	51	1.47	53	-4.97	53	-12.37	46	0.06	53	-0.18	46	0.26	54	335.13	16
1299	15217894	86.25		-0.55	54	-1.46	59	-3.82	58	-1.33	52	-0.06	58	0.01	53	0.07	33		
1300	41317054	86.24	103.00	0.95	46	-1.29	48	-10.65	47	2.91	41	0.08	48	0.02	42	-0.20	50	392.97	6
1301	51114012	86.23	99.18	0.29	54	2.07	56	-10.90	55	-2.29	49	0.15	55	-0.17	50	0.29	57	259.67	19
1302	41417175	86.20	93.55	0.22	18	-3.87	52	-0.99	51	-2.87	45	-0.05	52	-0.03	46	0.08	53	63.76	10

（续）

序号 牛号	CBI	TPI	体型外貌评分		初生重		6月龄体重		18月龄体重		6~12月龄日增重		13~18月龄日增重		19~24月龄日增重		4%乳脂率校正奶量	
			EBV	r²(%)	EBV	r²(%)	EBV	r²(%)	EBV	r²(%)	EBV	r²(%)	EBV	r²(%)	EBV	r²(%)	EBV	r²(%)
1303 53117372	86.18		0.31	49	1.04	55	-10.21	54	-0.98	48	0.07	55	0.02	49	-0.03	53		
1304 11116918*	86.15		0.54	51	-0.73	52	6.62	52	-23.42	47	0.08	52	-0.27	47	0.29	54		
1305 15213505*	86.09		-2.59	49	5.06	50	-16.57	52	10.19	44	0.12	50	-0.04	45	0.11	53		
1306 14118315	86.05		-0.61	49	-0.43	32	-13.31	31	10.77	50	0.01	31	0.10	28	-0.05	27		
1307 22218007	85.87		0.46	12	-0.96	52	1.38	51	-14.78	48	-0.02	51	-0.05	45	0.18	56		
1308 41415196	85.86	98.07	0.23	51	0.64	51	-11.35	51	1.74	46	0.13	51	-0.02	46	-0.09	54	228.83	47
1309 41114210	85.78		-0.28	66	-0.66	71	-16.51	71	14.70	66	0.05	71	0.12	67	-0.01	71		
1310 41117902	85.68	94.37	0.26	49	-2.15	36	-12.28	57	9.64	43	0.17	52	-0.01	43	-0.10	52	103.36	2
1311 41415158	85.66	99.87	-0.95	48	-1.46	48	-2.61	48	-2.19	42	-0.13	48	0.08	43	-0.04	52	295.75	7
1312 15210085*	85.54	89.33	-0.60	16	-0.53	18	-4.59	18	-2.87	16	-0.01	17	0.00	16	0.00	18	-69.67	7
1313 15410862*	85.42	88.96	0.00	46	1.23	45	-17.84	44	10.75	39	0.08	46	0.06	39	-0.08	49	-80.12	3
1314 22417191	85.32		0.06	46	-0.15	14	-6.10	14	-4.24	1	-0.03	1	-0.03	1	0.04	1		
1315 15415304	85.12	85.62	1.78	50	-1.52	55	-11.82	54	1.00	46	0.01	54	0.09	47	-0.16	55	-190.18	11
1316 11116921*	84.97		-1.26	57	-2.73	68	5.32	79	-10.72	57	0.15	62	-0.34	58	0.29	62		
1317 41415156	84.94	89.17	-0.28	46	0.20	46	-8.48	46	-0.48	40	0.10	47	-0.03	41	0.08	50	-62.55	3
1318 22316137	84.90		-0.07	2	-2.25	43	-19.73	42	21.85	37	0.20	43	0.14	38	-0.21	47		
1319 13114693	84.90	92.56	-0.29	47	1.40	49	-1.22	48	-14.51	42	-0.01	48	-0.01	43	-0.12	51	56.57	4
1320 41117946	84.86	82.76	0.19	50	-1.34	52	-0.44	50	-10.97	45	0.02	51	-0.13	46	0.02	54	-284.59	10
1321 15210407*	84.81		0.12	9	1.06	9	-9.11	8	-3.26	8	-0.03	8	0.01	7	-0.02	8		
1322 11118992	84.78		1.36	48	-0.61	53	-3.28	53	-12.99	48	-0.07	53	0.05	48	-0.10	55		
1323 41114244	84.73		0.66	55	-1.71	59	-21.68	58	20.55	54	0.17	59	0.12	55	0.08	61		
1324 41418146	84.65	97.34	-1.61	19	-2.44	21	-16.64	50	23.30	45	0.05	51	0.20	46	0.03	54	228.53	13
1325 41119240	84.61		0.83	49	-0.83	49	-20.27	48	15.48	43	0.18	49	0.04	44	0.09	52		
1326 15209915*	84.32	75.61	-1.68	49	2.29	51	7.62	50	-25.38	45	-0.03	51	-0.16	46	0.12	53	-522.80	11
1327 41116916	84.31	81.70	0.88	50	-2.23	53	-15.31	52	10.79	47	0.05	52	0.04	47	0.04	55	-310.27	5
1328 15410899*	84.20	88.22	0.27	47	1.74	49	-22.31	48	14.18	42	0.12	50	0.12	43	-0.08	51	-80.12	6
1329 15215803*	84.12	96.11	-1.41	52	-1.79	54	-4.32	54	1.57	48	0.12	54	-0.06	49	-0.04	56	196.84	4
1330 41218489	84.05		-1.55	52	-2.63	54	-12.06	53	15.95	48	0.00	53	0.08	47	0.00	55		

（续）

序号	牛号	CBI	TPI	体型外貌评分		初生重		6月龄体重		18月龄体重		6～12月龄日增重		13～18月龄日增重		19～24月龄日增重		4%乳脂率校正奶量	
				EBV	r²(%)	EBV	r²(%)	EBV	r²(%)	EBV	r²(%)	EBV	r²(%)	EBV	r²(%)	EBV	r²(%)	EBV	r²(%)
1331	15611344	84.04		2.13	49	-2.25	48	-27.76	48	24.84	42	0.32	49	-0.05	43	0.11	51		
	22211144*																		
1332	22218905	84.04		-0.70	19	-3.44	52	5.66	51	-12.56	48	-0.02	51	-0.14	44	-0.28	57		
1333	53117370	84.01		1.29	52	-2.52	55	-9.41	55	0.58	50	0.17	56	-0.10	50	0.06	56		
1334	15618911	83.87		0.60	49	-1.20	53	-8.56	50	-1.37	48	-0.21	51	0.20	45	-0.37	56		
1335	22418117	83.86	80.18	-0.35	11	-0.70	21	-6.77	20	-1.66	17	0.00	20	0.05	17	-0.09	19	-353.87	6
1336	41319667	83.79		-0.06	19	-6.03	55	7.13	53	-11.26	47	0.05	53	-0.13	47	-0.08	24		
1337	53116363	83.60		-0.91	51	0.39	52	-11.78	51	5.31	46	0.13	52	-0.04	47	0.22	54		
1338	41119276	83.53		-0.63	46	0.46	49	5.25	48	-22.12	41	0.04	49	-0.04	41	0.21	49		
1339	53216199	83.43	84.30	0.61	49	-0.71	51	-20.54	50	15.36	46	0.01	51	0.19	45	0.03	53	-200.91	3
1340	41217460	83.38		1.24	50	0.53	54	-17.88	52	5.79	46	-0.09	51	0.47	46	0.13	54		
1341	14118416	83.15		-0.10	50	-2.92	38	-10.69	37	8.09	50	-0.01	37	0.06	28	-0.10	19		
1342	15619131	83.11		1.27	51	-0.10	32	-11.17	56	-3.34	31	-0.01	34	0.04	31	-0.02	33		
1343	41318037	82.97	99.63	0.22	10	-1.38	47	-21.39	46	19.36	40	0.03	47	0.25	41	-0.23	50	343.55	3
1344	36118387	82.92		0.55	23	1.68	54	-3.39	53	-16.96	26	0.08	27	-0.07	25	-0.01	27		
1345	15214811	82.88		1.78	45	-1.47	47	-0.81	46	-18.10	40	0.05	47	-0.15	41	0.08	50		
1346	13214235	82.87	86.15	-0.51	48	-1.21	50	11.22	49	-28.31	44	0.03	49	-0.22	44	0.19	52	-124.81	44
1347	53118373	82.82		0.31	51	-0.02	54	-12.38	52	1.77	47	-0.01	53	0.08	47	-0.05	54		
1348	53119382	82.80	100.12	0.66	8	-0.92	53	1.47	53	-18.66	45	-0.06	53	-0.01	45	0.08	20	364.49	4
1349	11119711	82.79	91.42	-3.97	48	-3.22	48	-13.58	47	27.90	42	-0.03	48	0.34	42	-0.35	51	61.01	9
1350	41212444	82.72	90.64	1.08	53	-1.55	55	-20.47	54	14.80	49	0.48	55	-0.19	50	0.16	56	35.04	16
	64112444*																		
1351	15617930	82.72	90.00	-0.78	52	-0.01	23	-11.50	51	4.52	46	0.26	52	-0.05	47	0.25	54	12.88	12
	22217330																		
1352	41217470	82.70		0.17	53	0.91	53	10.03	53	-34.41	48	-0.08	53	-0.08	48	0.00	55		
1353	41114258*	82.58		0.12	55	-0.50	59	-21.27	58	17.07	54	0.11	59	0.13	55	0.14	61		
1354	15619519	82.46		0.04	5	2.21	50	4.08	51	-28.15	10	0.07	50	-0.04	2	-0.01	5		
1355	41118226	82.36	94.94	-0.71	52	-0.31	55	-15.75	54	11.16	50	-0.01	55	0.08	50	0.00	57	192.66	12

（续）

序号	牛号	CBI	TPI	体型外貌评分		初生重		6月龄体重		18月龄体重		6~12月龄日增重		13~18月龄日增重		19~24月龄日增重		4%乳脂率校正奶量	
				EBV	r²(%)	EBV	r²(%)	EBV	r²(%)	EBV	r²(%)	EBV	r²(%)	EBV	r²(%)	EBV	r²(%)	EBV	r²(%)
1356	15206001*	82.13		-0.35	11	-1.28	16	-0.92	16	-10.84	13	-0.05	14	-0.07	12	-0.02	13		
1357	15210075*	82.11	87.81	-1.05	17	-1.73	30	-8.75	29	4.94	27	0.10	29	-0.02	27	-0.07	29	-50.90	13
1358	41218486	82.02		-0.51	50	-0.44	52	-0.88	51	-12.42	44	-0.12	51	-0.04	44	0.11	52		
1359	13214809	81.97	72.92	-0.55	47	0.03	46	11.63	45	-32.63	40	0.03	47	-0.22	41	0.21	50	-567.66	44
1360	65112514	81.89	87.51	0.17	53	1.45	54	-0.70	54	-20.02	49	0.01	54	-0.10	49	0.12	56	-56.83	45
1361	41217456	81.67	88.66	0.95	48	0.11	54	-20.76	52	10.75	47	-0.04	52	0.44	47	0.03	55	-12.08	1
1362	22219125	81.55		-0.11	13	2.95	53	6.88	53	-34.51	30	-0.38	52	-0.20	22	-0.15	32		
1363	41415194	81.55	82.42	0.10	50	0.11	53	-7.51	52	-6.39	46	0.06	52	0.00	46	-0.09	54	-227.06	46
1364	15213313*	81.52	79.41	1.90	51	2.58	59	-8.65	58	-17.61	48	-0.08	55	-0.04	48	-0.03	55	-331.72	21
1365	41215402	81.42	107.70	0.72	53	-0.99	54	-8.33	53	-4.99	49	0.05	54	-0.02	49	0.13	56	657.81	17
	64115313																		
1366	41118218	81.42	97.88	-1.22	52	2.78	52	-15.19	54	3.92	49	0.01	55	0.00	50	0.07	57	315.20	13
1367	15414002	81.31	86.49	-1.50	48	-1.96	47	-4.75	46	0.36	41	-0.03	47	0.07	42	-0.19	51	-80.12	1
1368	22418105	81.27		-1.15	12	-1.10	5	-5.61	5	-1.79	4	0.00	5	-0.02	4	0.01	4		
1369	15218706	81.22		-0.02	48	0.63	55	-16.48	54	6.26	49	0.06	55	0.09	49	-0.10	52		
1370	15214516	81.21	81.41	-2.66	55	-0.34	59	-3.28	59	-1.41	51	0.03	59	0.02	51	0.00	58	-255.20	23
1371	65112590	81.15	128.57	0.05	52	-0.11	53	-7.40	52	-6.20	47	-0.03	52	0.04	47	-0.10	55	1391.74	46
1372	41418104	81.14	85.94	-0.64	48	-3.53	48	-0.19	48	-6.32	43	-0.06	49	0.05	43	0.27	52	-95.82	2
1373	65116513*	81.10		-0.18	57	-4.30	74	-24.47	81	30.95	60	0.40	64	-0.27	60	0.28	66		
1374	11116915*	81.09		-2.76	57	-3.89	59	6.83	59	-8.05	54	0.26	58	-0.38	54	0.30	60		
1375	13213103	81.07	84.01	0.64	51	-3.23	51	-6.84	50	-1.87	46	-0.01	51	0.06	47	0.20	54	-161.68	46
1376	43117107	81.01		0.75	6	3.87	49	-18.41	49	-1.80	41	0.04	49	-0.03	42	-0.03	51		
1377	42113090	81.00		-0.76	76	-3.27	97	2.77	96	-11.15	82	0.10	88	0.02	81	-0.20	81		
1378	14118811	80.97		0.43	51	2.06	52	-19.78	52	5.89	46	0.42	52	-0.22	47	0.46	54		
1379	15205005*	80.92		-0.17	8	-0.22	7	-1.43	9	-14.45	8	0.00	8	-0.02	8	-0.01	9		
1380	15217517*	80.88	87.89	1.17	50	-2.84	51	-16.61	50	9.93	45	0.10	51	0.07	46	-0.01	54	-22.17	12
1381	41117270	80.84		-0.85	50	0.39	50	4.63	49	-22.66	44	-0.19	50	-0.10	45	0.39	53		
1382	21114733*	80.79	75.46	0.01	48	-0.79	22	-23.95	50	20.63	45	0.04	19	0.18	45	-0.11	52	-454.06	43

（续）

序号	牛号	CBI	TPI	体型外貌评分		初生重		6月龄体重		18月龄体重		6~12月龄日增重		13~18月龄日增重		19~24月龄日增重		4%乳脂率校正奶量	
				EBV	r²(%)	EBV	r²(%)	EBV	r²(%)	EBV	r²(%)	EBV	r²(%)	EBV	r²(%)	EBV	r²(%)	EBV	r²(%)
1383	15213919*	80.78	98.26	-1.04	23	-0.05	54	-19.61	53	16.25	48	0.13	53	0.07	48	-0.07	56	341.67	17
1384	65112527	80.53	81.68	1.27	51	1.24	51	-3.30	50	-21.06	45	0.06	51	-0.08	46	0.10	54	-231.77	45
1385	21117727	80.43		-0.19	21	-0.05	55	-20.36	55	13.78	49	0.14	54	-0.04	49	0.01	56		
1386	15618073	80.38		-0.65	51	-0.42	37	-0.84	57	-13.52	51	0.22	57	-0.25	51	0.14	33		
	22118073*																		
1387	41319220	80.30		0.00	3	1.24	49	-13.22	48	-1.15	42	-0.05	49	0.10	43	-0.05	14		
1388	22218105	80.30	92.10	-0.31	25	0.35	56	9.95	57	-33.32	50	0.06	56	-0.18	49	-0.09	57	136.84	11
1389	15209006*	80.27		0.38	18	1.76	25	-10.25	25	-8.46	23	0.05	25	-0.03	23	0.09	25		
1390	15216701	80.15	87.85	-0.34	46	1.30	46	-19.14	45	8.96	39	0.01	46	0.13	40	0.02	49	-8.47	1
1391	22116011	80.10		0.35	53	3.20	58	4.18	58	-34.11	53	0.09	58	-0.03	36	0.42	60		
1392	21114703	80.09		1.09	53	-0.92	40	-25.79	58	18.93	54	0.13	40	0.16	54	0.21	60		
	41114246*																		
1393	53219214	80.08		-1.01	12	1.20	33	7.07	54	-28.45	47	-0.07	55	-0.13	47	-0.25	20		
1394	41217479	80.03		1.89	53	-3.86	54	1.30	53	-18.64	49	0.03	53	-0.08	48	0.00	56		
1395	13208013*	79.97		-0.66	45	0.41	7	-20.63	44	14.47	39	-0.03	45	0.20	39	-0.28	49		
1396	41109218*	79.88	86.50	1.40	49	-1.07	50	-5.13	49	-13.78	45	0.12	50	-0.15	44	0.19	53	-49.87	5
1397	15410872*	79.73		1.55	50	-0.09	50	-27.92	50	18.07	44	0.16	51	0.08	45	-0.04	53		
1398	41216452	79.60	86.91	1.59	50	1.55	57	-20.83	55	2.96	50	-0.06	56	0.27	50	0.12	58	-29.56	1
1399	37110640*	79.39	105.73	-0.01	32	1.02	56	7.58	56	-33.32	52	-0.02	57	-0.15	52	0.01	58	631.36	23
1400	15618943	79.29		1.02	52	-0.44	56	-4.06	57	-16.02	30	-0.11	34	-0.04	30	-0.08	32		
	22118051																		
1401	15417502	79.23		1.20	52	-0.42	53	-2.86	52	-18.66	47	-0.22	52	0.12	47	-0.11	24		
	41117226																		
1402	15216702	79.17	87.69	-0.99	47	-0.64	46	-20.17	46	16.83	40	0.00	47	0.16	41	0.01	50	6.46	1
1403	53116354	79.12		0.32	47	0.67	54	-25.42	51	16.59	46	0.12	52	0.05	47	0.07	53		
1404	15619055	79.11		-0.37	3	5.26	19	-1.37	23	-28.72	7	-0.04	17	-0.03	3	-0.02	2		
1405	15617211	78.93	91.34	-0.20	51	-1.98	51	-10.02	52	1.23	46	-0.07	52	0.12	47	0.16	54	139.07	8
	22217215																		

（续）

序号	牛号	CBI	TPI	体型外貌评分		初生重		6月龄体重		18月龄体重		6~12月龄日增重		13~18月龄日增重		19~24月龄日增重		4%乳脂率校正奶量	
				EBV	r²(%)	EBV	r²(%)	EBV	r²(%)	EBV	r²(%)	EBV	r²(%)	EBV	r²(%)	EBV	r²(%)	EBV	r²(%)
1406	41117952	78.88	96.89	-0.54	53	-2.27	56	-19.60	54	17.89	50	-0.05	55	0.23	50	0.00	57	333.71	13
1407	15215422	78.85	90.09	-1.59	52	-0.45	53	-6.87	53	-1.99	48	0.01	53	-0.03	49	-0.18	56	96.84	10
1408	22118065	78.76		0.63	51	-1.80	55	-9.95	56	-2.68	51	-0.06	57	0.07	51	0.05	58		
1409	14116419	78.69	91.64	-0.05	51	0.44	51	-19.29	50	8.78	46	0.18	51	-0.03	46	-0.16	54	154.34	10
1410	51115026	78.63	77.43	-1.26	50	-0.26	51	1.09	51	-16.14	46	-0.17	51	-0.04	46	0.03	54	-340.06	12
1411	53119383	78.50	88.05	0.24	6	0.65	28	5.90	53	-31.65	45	-0.12	53	-0.04	45	0.09	52	33.13	2
1412	15616931	78.40		-0.45	48	-2.54	48	-1.51	47	-9.99	42	0.15	48	-0.01	42	-0.15	50		
	22216925																		
1413	15617923	78.28		-0.45	52	-0.46	53	3.79	53	-23.26	48	-0.04	54	-0.22	49	0.29	55		
	22217323																		
1414	13117588	78.25	89.51	-1.10	15	-4.29	52	0.14	51	-5.91	45	0.10	51	-0.10	46	-0.15	54	89.31	5
1415	15206006*	78.09		-1.78	47	-2.42	50	0.56	49	-8.59	43	0.03	49	-0.17	43	0.00	51		
1416	15208132*	78.03		0.18	5	-1.54	45	-6.83	44	-7.04	39	0.02	45	-0.06	39	-0.17	49		
1417	37110634*	78.02	114.42	0.75	54	-3.97	57	7.05	57	-24.65	53	-0.03	57	-0.10	53	-0.01	59	963.41	50
1418	41117938	77.89	79.35	-0.08	51	-0.29	53	-15.20	52	3.65	47	0.01	52	0.03	54	0.03	54	-257.72	11
1419	15617975	77.82		-0.22	50	-4.00	51	-11.83	50	7.93	18	-0.04	20	0.17	18	-0.02	16		
	22217729																		
1420	53213146	77.72	77.60	-0.35	49	-2.54	50	-1.89	50	-10.43	45	0.07	50	-0.12	45	-0.01	53	-315.18	16
1421	15410813*	77.42		-0.24	40	0.08	41	-12.69	40	4.54	34	0.08	40	0.04	35	-0.06	43		
1422	41114234	77.39	89.37	-0.03	48	-2.49	51	-12.23	50	3.76	45	0.13	51	-0.07	46	0.32	54	102.55	43
1423	41319228	77.34		1.12	18	-3.50	56	-11.95	56	1.27	30	-0.05	32	0.15	30	0.03	30		
1424	53214163	77.28	67.62	-1.95	51	-0.96	51	1.15	51	-13.13	47	-0.04	51	0.03	47	-0.27	54	-654.30	17
1425	22219697	77.26	91.23	0.16	8	-4.16	52	7.27	53	-22.96	47	-0.11	53	-0.03	47	-0.37	50	170.04	3
1426	15410857*	77.24		0.09	46	0.25	45	-19.57	44	7.77	39	0.04	45	0.08	39	-0.08	49		
1427	15410849*	77.22		-0.20	50	0.31	50	-17.43	49	5.45	44	0.04	50	0.08	45	-0.11	53		
1428	22119089	77.11		0.18	50	-4.24	55	-1.78	54	-9.11	48	0.00	54	-0.08	48	0.09	29		
1429	41116922	77.14	94.96	0.13	49	-1.28	53	-18.80	52	10.05	46	0.04	51	0.04	45	0.02	52	302.91	43
1430	11117987	76.87	88.34	0.33	48	1.59	50	-7.64	49	-15.03	43	0.10	49	0.26	44	-0.40	52	77.23	5

（续）

序号	牛号	CBI	TPI	体型外貌评分		初生重		6月龄体重		18月龄体重		6~12月龄日增重		13~18月龄日增重		19~24月龄日增重		4%乳脂率校正奶量	
				EBV	r²(%)	EBV	r²(%)	EBV	r²(%)	EBV	r²(%)	EBV	r²(%)	EBV	r²(%)	EBV	r²(%)	EBV	r²(%)
1431	22417011	76.86	87.29	-0.19	23	-0.93	33	-16.92	33	7.30	27	0.10	29	0.06	26	0.10	26	41.14	13
1432	41117244	76.84	88.64	0.14	52	-0.26	55	-15.56	54	2.29	49	0.01	55	0.01	49	0.14	57	88.34	11
1433	22117037	76.81		-0.50	51	2.03	55	2.97	55	-29.21	50	0.08	55	-0.27	50	0.15	57		
1434	22119007	76.76		0.18	13	0.38	25	-17.80	56	3.95	50	-0.03	56	0.20	50	-0.28	57		
1435	15617033	76.74		0.11	52	0.48	52	9.81	52	-38.37	47	-0.08	53	-0.25	47	-0.11	22		
	22217133																		
1436	37113615*	76.73	97.98	-0.03	52	0.08	53	-1.32	53	-19.81	49	-0.11	54	-0.02	49	0.17	56	416.58	16
1437	43117105	76.67		-2.12	25	1.60	53	-4.65	54	-10.34	48	-0.08	54	0.03	49	-0.06	56		
1438	15210617*	76.56		-1.85	48	-0.66	57	3.20	56	-18.06	52	-0.05	57	-0.07	52	-0.17	51		
1439	37110039*	76.56	81.43	0.62	55	0.86	59	1.88	58	-29.28	52	0.01	59	-0.16	53	0.19	59	-157.36	24
1440	41318325	76.55	88.94	-0.07	10	-0.26	47	-5.49	46	-12.60	41	0.04	47	-0.09	41	0.03	50	105.19	6
1441	22118001	76.51		-0.93	51	-0.39	57	8.70	55	-30.75	48	-0.09	55	-0.13	48	0.20	55		
1442	41114212	76.47		0.62	56	-0.41	65	-23.85	64	13.16	60	0.20	65	0.00	61	0.10	64		
1443	41317031	76.46	96.94	0.84	45	-3.21	47	-13.43	46	3.10	40	0.32	47	-0.19	41	-0.04	50	386.10	4
1444	41217478	76.42		-0.23	52	-1.78	53	7.58	52	-28.47	48	-0.08	53	-0.09	48	-0.02	56		
1445	21114730	76.32		-0.11	46	0.55	25	-11.66	49	-5.16	43	0.07	18	0.08	43	-0.01	51		
1446	36118346	76.10		-0.80	25	-1.68	55	4.98	54	-22.81	27	-0.01	29	-0.04	27	-0.02	27		
1447	11116912*	75.92		-1.73	57	-3.69	79	-5.63	82	1.75	56	0.24	64	-0.30	56	0.24	62		
1448	53112278	75.85		1.15	49	-0.36	53	-13.64	52	-5.25	47	-0.01	53	0.02	48	-0.10	54		
1449	41114252	75.69		-0.52	54	0.71	55	-18.79	54	6.38	50	0.08	55	0.01	50	0.13	57		
1450	15619501	75.47	83.32	-0.27	7	4.26	22	-6.41	26	-22.37	10	-0.03	20	0.01	6	-0.04	6	-68.36	3
1451	51113191	75.41	84.61	-0.63	46	-0.22	46	-18.03	46	7.63	40	-0.02	46	0.13	41	0.08	50	-22.30	11
1452	22211140	75.40		1.83	48	-2.22	48	-32.96	48	25.82	43	0.20	49	0.10	43	0.19	52		
1453	21216091	75.38	98.09	-1.05	50	-2.03	57	-8.13	56	-1.57	46	-0.06	56	0.10	47	-0.14	53	448.70	45
1454	15519817	75.38	82.21	0.35	5	-1.81	45	8.27	44	-32.67	38	-0.42	45	0.17	39	0.00	5	-105.31	4
1455	15619341	75.29	83.83	0.19	6	-0.45	20	17.60	21	-49.73	15	-0.10	20	-0.27	15	0.02	6	-46.77	2
1456	37110071*	75.24	96.21	-1.16	48	-2.40	49	-1.58	48	-10.42	43	-0.02	49	-0.06	43	0.08	52	386.03	7
1457	22218707	75.23	82.01	0.10	9	1.85	48	-8.97	48	-14.27	42	-0.02	49	0.09	43	0.37	51	-109.28	4

（续）

序号	牛号	CBI	TPI	体型外貌评分		初生重		6月龄体重		18月龄体重		6~12月龄日增重		13~18月龄日增重		19~24月龄日增重		4%乳脂率校正奶量	
				EBV	r²(%)	EBV	r²(%)	EBV	r²(%)	EBV	r²(%)	EBV	r²(%)	EBV	r²(%)	EBV	r²(%)	EBV	r²(%)
1458	37110633*	75.20	75.93	-0.42	56	-1.78	61	3.91	60	-23.24	54	-0.01	61	-0.10	54	0.07	61	-320.78	28
1459	21212103*	75.19	91.90	-2.02	49	0.23	51	-6.47	50	-6.01	45	0.01	51	-0.01	46	-0.04	53	236.91	45
1460	15214515	75.18	86.23	-3.31	52	-3.60	60	-17.92	59	25.80	49	0.17	56	0.06	49	0.01	55	39.18	15
1461	21116724	75.15	86.62	0.39	19	-1.92	51	-23.28	51	15.60	45	0.08	51	0.05	45	0.15	53	53.51	6
1462	41112948*	75.14	87.69	-2.41	52	-1.40	53	-3.35	52	-5.38	48	0.11	53	-0.04	48	-0.05	56	90.82	46
1463	15212135*	74.99	92.57	-2.49	51	2.01	57	-6.81	56	-8.16	46	-0.07	54	-0.05	47	0.02	55	264.33	17
1464	22220107	74.94		-0.81	25	-0.07	52	-0.03	50	-20.07	16	-0.32	50	-0.13	14	0.12	15		
1465	41213422 64113422*	74.82	85.90	-2.60	53	-1.09	54	-8.43	54	2.09	49	0.09	54	-0.01	50	0.12	56	35.04	16
1466	13214145	74.82	72.00	-0.52	47	-0.63	46	9.24	45	-34.17	40	0.04	46	-0.23	41	0.00	50	-450.04	44
1467	15205013*	74.76	82.40	0.20	7	0.52	47	-15.19	46	-2.34	41	0.07	48	-0.06	42	0.01	50	-85.66	2
1468	14116201	74.70	90.04	-1.29	48	0.04	49	-16.15	48	6.01	42	0.21	49	-0.07	43	-0.10	51	182.15	9
1469	22218405	74.62		-0.86	16	-1.65	49	-2.32	49	-12.85	46	0.00	49	-0.02	43	-0.16	56		
1470	41118236	74.49		-0.72	51	-1.49	55	-19.43	54	12.34	49	-0.06	55	0.19	50	-0.19	58		
1471	41418173	74.48	81.71	0.37	11	-3.12	53	-2.65	52	-13.68	44	-0.09	52	-0.06	44	0.22	53	-103.87	4
1472	21114729	74.42	83.21	-0.30	50	1.04	31	-10.95	54	-8.48	48	0.09	30	0.15	49	0.10	54	-50.34	12
1473	65112582*	74.33	89.56	-0.95	50	3.01	52	-2.63	51	-23.57	45	0.02	51	-0.10	46	0.09	54	173.30	45
1474	13208012*	74.32		-1.31	45	0.25	44	-20.34	44	11.65	39	0.00	45	0.18	39	-0.27	48		
1475	22117027	74.25		-1.12	54	3.38	71	8.43	70	-40.84	53	-0.08	65	-0.26	54	0.22	60		
1476	15214507	74.20	85.61	-2.88	55	-2.17	58	-8.43	57	5.21	50	0.05	58	0.02	51	-0.03	57	38.06	20
1477	41218168	74.06		-1.22	47	0.67	6	0.87	6	-22.48	40	-0.02	6	0.03	5	0.00	5		
1478	37110069*	74.06	74.03	0.39	18	-2.87	52	-2.37	51	-15.18	46	0.01	52	-0.07	47	0.05	54	-363.21	12
1479	15216703	73.91		-1.15	46	0.09	6	-14.84	45	2.60	39	-0.05	46	0.07	40	0.06	49		
1480	65112534	73.70	82.14	0.19	52	0.45	54	-11.51	52	-8.76	48	0.03	53	-0.03	48	0.13	56	-72.62	47
1481	15619503	73.58	82.19	-0.56	7	4.36	22	-5.20	27	-25.11	10	-0.01	21	-0.01	6	-0.04	6	-68.36	3
1482	15209016*	73.57		-0.13	16	1.19	24	-15.40	23	-3.47	21	0.07	23	-0.10	22	0.12	24		
1483	21115780	73.53	89.24	-0.64	49	0.30	52	3.29	52	-28.04	45	0.00	51	-0.26	45	0.03	53	178.74	17
1484	15208055*	73.50	79.05	-0.47	20	-0.77	28	-7.28	28	-9.93	21	-0.05	22	-0.09	21	0.09	22	-176.25	7

（续）

序号	牛号	CBI	TPI	体型外貌评分		初生重		6月龄体重		18月龄体重		6~12月龄日增重		13~18月龄日增重		19~24月龄日增重		4%乳脂率校正奶量	
				EBV	r²(%)	EBV	r²(%)	EBV	r²(%)	EBV	r²(%)	EBV	r²(%)	EBV	r²(%)	EBV	r²(%)	EBV	r²(%)
1485	15519804	73.48		-0.29	2	-2.50	44	-8.73	43	-4.23	37	0.21	44	-0.04	38	0.01	3		
1486	21216040*	73.37		0.53	43	1.10	58	-17.28	57	-3.12	50	-0.07	57	-0.09	50	0.10	56		
1487	41117942	73.36	82.08	-0.27	51	-1.29	55	-4.24	53	-14.24	48	0.07	54	-0.12	48	0.17	55	-67.44	7
1488	22217521	73.20		0.37	5	-0.97	46	-3.29	45	-19.09	40	-0.09	46	0.00	40	0.16	49		
1489	41217471	73.12		1.30	53	-0.34	54	-4.77	53	-22.03	48	0.09	53	-0.10	47	0.03	54		
1490	41116222*	73.10	80.17	0.01	53	-1.97	58	-11.83	57	-2.28	52	-0.08	57	0.11	52	0.07	33	-128.81	2
1491	41414153	73.08		0.94	50	-0.62	52	-18.84	52	1.58	46	0.13	52	0.03	47	-0.03	55		
1492	15520803	73.07	82.55	0.74	4	0.17	45	-20.98	44	3.71	4	-0.07	44	0.04	4	-0.07	5	-44.92	1
1493	21114701 41114208	73.06		0.34	54	0.40	39	-23.52	58	8.59	53	0.08	38	0.12	54	0.21	60		
1494	65112531*	73.03	76.60	0.85	50	0.71	50	0.24	49	-30.59	44	-0.02	50	-0.10	44	-0.08	53	-251.99	44
1495	14117117	72.95	83.76	-2.19	50	-2.15	50	-7.89	49	0.49	45	0.17	50	-0.15	45	0.07	53	-0.42	13
1496	41110912*	72.87	100.55	1.58	55	-0.52	57	-1.66	56	-27.68	52	0.00	57	-0.14	52	0.39	59	587.23	18
1497	53213148	72.79	72.56	-0.04	51	-1.90	52	-6.89	52	-10.12	47	0.07	52	-0.13	48	0.14	55	-387.77	9
1498	21113725	72.53	104.00	1.55	48	0.39	22	-22.63	50	2.07	45	0.09	22	0.13	46	0.09	54	714.61	45
1499	22217359	72.49		0.70	53	-2.25	53	10.93	53	-39.74	47	-0.29	53	0.04	47	0.07	54		
1500	14118037	72.41		0.13	46	2.63	45	-16.22	44	-7.79	39	-0.11	45	0.12	40	0.14	49		
1501	21212101	72.15	75.62	-2.48	48	-0.24	49	1.89	48	-18.75	44	-0.04	49	-0.06	44	-0.01	52	-267.63	44
1502	13207009	72.14		-1.73	45	0.56	44	-21.87	44	12.83	39	0.05	45	0.14	39	-0.28	48		
1503	65113594	72.14	119.18	0.38	51	1.11	52	-6.43	52	-20.34	47	-0.11	52	0.02	47	-0.18	55	1252.64	45
1504	14118411	72.06		-0.59	48	-2.90	31	0.05	31	-16.89	49	0.07	26	0.03	28	-0.06	14		
1505	15213106	71.81	87.53	-0.20	52	1.71	55	-6.92	55	-19.11	48	-0.02	55	-0.02	49	0.00	56	154.99	25
1506	15210607*	71.78		0.29	48	-1.93	57	2.76	57	-27.06	52	-0.16	58	0.01	53	-0.12	51		
1507	62116111	71.72	90.00	0.50	53	-0.40	54	-14.06	54	-5.85	48	-0.06	54	0.04	49	0.06	27	243.05	15
1508	41119906	71.67	68.85	-2.65	50	-1.57	56	-6.21	56	-2.90	49	0.14	55	-0.01	50	0.06	13	-493.87	20
1509	15210401*	71.34		-0.05	16	-1.41	51	-2.47	50	-19.40	46	0.01	51	-0.11	46	-0.01	53		
1510	22316089	71.27		-0.30	4	-1.16	43	-24.15	42	14.14	37	0.06	44	0.21	38	-0.12	47		
1511	65112503*	71.27	118.52	0.51	55	-1.90	54	-7.89	56	-12.14	52	-0.03	57	0.00	52	0.03	59	1247.97	51

（续）

序号	牛号	CBI	TPI	体型外貌评分		初生重		6月龄体重		18月龄体重		6~12月龄日增重		13~18月龄日增重		19~24月龄日增重		4%乳脂率校正奶量	
				EBV	r²(%)	EBV	r²(%)	EBV	r²(%)	EBV	r²(%)	EBV	r²(%)	EBV	r²(%)	EBV	r²(%)	EBV	r²(%)
1512	53217202	71.24		-0.12	22	-0.51	53	-6.79	53	-14.78	48	-0.03	53	-0.11	48	-0.12	55		
1513	22219127	71.14		1.09	5	4.44	53	-0.93	53	-40.52	26	-0.32	52	-0.03	12	-0.04	18		
1514	15209009*	71.11		0.29	24	1.75	23	-7.30	30	-21.17	27	0.00	30	-0.09	27	0.12	30		
1515	41115294*	70.93		-0.79	52	-0.78	57	-17.93	57	5.26	52	-0.05	58	0.15	52	0.06	34		
1516	22117093	70.93		-0.30	56	0.98	58	5.13	58	-36.25	53	-0.02	58	-0.28	54	0.33	59		
1517	41118908	70.72	92.99	0.24	53	0.37	53	-18.21	52	-1.28	48	-0.08	53	0.11	48	-0.08	56	368.48	16
1518	37110649*	70.61	109.97	0.56	33	-1.14	57	4.02	57	-33.05	53	-0.03	57	-0.14	53	-0.03	59	963.41	50
1519	15619509	70.61	82.58	1.80	17	2.84	51	-2.87	50	-36.92	44	-0.18	51	0.07	44	-0.30	16	7.36	3
1520	15208128*	70.59		-0.02	7	-1.79	46	-8.03	45	-10.77	40	-0.01	45	-0.04	40	0.03	49		
1521	41118920	70.46	83.82	-1.63	46	2.35	51	9.50	50	-41.55	43	-0.14	50	-0.05	43	-0.22	51	53.85	1
1522	41117934	70.44	79.37	-0.86	49	0.46	52	-20.49	50	6.00	45	0.02	50	0.05	44	0.03	52	-100.82	9
1523	13214843	70.43	81.87	-0.41	48	0.19	47	2.00	47	-29.58	42	0.11	48	-0.24	42	0.02	51	-13.54	44
1524	22218127	70.42		0.17	17	0.66	27	-0.97	54	-28.42	48	-0.18	53	0.04	44	-0.26	56		
1525	15618429 22218429	70.36	80.35	-0.56	47	1.76	46	-19.73	45	0.45	40	0.07	46	0.02	41	0.08	49	-65.23	3
1526	15210406*	70.32		-0.02	14	0.07	15	-13.16	16	-7.66	15	0.04	14	-0.01	14	-0.06	16		
1527	53112280	70.28		-0.18	45	-1.06	45	-10.31	44	-8.71	39	0.09	46	-0.06	40	-0.12	49		
1528	41117908	70.20	89.72	0.14	46	-1.67	5	-15.14	45	-1.15	39	-0.03	46	0.06	40	0.10	50	265.23	3
1529	15208134*	70.14		0.19	9	-2.37	47	-17.02	46	3.18	41	0.09	47	-0.03	41	-0.12	50		
1530	15406215*	70.00		0.50	40	-0.85	43	-1.89	41	-19.64	36	0.06	43	-0.18	37	0.04	45		
1531	15205011*	69.91		0.37	13	1.08	19	-17.09	22	-5.97	18	-0.15	21	0.05	18	-0.02	18		
1532	15210083*	69.88	80.47	-0.93	17	-1.41	33	-14.22	32	0.66	21	0.09	25	-0.04	21	-0.04	19	-50.90	13
1533	15618075 22118075	69.72		-0.30	53	-2.14	35	-4.17	56	-15.57	51	0.17	57	-0.19	52	0.16	33		
1534	15208053*	69.71	64.10	-2.36	52	-2.18	55	-6.49	54	-3.95	49	-0.20	53	0.10	49	0.05	56	-618.53	15
1535	14118831	69.45		0.16	52	3.40	56	-23.01	56	-2.13	51	0.12	56	-0.02	52	0.04	58		
1536	15519806	69.27		-0.40	4	-1.59	47	0.79	46	-24.54	38	0.23	47	-0.19	39	0.04	5		
1537	41212443	69.27	92.53	0.30	52	3.68	54	-19.46	52	-8.96	48	0.35	53	-0.19	48	0.09	56	382.65	16

（续）

序号	牛号	CBI	TPI	体型外貌评分		初生重		6月龄体重		18月龄体重		6~12月龄日增重		13~18月龄日增重		19~24月龄日增重		4%乳脂率校正奶量	
				EBV	r²(%)	EBV	r²(%)	EBV	r²(%)	EBV	r²(%)	EBV	r²(%)	EBV	r²(%)	EBV	r²(%)	EBV	r²(%)
	64112443˙																		
1538	21114731	69.14	98.47	0.62	50	-1.94	33	-13.16	54	-6.38	49	0.13	30	0.02	49	0.08	56	592.93	13
1539	41413185	69.07	80.21	0.95	49	-1.43	49	-11.76	49	-11.10	44	0.02	50	-0.02	44	0.04	53	-42.91	5
1540	21116721	68.86		-1.13	23	-0.61	55	-6.38	55	-13.48	50	-0.06	55	0.12	50	0.24	56		
1541	41418187	68.83	84.68	-0.31	19	-3.35	54	-10.62	53	-3.55	48	-0.08	53	0.07	48	0.28	55	118.05	7
1542	22116019	68.82		0.44	51	4.21	77	-2.24	84	-37.60	62	-0.09	72	-0.19	63	0.41	69		
1543	22117101	68.71		-1.05	50	-1.10	54	3.08	55	-27.24	49	-0.09	54	-0.17	49	-0.03	57		
1544	41118942	68.67	88.28	-0.62	52	-0.29	53	1.00	52	-27.72	47	0.00	52	-0.14	47	-0.03	55	247.13	12
1545	65112522˙	68.39	86.86	0.72	53	-0.26	54	-8.12	54	-19.26	49	0.00	54	-0.06	50	0.13	56	203.41	45
1546	36111214	68.35		1.15	44	-0.40	44	-22.29	43	1.10	37	-0.18	44	0.36	38	-0.33	48		
1547	41116902	68.29	76.76	0.47	49	0.05	52	-23.43	50	4.34	45	-0.06	50	0.10	44	-0.33	52	-147.07	7
1548	14110721	68.25	91.78	2.90	51	-2.31	51	-18.07	50	-7.62	46	0.03	51	0.08	47	0.16	54	377.80	14
1549	41217473	68.13		0.75	53	-0.35	53	-8.48	53	-18.85	47	0.13	53	-0.15	47	0.09	55		
1550	37316801	68.07		-0.28	32	0.67	39	-6.88	38	-19.84	34	-0.09	38	-0.13	34	0.12	40		
1551	41116918	68.05	76.83	0.68	51	-2.38	52	-17.88	51	0.67	47	-0.09	52	0.15	47	0.08	54	-139.48	4
1552	53117371	67.97		-0.09	48	-1.61	35	-14.00	56	-4.23	49	0.13	56	-0.07	50	0.08	55		
1553	41217453	67.87	79.87	1.25	49	0.33	56	-20.25	54	-4.63	49	-0.06	55	0.41	49	0.06	57	-29.56	1
1554	41119904	67.85	71.16	-2.43	50	-1.83	54	-3.72	55	-10.51	49	0.06	55	-0.07	50	0.00	13	-333.10	21
1555	15205024˙	67.63		0.33	8	0.72	6	-12.40	45	-14.27	40	-0.04	46	0.00	40	-0.14	49		
1556	15216541˙	67.62		1.00	48	-1.37	49	-2.11	48	-27.59	43	-0.06	49	-0.09	43	0.26	52		
1557	41118208	67.60	85.63	-0.76	52	-0.37	55	-20.73	54	5.33	50	0.08	55	0.02	50	-0.06	57	176.85	12
1558	41116928	67.59	83.01	1.18	51	-1.73	53	-21.57	52	2.39	47	-0.09	52	0.22	47	-0.07	54	85.63	5
1559	15218720	67.53		-0.66	54	-3.05	61	-3.20	60	-15.51	54	0.04	61	-0.14	54	0.07	56		
1560	15618077	67.33		1.28	52	5.74	53	6.04	52	-58.65	43	-0.49	51	-0.03	44	0.06	16		
1561	13115622	67.18		-1.98	48	-3.84	49	-3.46	48	-8.42	48	-0.04	49	-0.04	44	0.07	53		
1562	22118111	66.89		0.08	18	1.89	32	-24.91	59	2.36	53	0.13	60	0.02	54	-0.17	60		
1563	15414001	66.78		-2.08	48	-2.12	56	-5.51	56	-9.42	51	-0.05	57	0.01	51	-0.26	52		
1564	15619537	66.72	85.42	-1.50	50	-0.07	46	-3.47	48	-19.81	47	-0.02	49	0.17	43	-0.32	51	188.14	11

（续）

序号	牛号	CBI	TPI	体型外貌评分 EBV	r²(%)	初生重 EBV	r²(%)	6月龄体重 EBV	r²(%)	18月龄体重 EBV	r²(%)	6~12月龄日增重 EBV	r²(%)	13~18月龄日增重 EBV	r²(%)	19~24月龄日增重 EBV	r²(%)	4%乳脂率校正奶量 EBV	r²(%)
1565	15410893*	66.60		-0.34	51	-0.36	50	-24.64	49	8.74	45	0.10	50	0.09	44	-0.13	53		
1566	14109533	66.60		0.90	44	0.11	2	-12.15	44	-16.35	39	-0.03	5	0.20	39	0.00	49		
1567	13214247*	66.55	65.27	-1.24	48	-0.12	50	3.33	49	-31.28	44	0.08	49	-0.24	44	0.15	52	-511.48	44
1568	22116005	66.39		-0.69	52	-2.44	55	-6.02	55	-13.61	49	-0.12	55	-0.06	50	0.18	57		
1569	22219685	66.26	86.93	-0.83	8	-0.73	53	14.69	52	-49.08	47	-0.16	52	-0.23	47	-0.19	52	250.53	4
1570	15417510	66.22	82.29	0.41	50	1.34	53	-22.33	52	-2.17	25	0.00	53	0.11	24	-0.02	25	89.24	9
1571	11116913*	66.09		-3.29	48	-3.59	50	1.51	50	-12.59	42	0.07	49	-0.17	43	0.23	52		
1572	22220109	66.07	78.18	-0.04	7	6.82	56	-11.90	57	-29.82	23	0.14	55	-0.03	19	-0.06	15	-51.07	3
1573	14117363	66.06	101.02	-8.01	54	2.16	57	-4.01	57	0.21	50	0.11	57	-0.05	51	0.01	57	746.40	21
1574	22418103	65.97		-0.90	8	-1.43	4	-8.10	4	-12.45	3	-0.02	4	-0.06	3	0.01	4		
1575	13214813*	65.75	59.99	-1.13	46	0.55	45	4.41	45	-35.73	39	0.08	46	-0.27	40	-0.10	49	-679.07	43
1576	41115280*	65.39		-0.74	55	-2.47	60	-17.92	60	3.96	55	-0.01	60	0.04	55	0.07	61		
1577	15618945	65.37		0.98	52	-1.44	33	-15.14	57	-9.47	32	-0.07	36	0.04	33	-0.04	35		
	22118079																		
1578	37312050	65.29	70.52	-0.16	31	0.56	35	-2.27	35	-29.70	29	0.12	35	-0.04	30	0.03	35	-301.94	3
1579	15209206*	65.22	91.04	0.50	20	-1.16	52	-14.72	51	-9.07	47	-0.11	52	0.10	48	0.08	55	415.52	16
1580	41117926	65.19	60.81	-0.72	52	1.11	53	-11.42	52	-14.93	49	0.09	52	-0.09	48	0.15	56	-638.60	15
1581	15210402*	65.10		1.06	49	-3.17	58	-10.40	58	-13.11	51	-0.13	59	-0.01	52	-0.02	53		
1582	53119376	65.07		-2.27	46	0.24	56	-2.11	55	-21.21	48	0.01	55	-0.09	49	-0.32	54		
1583	53119379	65.05		-2.33	47	-1.14	56	-9.28	55	-6.66	48	0.04	55	-0.04	49	-0.37	54		
1584	43117106	64.96		-1.34	25	-1.12	53	-20.03	53	5.85	47	-0.14	53	0.25	48	-0.03	51		
1585	41217462	64.92	78.49	1.21	49	-2.40	72	-21.78	76	1.72	50	-0.07	73	0.47	49	0.08	57	-16.17	1
1586	13213101	64.92	74.50	0.35	51	0.75	51	-9.77	51	-20.98	46	0.02	52	-0.07	47	0.16	54	-155.34	46
1587	41118286	64.84		-2.45	49	-2.77	58	-4.37	58	-9.98	52	0.06	58	-0.08	52	-0.07	58		
1588	41118292	64.81		-0.78	52	2.70	57	-13.72	57	-15.37	51	0.12	57	-0.13	52	-0.01	58		
1589	15208127*	64.79		-0.29	15	0.16	15	-8.46	50	-19.21	45	0.05	51	-0.13	46	0.18	54		
1590	42113097	64.78		-1.20	78	-2.59	95	10.76	94	-38.51	84	-0.06	89	-0.08	84	0.06	85		
1591	37110014*	64.67	111.69	0.38	54	-2.69	55	7.69	54	-39.78	51	-0.01	55	-0.21	51	0.03	57	1147.59	22

（续）

序号	牛号	CBI	TPI	体型外貌评分		初生重		6月龄体重		18月龄体重		6~12月龄日增重		13~18月龄日增重		19~24月龄日增重		4%乳脂率校正奶量	
				EBV	r²(%)	EBV	r²(%)	EBV	r²(%)	EBV	r²(%)	EBV	r²(%)	EBV	r²(%)	EBV	r²(%)	EBV	r²(%)
1592	65111580*	64.47	109.36	-0.38	55	-1.36	56	-18.50	56	-0.09	52	0.09	57	0.05	52	-0.03	59	1070.53	49
1593	15210613*	64.25		2.39	47	-2.91	47	-8.75	47	-22.22	41	-0.03	48	-0.09	42	-0.11	50		
1594	15418513	64.03	79.31	-0.91	48	1.14	51	-34.32	50	19.76	45	-0.05	50	0.30	45	0.13	53	31.25	4
1595	62111170	63.97		1.21	46	-1.91	56	-25.38	56	5.17	49	0.06	57	-0.05	50	-0.03	53		
1596	22419559	63.97	62.89	-0.11	18	-1.92	51	-7.93	50	-16.45	43	-0.03	50	0.00	43	0.02	17	-540.72	12
1597	13205006*	63.74		-0.60	43	-0.85	43	-19.71	42	0.70	37	-0.13	44	0.17	38	-0.23	46		
1598	41212446	63.68	77.63	0.71	54	-1.51	55	-20.14	55	-2.17	50	0.31	55	-0.23	50	0.15	57	-20.09	11
	64112446*																		
1599	37110061*	63.61	67.76	0.41	18	1.58	52	-4.13	51	-33.10	46	-0.04	52	-0.08	47	0.05	54	-363.21	12
1600	22117091	63.54		-1.07	52	-0.90	34	-0.03	56	-27.72	51	-0.09	56	-0.06	52	0.15	58		
1601	41116910*	63.44	80.62	-0.13	50	-0.29	52	-21.25	51	-0.39	47	-0.04	52	0.14	47	-0.10	20	89.28	44
1602	41118288	63.40		-0.25	50	0.00	58	-10.57	56	-17.04	50	0.06	57	-0.09	51	0.00	57		
1603	22218053	63.20		1.22	27	0.40	61	-6.36	61	-30.34	56	-0.30	61	0.16	56	-0.28	61		
1604	14110624	63.13	88.70	2.09	51	-0.81	51	-16.75	50	-14.92	46	0.00	51	0.03	47	0.17	54	377.80	14
1605	15209004*	63.12		-1.53	49	3.39	51	-12.20	50	-18.05	45	-0.02	51	0.07	46	-0.01	54		
1606	15218708	63.10		0.09	49	-4.07	55	-19.86	55	5.45	50	0.00	55	0.11	50	-0.15	52		
1607	65111569*	63.09	116.62	1.49	54	1.56	57	-17.70	56	-16.91	53	0.03	57	-0.01	53	0.04	59	1352.73	47
1608	41415118	63.06	64.35	-0.22	51	-1.22	54	-16.69	53	-5.14	49	0.00	53	0.02	48	-0.11	55	-470.58	45
1609	15615328	63.00		-2.31	52	2.20	54	-15.94	53	-6.53	49	0.19	54	-0.16	49	0.10	56		
	22215128																		
1610	14118425	62.94		-0.01	49	-3.58	36	-5.15	35	-18.05	53	0.04	35	-0.10	32	0.05	15		
1611	41117904	62.94	80.73	-0.04	49	-1.76	47	-11.82	49	-12.11	43	0.14	49	-0.12	43	0.00	52	103.36	2
1612	15208124*	62.93		-2.23	44	-1.76	45	-7.37	44	-10.46	38	-0.01	45	0.00	39	-0.11	48		
1613	15210413*	62.81		-0.34	14	-1.30	58	-8.78	57	-16.84	51	-0.04	58	-0.02	52	-0.11	52		
1614	41114232*	62.48		0.83	52	-4.30	59	-23.07	58	7.49	52	-0.09	57	0.19	52	-0.06	59		
1615	14116304	62.43	87.84	-0.27	53	-1.21	53	-20.60	53	0.44	49	0.18	53	-0.06	49	-0.01	56	362.25	18
1616	53119385	62.26		-0.87	14	1.56	56	-0.48	55	-34.95	49	-0.09	55	-0.13	49	-0.16	26		
1617	13117594	62.18	77.20	1.06	17	-3.18	52	-24.03	52	5.08	45	0.09	52	0.06	46	-0.02	54	-3.86	16

（续）

序号 牛号	CBI	TPI	体型外貌评分		初生重		6月龄体重		18月龄体重		6~12月龄日增重		13~18月龄日增重		19~24月龄日增重		4%乳脂率校正奶量	
			EBV	r²(%)	EBV	r²(%)	EBV	r²(%)	EBV	r²(%)	EBV	r²(%)	EBV	r²(%)	EBV	r²(%)	EBV	r²(%)
1618 21216215	62.16	90.18	-0.61	48	-0.91	52	-2.63	52	-26.78	45	0.03	52	-0.10	46	0.23	53	449.61	42
1619 53119381	61.95		-1.20	46	1.76	56	-13.14	55	-15.04	48	-0.02	55	-0.02	49	-0.22	54		
1620 65111568*	61.91	115.91	0.41	54	4.67	57	-19.08	56	-19.24	53	0.03	57	-0.01	53	0.07	59	1352.73	47
1621 15208123*	61.88		-2.47	46	-0.17	55	-19.46	61	4.18	54	-0.10	59	0.16	54	-0.11	58		
1622 15216011	61.86	80.40	1.36	51	-3.94	51	-19.55	51	-1.41	45	0.12	51	-0.03	46	0.05	54	114.67	10
1623 15519801	61.53		-1.08	9	-2.03	51	3.56	50	-32.33	43	0.12	50	-0.21	44	-0.21	14		
1624 41317042	61.49	82.60	0.17	47	-0.95	47	-21.26	47	-1.76	41	0.23	48	-0.10	42	0.03	50	199.15	4
1625 41312115*	61.36	90.53	-0.43	54	0.20	58	-24.21	57	2.18	51	0.21	57	-0.02	52	0.15	59	478.43	14
1626 15210324*	61.34		-1.28	46	-0.16	55	-6.99	66	-20.08	49	-0.15	58	-0.09	50	0.08	56		
1627 22418125	61.04		-0.33	11	0.58	14	-37.65	15	21.18	12	0.04	14	0.01	12	0.00	12		
1628 15408692*	61.03		0.87	48	-0.16	47	-7.30	47	-28.22	41	0.03	47	-0.16	42	0.44	51		
1629 21114732	61.00		-0.61	51	-2.29	37	-15.13	56	-5.36	51	0.06	35	-0.14	51	0.08	57		
1630 65112545	60.92	71.01	-0.05	52	2.37	53	-12.57	52	-22.80	48	0.02	53	-0.08	48	0.12	56	-193.47	47
1631 41117254	60.86		-1.06	54	-2.38	56	9.69	55	-41.58	50	-0.08	55	-0.12	50	-0.07	57		
1632 22116003	60.60		-0.10	52	-3.86	55	-7.13	55	-16.17	49	-0.13	55	-0.06	50	0.34	57		
1633 22120027	60.38		-0.04	14	0.40	26	-22.65	55	-3.12	29	-0.04	55	0.05	30	-0.02	32		
1634 11111902*	60.37		-0.58	49	-2.16	58	-10.73	57	-13.12	51	-0.20	58	0.16	51	-0.27	51		
1635 41218888	60.35	81.28	1.34	51	-2.39	51	-2.69	50	-32.35	45	-0.06	51	-0.17	45	-0.18	53	176.85	12
1636 41114250	60.05		1.08	51	-3.05	58	-29.31	57	10.79	51	-0.12	57	0.27	51	-0.06	58		
1637 43118108	59.93		0.20	25	1.90	54	-18.61	53	-14.30	48	0.10	53	-0.05	48	-0.01	55		
1638 15618931	59.89		-1.21	50	-2.89	56	-5.05	57	-18.07	30	-0.01	57	-0.10	30	0.11	32		
22118011																		
1639 41119226	59.78		1.12	18	-3.49	57	-13.80	57	-12.33	50	-0.14	55	0.20	50	0.03	30		
1640 15619523	59.63		-0.37	5	1.77	50	-5.63	51	-31.96	39	-0.25	49	-0.06	2	0.00	3		
1641 15210826	59.57		0.61	48	-1.17	64	-12.96	70	-17.46	51	-0.04	63	-0.01	51	-0.04	55		
1642 53216200	59.24	59.18	-0.26	22	-0.46	53	-15.33	53	-12.48	48	-0.19	53	0.11	48	0.00	55	-571.17	15
1643 15618336	59.22	73.57	-0.68	9	3.69	25	-7.34	29	-33.16	12	-0.04	23	0.00	8	-0.03	8	-68.36	3
1644 41317043	59.08	81.15	1.06	47	-1.70	47	-21.90	47	-4.67	41	0.18	48	-0.08	42	0.02	50	199.15	4

（续）

序号	牛号	CBI	TPI	体型外貌评分		初生重		6月龄体重		18月龄体重		6~12月龄日增重		13~18月龄日增重		19~24月龄日增重		4%乳脂率校正奶量	
				EBV	r²(%)	EBV	r²(%)	EBV	r²(%)	EBV	r²(%)	EBV	r²(%)	EBV	r²(%)	EBV	r²(%)	EBV	r²(%)
1645	13213105*	58.07	68.98	0.23	51	-2.86	51	-2.88	51	-28.75	46	-0.01	51	-0.07	47	-0.25	54	-204.48	46
1646	13117592	57.63	54.31	-0.47	13	-3.77	52	-21.53	51	4.34	45	0.01	51	0.07	46	-0.04	53	-707.47	11
1647	41116932	57.53	69.81	0.84	50	-1.39	53	-25.79	52	-0.05	48	0.01	51	0.10	46	0.07	53	-164.33	3
1648	11117955*	57.39		-0.47	51	-1.08	25	-8.25	52	-22.75	47	-0.13	52	-0.03	47	0.47	54		
1649	22218315	57.19		-0.17	1	1.08	45	-11.39	44	-24.51	38	-0.06	45	-0.02	39	-0.21	49		
1650	53217203	57.16		-0.71	15	-0.18	51	-15.44	51	-13.19	44	0.23	51	-0.18	45	-0.04	53		
1651	41218141	56.83		0.78	49	-1.06	49	1.00	48	-42.34	43	-0.11	49	-0.15	44	-0.14	53		
1652	15219124	56.77		0.15	47	-0.87	14	7.43	50	-50.28	42	-0.07	51	-0.21	43	0.22	51		
1653	22220101	56.75		-0.08	7	6.64	48	-25.36	49	-17.31	13	-0.39	49	-0.03	12	-0.04	10		
1654	65112525*	56.51	69.17	-0.80	52	0.72	55	-12.23	53	-20.55	49	-0.01	54	-0.04	49	0.13	56	-165.43	45
1655	15617931	56.44		-0.24	53	-0.92	54	-12.55	54	-18.32	49	0.02	54	-0.12	50	-0.05	56		
	22217327																		
1656	13205007*	56.36		-1.80	44	0.54	44	-28.81	44	9.04	39	0.00	45	0.17	39	-0.30	48		
1657	15519805	56.05		-0.24	4	-1.96	46	-9.25	45	-21.23	38	0.22	46	-0.10	38	0.06	4		
1658	22218001	56.02		0.00	15	-1.21	53	11.53	56	-55.86	51	0.01	53	-0.28	48	-0.29	58		
1659	15210710*	55.95		0.34	16	-0.09	10	-7.59	50	-30.64	45	-0.07	51	-0.06	46	-0.04	55		
1660	15519816	55.82		0.56	9	-0.65	47	3.96	47	-47.97	41	-0.45	47	0.16	41	0.00	10		
1661	21117725	55.74	84.14	0.36	16	-1.94	49	-31.15	49	9.68	44	0.19	49	-0.03	44	0.14	53	373.15	3
1662	41117944	55.62	70.52	-0.30	51	0.02	54	-10.43	53	-24.38	48	-0.01	53	-0.10	49	0.00	56	-99.58	8
1663	14118506	55.42	70.96	-0.54	50	-3.04	33	-14.11	33	-10.59	50	0.02	33	0.04	29	-0.02	15	-80.12	3
1664	15520805	55.35	71.97	0.34	5	-0.15	46	-28.65	45	1.23	7	0.05	45	0.06	6	-0.09	6	-43.15	3
1665	41418145	55.16	71.00	0.57	9	0.68	53	-17.32	52	-19.22	44	-0.08	52	-0.02	44	0.03	53	-73.24	4
1666	22217331	54.88		-0.45	52	5.01	54	-29.32	53	-7.61	48	0.16	54	-0.07	49	0.09	55		
1667	22219619	54.50	71.72	0.29	10	0.19	52	-6.44	52	-34.24	43	-0.13	51	-0.10	44	-0.09	52	-34.34	2
1668	51113183	54.46		-0.51	44	3.60	44	-14.67	43	-26.82	37	0.01	44	-0.13	38	-0.18	48		
1669	15619917	54.37	70.90	-0.39	7	-2.08	55	-11.43	54	-18.59	27	0.05	29	-0.16	27	-0.17	23	-59.97	2
1670	13117589	54.32	71.93	-0.32	14	-1.58	53	-20.94	51	-5.54	46	0.18	52	-0.09	47	0.10	54	-23.11	4
1671	41117954	53.93	70.82	-1.34	50	-2.61	51	-3.86	49	-25.64	44	-0.03	50	-0.08	45	0.12	53	-53.81	4

（续）

序号	牛号	CBI	TPI	体型外貌评分		初生重		6月龄体重		18月龄体重		6~12月龄日增重		13~18月龄日增重		19~24月龄日增重		4%乳脂率校正奶量	
				EBV	r²(%)	EBV	r²(%)	EBV	r²(%)	EBV	r²(%)	EBV	r²(%)	EBV	r²(%)	EBV	r²(%)	EBV	r²(%)
1672	65111581*	53.77	102.94	-0.38	55	-1.36	56	-15.67	56	-14.43	52	0.07	57	-0.05	52	0.03	59	1070.53	49
1673	41319665	53.65		0.47	19	-2.30	53	-2.42	53	-35.87	47	0.00	52	-0.16	47	0.06	54		
1674	41317095	53.63	77.88	-0.49	16	-0.41	48	-21.37	47	-7.69	42	0.02	48	0.09	43	0.11	51	199.15	4
1675	15212138*	53.17		-3.07	54	1.31	40	-16.48	58	-9.79	54	0.00	59	-0.04	54	0.08	61		
1676	22218621	53.06		-1.51	14	-2.99	50	3.45	51	-36.09	47	-0.09	49	-0.16	47	0.21	55		
1677	15210711*	52.98		0.33	49	-0.38	54	-8.19	56	-31.76	43	-0.04	51	0.00	42	-0.17	52		
1678	41417128	52.91		0.87	22	-0.87	53	-29.30	52	-0.36	46	0.29	52	-0.02	46	-0.17	55		
1679	22316079	52.77		0.13	1	-2.36	43	-27.46	42	3.16	37	0.20	43	-0.04	37	-0.01	47		
1680	15210427*	52.53		1.47	15	0.09	48	-7.05	48	-39.48	43	-0.03	48	-0.13	42	0.02	52		
1681	14116118*	52.44		-1.40	46	0.73	45	-21.02	44	-8.58	38	0.25	45	-0.18	39	0.03	49		
1682	41118944	52.37	78.07	-0.67	51	0.05	53	-24.39	53	-4.66	47	0.18	53	-0.04	47	-0.04	55	232.11	15
1683	13208X64*	52.10		0.23	44	1.03	43	-6.25	42	-38.58	37	-0.19	44	-0.03	38	-0.06	47		
1684	13202004*	52.03		-1.07	30	2.62	43	-22.63	42	-12.34	36	-0.26	44	0.23	37	-0.26	39		
1685	15417508	52.02	80.79	0.54	52	0.99	52	-15.98	51	-24.84	22	0.02	52	-0.07	22	0.10	22	334.23	14
1686	14110706*	51.85	66.06	1.76	51	-0.80	51	-19.87	50	-19.43	46	0.00	51	-0.04	46	0.18	54	-176.25	7
1687	41117924	51.81	71.86	-0.08	52	-1.66	54	-24.39	53	-3.33	48	-0.02	53	0.15	48	0.00	55	26.98	6
1688	41116926	51.71	78.37	1.17	52	-1.42	55	-22.02	54	-12.48	49	-0.09	54	0.10	49	-0.14	56	256.44	7
1689	15417504	51.14		0.15	51	-3.95	53	-15.86	52	-12.38	46	0.13	52	-0.03	47	0.10	54		
1690	15216705	50.76	67.88	0.14	46	-2.31	46	-17.66	45	-13.91	40	-0.05	46	0.04	40	0.09	50	-89.89	4
1691	43117102	50.72		-7.73	50	-0.45	32	-7.13	54	-4.11	48	0.08	54	0.04	49	-0.11	56		
1692	41118914	50.64	73.38	-1.31	50	-1.41	51	-19.31	50	-8.05	46	-0.02	51	0.05	46	0.01	54	104.45	12
1693	15217142	50.58		2.16	64	-1.47	67	-10.29	67	-35.23	62	-0.37	67	0.15	63	0.03	67		
1694	22316004	50.26		-0.01	23	3.13	56	-11.49	55	-36.42	50	-0.11	56	-0.06	51	0.04	57		
1695	36111212	50.14	79.20	-0.58	47	-2.07	48	-17.47	47	-12.57	42	-0.11	48	0.15	42	-0.11	51	318.01	6
1696	15210409*	49.93		1.03	13	-3.25	40	-36.68	40	13.31	20	0.28	35	0.00	20	0.02	23		
1697	65112508*	49.88	57.66	-1.87	52	0.60	52	-5.13	51	-33.20	48	-0.07	52	-0.06	48	-0.10	55	-428.18	46
1698	15210419*	49.72		-0.04	13	-1.60	50	-10.51	49	-26.86	45	0.02	50	-0.12	45	0.05	52		
1699	13117573	49.50		-0.27	4	-3.04	50	-14.79	49	-16.13	44	0.00	50	-0.06	44	0.15	53		

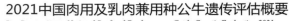
（续）

序号 牛号	CBI	TPI	体型外貌评分		初生重		6月龄体重		18月龄体重		6~12月龄日增重		13~18月龄日增重		19~24月龄日增重		4%乳脂率校正奶量	
			EBV	r²(%)	EBV	r²(%)	EBV	r²(%)	EBV	r²(%)	EBV	r²(%)	EBV	r²(%)	EBV	r²(%)	EBV	r²(%)
1700 41117922	49.42	74.76	-0.97	52	0.47	55	-24.90	55	-6.49	50	0.06	54	0.00	49	0.11	57	178.12	10
1701 41319669	49.34		0.85	23	-0.74	55	-6.71	53	-38.57	49	0.08	54	-0.21	49	0.01	55		
1702 21216019*	48.86		-0.02	47	-0.86	54	-26.36	53	-5.23	47	-0.03	53	-0.08	48	0.14	54		
1703 42113098	48.86		0.60	68	-3.34	93	-5.10	91	-34.23	81	0.04	84	-0.08	81	-0.05	84		
1704 22219677	48.78	73.07	-0.13	8	3.54	51	8.40	50	-68.82	43	-0.10	50	-0.29	44	-0.28	51	132.73	3
1705 22218601	48.52		-0.51	14	-0.49	53	-2.12	56	-41.71	32	0.09	53	-0.16	30	-0.05	23		
1706 41118918	48.42	75.82	-1.05	51	-5.35	52	-6.76	51	-20.84	46	-0.12	52	0.19	47	-0.19	54	236.08	11
1707 65112586	48.29	98.02	0.25	49	0.44	51	-11.61	50	-32.57	45	-0.01	51	-0.08	45	0.16	54	1013.71	45
1708 22117113*	47.81		0.62	9	-1.93	49	-1.90	49	-43.61	43	-0.12	50	-0.19	44	0.25	53		
1709 15208031*	47.43		-3.21	46	-1.91	47	-19.09	46	-2.82	40	-0.13	47	0.27	41	-0.27	50		
1710 41118276	47.42		-1.13	47	-4.32	57	-8.43	56	-21.40	50	-0.03	56	-0.06	51	-0.10	56		
1711 21114728	47.02		-1.48	51	-0.32	32	-16.19	54	-18.20	49	0.10	31	0.08	50	0.07	55		
1712 15619141	46.50		0.32	13	0.04	26	-20.22	35	-20.35	31	0.00	35	-0.01	31	-0.14	33		
1713 53119386	46.50		0.95	23	-2.42	55	-2.61	55	-43.83	48	-0.27	54	-0.10	48	-0.04	24		
1714 65111578	46.34	98.48	0.59	55	-1.64	56	-19.56	56	-18.49	52	0.11	57	-0.06	52	0.01	59	1070.53	49
1715 15406219*	46.33		-0.23	41	-0.31	42	0.04	40	-36.15	38	-0.03	42	-0.20	36	0.23	46		
1716 22419555	46.24	84.30	-0.63	18	-1.71	50	-8.05	49	-31.34	43	-0.15	49	0.02	43	0.04	48	577.73	13
1717 15417506	46.09	56.50	0.49	52	-6.05	54	-31.19	53	10.17	47	-0.20	53	0.23	48	0.34	55	-389.25	12
1718 65111571*	46.00	96.32	0.56	52	-0.10	54	-22.64	54	-17.70	50	0.10	54	-0.01	50	0.23	57	1002.18	45
1719 41415160	45.79	67.91	-0.30	50	-3.55	51	-21.76	50	-7.56	45	0.04	51	0.00	46	0.22	54	15.10	4
1720 15618301	45.79	62.06	0.13	20	-1.75	53	-31.93	52	2.01	25	-0.06	25	0.21	23	0.00	23	-189.01	5
1721 15619515	45.72	65.47	-0.37	6	0.87	51	-16.37	52	-26.32	10	-0.14	51	0.00	6	-0.04	6	-68.36	3
1722 15210430*	45.44		0.07	3	-1.55	45	-11.32	44	-30.17	39	-0.03	45	-0.11	39	0.01	49		
1723 22219405	45.42		-1.10	13	0.46	20	-11.06	52	-30.92	43	0.17	53	-0.14	44	-0.14	52		
1724 41317112	45.08		-0.01	23	-1.96	54	-15.45	54	-22.87	49	-0.07	54	0.07	49	0.05	55		
1725 41118284	45.02		-0.54	50	-0.21	49	-11.17	48	-31.67	44	-0.01	47	0.05	41	-0.24	50		
1726 15618091	44.32		0.71	51	-2.95	57	-28.36	57	-4.18	51	0.17	57	-0.12	52	0.14	59		
22118029																		

（续）

序号	牛号	CBI	TPI	体型外貌评分		初生重		6月龄体重		18月龄体重		6~12月龄日增重		13~18月龄日增重		19~24月龄日增重		4%乳脂率校正奶量	
				EBV	r²(%)	EBV	r²(%)	EBV	r²(%)	EBV	r²(%)	EBV	r²(%)	EBV	r²(%)	EBV	r²(%)	EBV	r²(%)
1727	15407685*	44.25		-0.48	47	1.10	47	-10.03	47	-37.54	41	0.01	47	-0.20	42	0.46	51		
1728	13117596	44.01	49.86	-0.86	17	-0.32	54	-25.63	54	-8.94	47	0.03	53	0.00	48	0.06	55	-577.48	14
1729	22219307	43.94		-0.33	19	-0.49	34	-8.41	57	-37.05	50	-0.33	56	0.05	50	-0.05	55		
1730	22219207	43.60		-0.37	19	-0.79	51	-8.09	50	-36.98	48	0.08	50	-0.16	45	-0.17	57		
1731	15203077*	43.52		-3.78	44	-6.07	50	-15.16	49	-0.23	39	-0.07	48	-0.07	39	0.10	45		
1732	11110711*	43.48	74.96	0.71	63	-1.57	72	-16.57	72	-26.38	61	-0.07	67	0.02	61	-0.04	65	309.47	42
1733	41118910	43.30	68.84	-2.31	50	-1.73	51	4.29	51	-46.45	46	-0.17	52	-0.09	46	0.02	54	99.71	4
1734	15205073*	43.00		-1.73	44	-0.68	45	-3.76	45	-39.17	39	-0.01	46	-0.24	40	0.02	48		
1735	11108721*	42.89	70.68	-0.24	46	0.34	46	-35.74	45	1.51	40	0.18	47	0.07	41	0.04	50	172.70	42
1736	15618307	42.59	69.30	1.82	48	-3.44	55	-14.08	54	-30.80	17	-0.15	25	-0.03	14	0.00	11	130.64	5
1737	22219919	42.53		0.38	5	-3.83	46	-9.56	46	-31.27	44	-0.04	46	0.13	41	-0.05	5		
1738	41117918	42.53	67.27	0.19	52	-0.60	52	-12.45	51	-33.92	47	-0.06	52	-0.11	47	-0.04	55	61.04	12
1739	62111153	42.48		1.32	44	-3.97	22	-15.33	22	-25.77	21	0.01	22	-0.08	21	—	—		
1740	22217091*	42.44		-1.37	18	0.61	50	-2.42	50	-46.27	44	0.07	50	-0.32	45	-0.08	53		
1741	15204129*	42.42		-3.04	44	-2.96	46	-10.11	45	-19.39	39	-0.01	46	-0.12	40	-0.13	48		
1742	65112516*	42.27	55.51	-1.49	51	0.96	51	-11.98	50	-32.15	45	0.01	51	-0.11	46	-0.19	54	-343.71	44
1743	22218901	42.23		-0.20	11	-0.39	56	-7.61	55	-40.62	50	-0.02	55	-0.02	50	-0.08	55		
1744	41417129	41.99		-0.36	24	-3.44	54	-22.49	54	-10.03	49	0.10	54	-0.06	49	0.19	56		
1745	65111579*	41.71	92.84	1.11	54	0.03	57	-22.15	56	-24.90	52	0.06	57	-0.02	53	0.13	59	970.49	46
1746	15619071	41.42		1.43	48	-0.38	53	-19.76	56	-29.08	29	-0.10	34	-0.06	29	0.15	32		
1747	21215006	41.35		-1.40	43	-1.88	51	-51.26	50	33.73	43	-0.04	51	0.13	43	0.01	49		
1748	15210411*	41.12		-2.20	47	0.29	50	-17.17	50	-20.90	41	0.02	51	-0.08	42	0.20	51		
1749	53111249*	41.02		-0.40	47	-1.73	49	-27.43	48	-7.35	42	-0.16	49	0.27	43	-0.14	51		
1750	15209003*	40.95		1.99	50	-0.31	65	-23.39	71	-26.30	50	0.08	60	-0.10	51	0.16	58		
1751	15417507	40.73	55.95	-0.37	52	-1.40	54	-25.60	53	-11.34	49	-0.05	53	0.11	48	0.12	56	-296.15	6
1752	65111572	40.51	88.30	1.10	53	-1.30	56	-22.25	56	-22.61	52	0.04	56	-0.01	52	0.02	59	837.29	46
1753	41317038	40.40		-1.18	54	-3.12	55	0.26	55	-43.99	50	0.05	55	-0.24	50	0.01	56		
	41117206																		

（续）

序号	牛号	CBI	TPI	体型外貌评分		初生重		6月龄体重		18月龄体重		6~12月龄日增重		13~18月龄日增重		19~24月龄日增重		4%乳脂率校正奶量	
				EBV	r²(%)	EBV	r²(%)	EBV	r²(%)	EBV	r²(%)	EBV	r²(%)	EBV	r²(%)	EBV	r²(%)	EBV	r²(%)
1754	22217131	39.54		-2.44	24	-2.45	55	-2.19	55	-37.78	50	-0.20	56	-0.07	50	-0.05	57		
1755	22219631	39.41	61.06	0.45	12	-1.06	55	-11.94	54	-37.51	45	-0.12	54	-0.06	46	0.03	54	-90.13	6
1756	41317111	39.34		0.24	27	-3.35	55	-18.58	55	-21.04	50	-0.05	55	-0.01	50	0.14	56		
1757	15510X71*	39.33		0.03	6	2.14	44	-17.03	44	-35.90	38	0.06	45	-0.14	39	-0.09	47		
1758	15212127*	39.31		-3.66	54	1.42	59	-17.59	58	-19.03	54	0.00	59	-0.06	54	0.08	61		
1759	15210416*	38.85		0.74	9	-1.36	47	-12.79	47	-37.13	42	0.03	48	-0.19	42	0.09	50		
1760	15510X59*	38.77	60.97	2.25	46	1.87	46	-16.08	45	-45.82	40	0.02	46	-0.15	41	-0.08	49	-80.12	6
1761	22220145	38.72		-0.22	10	1.09	52	-10.11	51	-43.57	26	-0.12	51	-0.14	15	-0.10	27		
1762	21215007	38.08		-1.70	43	-2.16	51	-51.30	50	32.58	43	-0.04	51	0.13	43	-0.02	49		
1763	65111567	37.98	101.55	0.92	54	0.59	57	-23.48	56	-26.97	53	0.04	57	-0.01	53	-0.05	59	1352.73	47
1764	15210331*	37.79		1.67	50	-2.87	50	-19.55	50	-27.70	44	0.04	51	-0.16	45	0.31	53		
1765	22219801	37.62		-1.24	18	-2.43	51	20.26	53	-78.69	47	-0.14	51	-0.28	48	0.04	18		
1766	22316108*	37.09		-0.06	2	-1.67	43	-41.72	42	9.43	37	0.29	43	-0.04	38	-0.05	47		
1767	15210729*	36.74		-0.08	14	-3.16	48	-16.79	48	-25.44	43	0.02	49	-0.05	43	-0.10	52		
1768	13219937	36.52	80.70	-2.23	51	-6.88	57	-23.73	56	2.32	50	-0.13	55	0.25	50	0.08	21	655.66	16
1769	21216025*	36.49		0.28	43	-2.28	51	-41.32	50	8.41	43	-0.11	51	0.02	43	0.15	49		
1770	22219635	36.36	69.32	1.08	9	-1.07	50	0.16	49	-61.33	43	-0.20	50	-0.14	43	-0.07	50	261.90	4
1771	15210418*	36.01		-0.36	14	-3.77	58	-17.01	58	-23.22	51	-0.12	59	0.01	51	-0.13	52		
1772	22220321	35.99	78.15	-0.86	20	-4.40	57	-17.42	56	-19.15	30	-0.16	56	0.04	30	0.02	20	577.73	13
1773	22218009	35.85		0.02	4	1.16	48	-26.03	47	-22.94	46	0.12	48	-0.06	42	0.20	51		
1774	22218117	35.85	64.80	-0.34	23	-0.02	55	-8.87	56	-45.00	50	-0.15	54	0.01	51	-0.15	58	114.67	10
1775	41118297	35.44		-0.18	53	-0.35	35	-22.99	58	-23.56	53	-0.43	58	0.29	54	-0.15	59		
1776	41218138	35.35		-1.92	46	0.72	4	-1.75	4	-52.06	39	0.03	2	-0.04	2	—	—		
1777	37110043*	35.29	49.66	-0.74	33	-2.07	61	-3.36	60	-47.47	54	-0.01	61	-0.21	54	0.11	61	-401.80	50
1778	15618337	35.28	61.24	2.86	46	-0.99	49	-23.00	48	-33.92	13	-0.06	15	-0.08	11	-0.07	8	2.54	2
1779	15205036*	34.84	58.61	-0.07	5	-3.47	45	-20.47	44	-20.86	39	-0.12	46	0.00	40	-0.08	48	-80.12	3
1780	15617939	34.52		-0.55	56	-3.19	57	2.12	56	-54.61	51	-0.01	56	-0.29	50	0.04	57		
	22217355*																		

（续）

序号	牛号	CBI	TPI	体型外貌评分		初生重		6月龄体重		18月龄体重		6~12月龄日增重		13~18月龄日增重		19~24月龄日增重		4%乳脂率校正奶量	
				EBV	r²(%)	EBV	r²(%)	EBV	r²(%)	EBV	r²(%)	EBV	r²(%)	EBV	r²(%)	EBV	r²(%)	EBV	r²(%)
1781	37110638*	34.26	78.65	0.34	54	-0.11	56	-4.29	56	-55.93	52	-0.08	57	-0.18	52	0.11	58	631.36	23
1782	15210622*	34.03		-2.76	49	-2.09	49	-18.05	48	-18.25	43	0.03	49	-0.03	43	-0.16	52		
1783	53217204	33.77		-0.94	22	-0.12	54	-8.94	54	-44.28	46	-0.25	53	-0.05	46	-0.06	54		
1784	36111710	33.64		0.08	45	-1.16	45	-13.73	44	-38.49	38	0.38	45	-0.49	39	0.23	48		
1785	22419191	32.85	57.82	-0.49	15	-3.03	50	-9.98	49	-38.24	42	-0.10	49	-0.10	43	-0.03	49	-66.00	2
1786	15217005	32.81		1.42	46	-3.58	45	-20.16	45	-28.74	39	0.13	46	-0.16	40	0.27	49		
1787	15217143*	32.69		0.69	58	-1.61	61	-18.15	61	-33.87	56	-0.36	61	0.15	57	0.10	62		
1788	15204009*	32.38		-2.51	44	-4.09	46	-9.99	45	-28.28	39	-0.09	46	-0.05	40	-0.11	48		
1789	65111577	32.30	87.19	1.02	54	1.16	57	-20.94	56	-37.94	52	0.02	57	-0.08	53	-0.01	59	970.49	46
1790	22219727	31.92	57.19	-0.76	18	-3.26	50	10.53	52	-68.95	47	-0.09	50	-0.33	45	-0.09	28	-68.39	11
1791	15510X32*	31.44		-0.56	47	3.11	47	-17.92	46	-41.97	42	-0.04	47	-0.07	41	-0.01	50		
1792	65112583*	31.42	67.16	-0.84	52	0.47	53	-11.55	52	-44.29	48	-0.02	53	-0.13	48	0.02	55	290.00	46
1793	41319767	31.07		-0.45	23	-1.76	38	-13.84	57	-37.22	53	-0.08	57	-0.05	52	0.14	35		
1794	11111905*	30.60		-1.48	48	-2.24	58	-10.11	58	-38.22	53	-0.27	59	0.04	54	-0.15	51		
1795	22219663	30.26		0.04	1	-0.68	51	12.20	50	-82.41	43	-0.14	51	-0.39	43	-0.26	50		
1796	37109017*	30.18	68.93	0.41	51	-2.29	51	-12.63	50	-41.95	46	-0.06	51	-0.12	47	0.10	54	377.80	14
1797	41317059	29.18		-0.94	54	-3.12	55	-1.64	55	-52.50	50	-0.12	55	-0.11	50	-0.12	56		
	41117216																		
1798	15217124*	29.04		-0.58	56	-1.33	58	-14.59	59	-38.50	52	-0.28	58	0.06	53	0.08	59		
1799	22118015	28.91		-0.88	49	-0.46	53	-7.92	53	-49.79	46	-0.07	53	-0.18	47	0.28	54		
1800	11109009	27.95		0.07	44	-5.91	80	-41.77	80	10.72	45	-0.26	54	0.21	45	-0.26	48		
1801	14110628	27.81	67.51	1.21	51	-2.66	51	-24.26	50	-28.54	46	0.02	51	-0.03	47	0.21	54	377.80	14
1802	11108712*	27.64	86.42	-0.83	52	-2.62	53	-35.25	52	-4.05	47	0.18	52	0.06	48	0.03	55	1041.21	47
1803	11109006*	27.15		0.02	44	-2.88	81	-46.92	81	10.73	42	-0.12	54	0.08	42	0.06	51		
1804	37108410*	25.04	38.85	0.06	48	-3.92	50	-12.63	49	-41.46	44	-0.09	50	-0.09	45	0.16	53	-564.39	44
1805	21114750*	24.83	58.92	-0.64	53	-3.30	53	-22.24	53	-25.71	49	0.06	53	-0.13	49	0.07	56	140.43	18
1806	13117582	24.42		0.20	4	-2.31	49	-27.22	48	-24.11	43	-0.03	49	-0.02	43	0.05	52		
1807	22219559	24.11		0.63	15	-0.45	55	0.92	57	-73.70	52	-0.09	56	-0.42	52	0.00	57		

（续）

序号	牛号	CBI	TPI	体型外貌评分		初生重		6月龄体重		18月龄体重		6~12月龄日增重		13~18月龄日增重		19~24月龄日增重		4%乳脂率校正奶量	
				EBV	r²(%)	EBV	r²(%)	EBV	r²(%)	EBV	r²(%)	EBV	r²(%)	EBV	r²(%)	EBV	r²(%)	EBV	r²(%)
1808	15205151*	23.51		-1.06	8	-3.01	48	-8.88	47	-46.50	41	-0.06	47	-0.25	41	-0.09	49		
1809	43117101	23.45		0.33	25	1.81	53	-14.45	52	-55.06	47	0.01	52	-0.18	47	0.29	54		
1810	15208051*	23.02		-1.34	5	-2.43	50	-30.72	49	-13.79	43	-0.24	50	0.21	44	-0.01	53		
1811	15210605*	22.87		0.65	52	-3.03	52	-27.55	51	-25.05	46	0.03	52	-0.06	46	-0.03	55		
1812	53110215	22.06		1.30	47	1.52	50	-44.32	50	-13.62	44	0.18	50	-0.05	45	-0.12	52		
1813	15210408*	21.49		-2.92	46	-0.38	45	-14.18	44	-39.42	39	0.02	45	-0.22	39	0.31	49		
1814	15619036	21.49		0.53	5	5.44	18	-37.11	50	-31.71	5	-0.03	15	-0.04	1	—	—		
1815	22218109	21.45	37.49	-0.95	18	-2.31	54	1.69	53	-66.75	48	-0.15	54	-0.10	49	-0.15	56	-536.81	12
1816	15617971 22217633	20.15		1.57	64	-1.67	67	-30.92	67	-29.28	62	-0.13	67	0.11	63	-0.11	67		
1817	22219675	19.61	49.70	-0.62	8	-2.16	50	-3.28	50	-62.49	43	-0.17	50	-0.14	43	-0.16	51	-72.25	4
1818	41415163	18.61	51.60	-0.48	50	-3.83	51	-24.83	50	-26.89	45	0.04	51	-0.09	46	0.18	54	15.10	4
1819	53119384	17.77		-1.64	14	-1.03	38	-17.54	57	-41.13	52	-0.06	57	-0.12	53	0.01	33		
1820	15617951 22217415	17.61	45.92	-0.24	47	-0.71	52	-31.00	52	-26.84	47	-0.06	53	0.15	47	-0.15	55	-161.98	2
1821	43117100	17.39		0.80	25	-0.45	53	-24.94	52	-41.00	47	0.05	52	0.01	47	0.05	53		
1822	15210322*	13.71		-1.46	46	-2.06	45	-15.68	44	-45.99	39	-0.04	46	-0.19	40	0.37	49		
1823	43117103	11.67		0.60	24	0.38	54	-20.93	53	-53.73	47	0.08	52	-0.18	47	0.26	54		
1824	22120029	11.31		0.13	12	0.61	26	-45.65	54	-14.90	26	-0.06	54	0.03	26	0.01	28		
1825	36110808	9.53	59.29	-0.21	48	0.38	49	-19.00	48	-55.55	43	-0.09	48	-0.06	43	0.32	51	473.79	14
1826	22219929	8.87		-0.68	12	0.89	46	-19.53	46	-54.77	38	0.00	45	-0.20	38	—	—		
1827	15205072*	8.33		-2.50	46	-3.91	46	-25.60	45	-27.30	40	0.04	47	-0.08	41	-0.06	49		
1828	13117580	7.45		-0.60	4	-3.01	49	-24.74	48	-38.98	43	0.01	49	-0.12	43	0.08	52		
1829	11114709*	6.69	15.43	-2.03	54	-3.50	56	-20.55	55	-39.39	50	-0.11	55	0.02	50	0.18	57	-997.44	49
1830	36111807	6.55		0.06	45	0.08	45	-27.50	44	-45.62	38	0.46	45	-0.55	39	0.22	48		
1831	15210414*	6.00	41.30	0.31	7	-5.09	41	-21.25	41	-44.18	36	-0.07	41	-0.12	36	-0.01	4	-80.12	3
1832	22219689	5.70	37.23	-0.22	5	-1.35	53	-2.04	53	-80.91	45	-0.15	52	-0.33	45	-0.12	13	-215.98	2
1833	22219805	5.12		0.42	11	-0.34	54	3.74	53	-95.23	49	-0.17	52	-0.34	46	0.05	28		

（续）

序号	牛号	CBI	TPI	体型外貌评分		初生重		6月龄体重		18月龄体重		6~12月龄日增重		13~18月龄日增重		19~24月龄日增重		4%乳脂率校正奶量	
				EBV	r²(%)	EBV	r²(%)	EBV	r²(%)	EBV	r²(%)	EBV	r²(%)	EBV	r²(%)	EBV	r²(%)	EBV	r²(%)
1834	13118550	4.33	48.92	-0.39	5	-5.13	49	-24.12	49	-38.53	44	-0.06	50	-0.08	44	-0.08	53	220.45	4
1835	37109013*	3.66	53.02	0.43	51	-3.84	51	-21.13	50	-50.04	46	-0.04	51	-0.13	47	0.12	54	377.80	14
1836	37109011*	1.07	51.47	0.59	21	-3.10	51	-21.95	50	-53.61	46	-0.07	51	-0.12	47	0.11	54	377.80	14
1837	22219003	0.60		1.42	18	-5.53	27	-28.11	53	-41.94	49	-0.18	52	-0.05	45	-0.26	53		
1838	37109025*	-1.03	50.21	0.60	21	-2.31	51	-13.82	50	-69.99	46	-0.16	51	-0.17	47	0.18	54	377.80	14
1839	22219557	-1.04		0.74	13	-0.31	52	-11.54	52	-78.88	50	0.31	52	-0.15	21	-0.01	57		
1840	37109015*	-1.51	49.92	0.68	21	-2.65	51	-16.02	51	-66.55	46	-0.20	52	-0.10	47	0.30	54	377.80	14
1841	36111722	-2.85		1.18	45	0.45	45	-35.44	44	-47.47	38	0.46	45	-0.52	39	0.21	48		
1842	37110012*	-2.91	42.54	1.30	29	-2.69	58	-18.62	57	-66.18	51	-0.13	57	-0.18	51	0.03	57	149.74	21
1843	36111719	-3.89		1.08	45	-1.15	45	-33.60	44	-47.00	38	0.48	45	-0.54	39	0.25	48		
1844	15619531	-5.81		2.30	17	6.85	50	11.28	20	-141.69	43	-0.09	19	0.03	15	-0.24	14		
1845	22219637	-7.10	37.68	0.24	4	-0.76	51	-5.46	51	-90.84	44	-0.11	51	-0.38	45	-0.26	51	67.83	2
1846	37109023*	-7.37	46.40	0.35	51	-3.33	51	-19.76	50	-63.37	46	-0.13	51	-0.11	47	0.15	54	377.80	14
1847	11114702*	-8.14	6.65	-0.67	54	-3.56	62	-18.07	61	-62.18	54	-0.16	60	-0.05	55	0.09	61	-993.50	49
1848	22219809	-8.89		0.34	13	-1.33	54	0.03	53	-99.94	45	-0.02	53	-0.08	14	-0.05	8		
1849	13209X02 15509X02	-8.91		1.57	47	-2.73	46	-19.97	46	-70.67	42	-0.11	46	-0.19	41	-0.24	50		
1850	22219623	-9.16	30.31	-0.09	5	0.02	52	-10.52	51	-85.61	44	-0.12	51	-0.34	45	-0.18	51	-146.36	3
1851	22218113	-9.90		-1.15	4	-0.48	14	-2.62	49	-93.10	44	-0.26	50	-0.22	44	-0.18	53		
1852	15618019 22118109	-10.21		0.32	13	0.04	26	-33.84	56	-52.48	50	0.10	56	-0.14	50	-0.34	58		
1853	11114710	-11.54	68.48	-1.10	59	-6.84	87	-26.39	85	-43.00	70	-0.23	76	0.19	69	0.12	59	1235.57	50
1854	22218123	-12.84	30.56	-0.36	5	0.88	11	-0.05	48	-106.14	41	-0.40	48	-0.24	42	-0.38	51	-60.73	3
1855	22218107	-13.69	16.40	-0.22	19	-2.20	53	-24.05	54	-63.23	49	-0.02	53	-0.18	50	-0.07	55	-536.81	12
1856	15619517	-14.55		0.40	4	-1.22	50	-2.82	24	-101.36	40	-0.05	16	-0.02	2	0.01	4		
1857	22316023	-15.44		-0.16	20	1.11	52	-31.42	52	-61.81	47	-0.01	53	-0.18	48	0.18	55		
1858	37109027*	-21.90	37.69	0.57	51	-4.10	51	-23.91	50	-69.58	46	-0.16	51	-0.14	47	0.22	54	377.80	14
1859	11110687*	-22.19	16.31	-0.59	48	-3.74	50	-39.30	49	-42.64	45	-0.02	50	0.02	45	-0.11	52	-362.06	42

（续）

序号	牛号	CBI	TPI	体型外貌评分 EBV	r²(%)	初生重 EBV	r²(%)	6月龄体重 EBV	r²(%)	18月龄体重 EBV	r²(%)	6~12月龄日增重 EBV	r²(%)	13~18月龄日增重 EBV	r²(%)	19~24月龄日增重 EBV	r²(%)	4%乳脂率校正奶量 EBV	r²(%)
1860	22316305	-33.85		-1.31	49	0.47	32	-40.62	54	-58.91	50	-0.09	55	-0.11	50	0.30	57		
1861	11104566*	-35.38		1.06	55	-11.14	87	-64.07	86	-5.47	68	-0.25	73	0.23	65	-0.16	69		
1862	11114705	-36.53	53.49	-0.71	55	-4.76	56	-35.86	55	-58.38	51	-0.23	56	0.14	51	0.18	57	1235.57	50
1863	11114701	-51.29	44.63	-1.00	55	-3.91	56	-43.73	55	-61.05	51	-0.19	56	0.15	51	0.12	57	1235.57	50
1864	37109021*	-54.17	18.32	0.67	21	-1.07	51	-29.21	51	-99.34	46	-0.29	52	-0.18	47	0.30	54	377.80	14
1865	37109019*	-84.89	-0.11	0.58	21	-1.00	51	-39.32	50	-112.38	46	-0.38	51	-0.11	47	0.27	54	377.80	14
1866	22219403	-90.26		-1.03	11	1.23	34	-36.31	56	-121.18	49	-0.01	55	-0.14	27	-0.15	56		
1867	22212927	-115.98		0.37	52	-1.54	63	-168.83	52	59.23	48	-0.40	54	1.06	49	-0.03	56		
1868	22212913*	-271.57		-0.39	25	1.96	30	-246.07	53	26.68	27	0.01	30	0.03	27	-0.07	29		
1869	15215618*			-0.19	45	0.59	44	—	—	—	—	—	—	—	—	—	—		
1870	15208219*			—	—	0.32	2	1.40	2	-0.26	2	-0.04	2	—	2	0.03	2		
1871	15208133*			-0.28	2	0.10	1	-2.16	1	—	—	-0.01	1	—	—	-0.01	1		
1872	15208121*			—	—	-3.38	48	-13.96	47	-7.63	38	-0.02	44	0.02	38	-0.10	48		
1873	15207246*			—	—	-2.53	44	7.86	43	-19.76	37	-0.05	44	-0.14	38	0.16	47		
1874	15207213*			—	—	0.66	2	-5.02	2	-3.19	2	-0.02	2	-0.02	2	0.02	2		
1875	15207202*			—	—	-0.56	44	4.45	43	-20.22	38	-0.17	45	-0.03	39	-0.03	48		
1876	15205143*			—	—	-1.34	44	-1.15	43	-45.63	37	-0.07	44	-0.22	38	-0.05	47		
1877	15205027*			—	—	—	—	-23.53	43	-21.77	38	-0.07	44	-0.01	38	-0.13	47		
1878	15200304*			—	—	0.31	3	-9.75	44	-17.37	38	—	—	-0.05	38	0.02	48		
1879	22218615			—	—	-0.65	44	13.41	43	-13.14	39	-0.07	45	-0.05	39	0.14	49		
1880	22417093			-2.73	46	—	—	—	—	—	—	—	—	—	—	—	—		
1881	22417141			-0.83	45	—	—	—	—	—	—	—	—	—	—	—	—		
1882	22417143			0.59	44	—	—	—	—	—	—	—	—	—	—	—	—		
1883	22417157			-1.30	46	—	—	—	—	—	—	—	—	—	—	—	—		
1884	22417161			-0.56	45	—	—	—	—	—	—	—	—	—	—	—	—		
1885	22418017			-0.06	9	—	—	—	—	—	—	—	—	—	—	—	—		
1886	22418019			-0.12	12	-0.09	2	-0.42	2	—	—	—	—	—	—	0.03	1		
1887	41218763			-0.70	45	—	—	—	—	-4.21	38	—	—	—	—	—	—		

（续）

（续）

序号	牛号	CBI	TPI	体型外貌评分		初生重		6月龄体重		18月龄体重		6~12月龄日增重		13~18月龄日增重		19~24月龄日增重		4%乳脂率校正奶量	
				EBV	r²(%)	EBV	r²(%)	EBV	r²(%)	EBV	r²(%)	EBV	r²(%)	EBV	r²(%)	EBV	r²(%)	EBV	r²(%)
1888	41218114			-1.26	44	—	—	—	—	-10.16	37	—	—	—	—	—	—	—	—
1889	41218149			-1.02	45	—	—	—	—	-30.75	38	—	—	—	—	—	—	—	—
1890	41218832			-0.87	44	—	—	—	—	3.40	37	—	—	—	—	—	—	—	—
1891	41218871			-0.19	45	0.57	4	—	—	-35.95	38	—	—	-0.02	4	—	—	—	—
1892	41419110			—	—	-1.11	46	-1.13	45	2.92	39	—	46	0.02	40	—	—		

＊　表示该牛已经不在群，但有库存冻精。

— 　表示该表型值缺失，且无法根据系谱信息估计出育种值。

表4-1-4 西门塔尔牛估计育种值（后裔测定）

序号	牛号	CBI	TPI	体型外貌评分 EBV	r²(%)	初生重 EBV	r²(%)	6月龄体重 EBV	r²(%)	18月龄体重 EBV	r²(%)	6~12月龄日增重 EBV	r²(%)	13~18月龄日增重 EBV	r²(%)	19~24月龄日增重 EBV	r²(%)	4%乳脂率校正奶量 EBV	r²(%)	后裔测定头数
1	37115676	241.95	180.31	1.34	52	7.68	55	23.72	54	72.56	48	0.19	54	0.18	49	-0.20	56	-169.60	48	6
2	53114303	195.93		1.07	52	-1.41	77	29.52	82	43.69	64	-0.04	71	0.10	62	0.02	56			18
	22114007																			
3	37115670	185.38	154.22	-0.54	57	0.07	60	15.81	59	57.50	54	0.04	60	0.20	54	0.06	60	104.38	52	10
4	37115675	183.44	168.27	1.86	49	-1.50	51	6.89	51	63.86	43	0.33	51	-0.01	44	-0.06	52	635.22	47	4
5	15216111	175.39		3.47	56	-0.61	62	7.44	60	47.11	52	-0.05	58	0.31	53	-0.12	59			4
6	15216113	173.71		3.26	57	-2.73	59	4.63	59	55.79	52	0.14	58	0.14	52	-0.06	59			1
7	37114617	171.43	165.44	0.30	53	2.58	53	2.30	81	55.84	59	0.14	56	0.10	59	-0.07	57	788.11	50	26
8	37114663	168.94	158.40	0.99	51	-1.77	53	13.28	77	44.53	48	0.13	53	0.07	56	0.01	55	594.45	44	22
9	41413143	165.51		0.70		2.15		8.13	80	40.86	56	0.19	59	0.06	56	-0.23	60			32
10	15215734	165.49		-1.44	53	4.07	62	11.94	64	38.64	58	0.04	62	0.08	58	-0.02	60			10
11	53114305	159.18		-0.17	49	3.66	50	29.07	61	2.56	45	-0.16	51	-0.05	45	0.00	53			5
	22114015																			
12	53115344	157.97		0.98	50	0.33	53	-2.06	52	52.76	47	0.34	53	0.03	48	0.08	55			5
13	37117677	153.80	135.31	1.66	52	-1.55	78	3.76	76	41.85	47	0.10	69	0.15	48	-0.05	55	105.81	43	1
14	65115505	153.23		0.71	49	2.24	48	4.25	47	35.07	42	-0.03	48	0.06	43	0.03	52			1
15	15217112	150.98		1.02	57	-2.11	67	11.73	68	30.83	50	0.17	60	0.08	53	-0.29	58			5
16	37114662	150.42	141.95	-0.97	52	-1.66	53	11.14	67	37.83	48	0.12	53	0.05	49	0.07	56	408.34	44	8
17	22214331	149.40		-0.32	52	0.30	53	15.38	52	23.11	47	0.04	53	0.06	48	0.08	55			5
18	65117502	148.01		1.18	50	0.48	19	1.11	49	37.45	44	-0.08	50	0.13	45	0.04	53			2
19	65115504	139.52	164.08	2.30	48	0.50	49	5.61	48	18.23	42	-0.04	49	0.06	43	0.05	51	1408.88	44	4
20	15215736	138.08		1.50	53	2.91	64	-6.30	61	32.41	57	0.04	60	-0.01	54	-0.09	63			11
21	37117681	138.05	125.45	2.88	50	0.57	68	-11.67	65	40.93	46	0.25	58	0.07	47	-0.12	54	91.31	49	8
22	15213427	135.17	111.82	0.09	52	1.20	61	16.41	68	4.47	49	-0.05	59	-0.07	49	0.08	56	-323.89	22	10
23	37117678	134.62	119.02	2.26	51	-0.22	70	-4.49	70	31.03	49	0.13	55	0.06	50	-0.03	56	-60.99	43	8
24	15614999	133.73		0.60	52	-2.20	58	16.88	57	8.65	53	-0.20	58	-0.02	53	0.10	60			9
	22214339																			
25	41413140	131.85		-0.39	58	-1.36	85	-3.37	83	39.74	67	0.12	72	0.22	68	-0.14	72			13

（续）

序号	牛号	CBI	TPI	体型外貌评分 EBV	r²(%)	初生重 EBV	r²(%)	6月龄体重 EBV	r²(%)	18月龄体重 EBV	r²(%)	6~12月龄日增重 EBV	r²(%)	13~18月龄日增重 EBV	r²(%)	19~24月龄日增重 EBV	r²(%)	4%乳脂率校正奶量 EBV	r²(%)	后裔测定头数
26	37114661	129.77	104.08	0.41	49	-1.53	52	-6.88	68	40.49	46	0.18	51	0.04	46	0.01	54	-481.03	44	10
27	22116067	129.51		0.37	53	0.32	73	-9.78	81	40.37	59	-0.04	67	0.17	59	-0.21	65			38
28	65115503	129.44	156.59	1.56	48	1.00	48	2.30	47	15.53	42	-0.04	48	0.05	43	0.01	51	1358.57	43	4
29	41416121	128.72		2.03	48	3.42	65	-7.62	69	22.39	54	0.00	62	0.14	55	0.03	62			8
30	41213428 64113428*	128.18	117.58	2.10	51	-0.97	51	3.80	53	14.73	48	0.00	51	0.08	49	0.04	54	23.41	13	1
31	65116520	123.74		-0.95	49	-1.45	49	-1.85	48	32.22	43	-0.05	49	0.13	44	0.15	52			9
32	41215403 64115314	119.59	117.78	0.31	53	1.06	54	0.11	54	14.38	49	0.08	54	0.03	50	0.11	56	210.27	15	5
33	41213429 64113429*	119.36	112.07	1.78	51	-1.44	51	0.35	67	14.15	46	0.05	51	0.03	46	-0.03	54	15.72	13	9
34	22215511	118.38		-0.98	51	-0.12	58	26.68	59	-19.64	50	-0.09	55	-0.15	50	0.03	55			7
35	41417124	117.37		1.69	53	-2.65	70	-13.82	64	37.29	50	0.18	63	0.07	50	0.11	56			10
36	41115274	114.60	98.16	0.43	47	0.20	50	-6.42	50	21.34	45	-0.09	51	0.16	45	0.14	53	-369.88	2	2
37	15611345 22211145	114.38		2.12	49	-2.96	48	-15.31	48	35.87	42	0.31	49	-0.04	43	0.16	51			14
38	15216234*	112.34		1.36	51	2.09	78	11.09	82	-15.79	64	-0.20	71	-0.05	65	0.02	71			39
39	41414150	111.48		1.07	52	-0.52	53	2.42	79	4.14	61	0.14	53	0.03	61	0.02	55			30
40	22217029	110.80		1.72	64	-1.53	74	-3.60	74	12.66	63	-0.40	69	0.34	63	0.00	67			10
41	41114264	107.60		0.21	57	1.32	56	-4.13	56	9.43	52	-0.02	57	0.05	52	0.05	59			8
42	53115353	107.49		-0.24	51	0.28	54	-14.34	54	29.24	48	0.04	54	0.06	48	0.13	54			6
43	41217469	106.80		0.90	52	0.80	56	10.76	65	-15.56	47	-0.17	60	-0.06	47	0.06	54			7
44	65116517	106.47		1.37	51	-0.37	68	-14.88	81	24.45	51	0.09	62	0.06	51	0.07	59			43
45	53114309 22114031	106.08		1.84	52	1.63	63	4.38	75	-12.10	59	-0.07	26	-0.17	46	-0.05	55			22
46	65116511	104.94		-0.32	57	-3.69	69	-5.64	77	23.43	57	0.29	62	-0.24	58	0.44	64			23
47	15213327	104.07		-0.77	58	2.11	62	2.02	75	-1.42	57	-0.08	64	0.07	57	0.24	59			10
48	41213426	100.73	105.95	1.10	54	-1.76	55	-5.87	72	9.68	50	0.10	55	0.01	50	0.08	57	192.51	17	14

（续）

序号	牛号	CBI	TPI	体型外貌评分		初生重		6月龄体重		18月龄体重		6~12月龄日增重		13~18月龄日增重		19~24月龄日增重		4%乳脂率校正奶量		后裔测定头数
				EBV	r²(%)	EBV	r²(%)	EBV	r²(%)	EBV	r²(%)	EBV	r²(%)	EBV	r²(%)	EBV	r²(%)	EBV	r²(%)	
	64113426*																			
49	22211106	99.60		1.46	52	-0.19	52	-11.03	63	11.34	52	0.18	52	0.07	52	0.02	54			5
50	41116220	99.14	105.17	0.43	53	-4.20	76	-2.68	77	11.80	58	0.04	63	0.00	56	0.21	63	198.51	4	28
51	11117951*	99.02		1.12	55	-0.21	58	-11.55	58	12.96	53	0.20	58	-0.13	53	0.64	59			10
52	22117019*	98.62		-0.56	54	4.19	56	3.51	57	-14.64	52	-0.08	57	-0.10	53	-0.25	58			9
53	41215411	98.45	83.45	0.29	46	1.90	63	-9.94	75	8.07	46	0.04	52	-0.04	47	0.03	56	-545.01	43	29
54	15215509	97.93	97.32	0.22	52	-2.91	70	-7.76	76	16.15	50	0.23	56	0.02	48	-0.02	58	-50.34	12	32
55	11117939*	95.45		0.80	54	-0.89	56	-14.98	56	17.77	51	0.29	56	-0.17	51	0.52	58			2
56	15215324	95.31		-0.18	55	0.52	73	-0.26	79	-4.55	58	0.01	64	-0.13	59	0.06	65			31
57	41115278	94.33		0.09	53	-0.35	72	-5.62	79	3.81	59	-0.08	66	0.10	60	0.06	66			24
58	22217027	92.41		1.43	64	-2.86	80	-14.77	78	16.93	63	-0.26	74	0.32	63	-0.05	67			16
59	15215731*	90.26		0.13	18	2.93	60	-15.74	61	7.43	54	0.37	62	-0.26	55	-0.11	61			9
60	41115276	90.13	93.67	0.60	48	-1.52	53	-15.47	53	15.85	48	0.04	53	0.13	48	0.14	55	-14.18	9	6
61	11116911*	89.61		-1.54	48	-3.62	69	11.43	80	-12.51	48	-0.05	59	-0.14	49	0.26	57			33
62	65114501	89.54	116.48	0.76	52	-0.94	53	-3.73	76	-4.73	50	0.09	53	0.00	51	0.02	56	793.99	46	24
63	41115288	89.09		0.68	53	-2.96	69	-17.45	74	21.08	59	-0.14	64	0.21	60	0.16	65			19
64	11117952*	88.66		1.32	55	-1.78	56	-16.20	56	13.43	51	0.30	56	-0.21	51	0.49	58			2
65	15213505*	86.09		-2.59	49	5.06	50	-16.57	52	10.19	44	0.12	50	-0.04	45	0.11	53			2
66	11116921*	84.97		-1.26	57	-2.73	68	5.32	79	-10.72	57	0.15	62	-0.34	58	0.29	62			33
67	41415156	84.94	89.17	-0.28	46	0.20	46	-8.48	46	-0.48	40	0.10	47	-0.03	41	0.08	50	-62.55	3	4
68	15611344	84.04		2.13	49	-2.25	48	-27.76	48	24.84	42	0.32	49	-0.05	43	0.11	51			26
	22211144*																			
69	65116513*	81.10		-0.18	57	-4.30	74	-24.47	81	30.95	60	0.40	64	-0.27	60	0.28	66			35
70	41114212	76.47		0.62	56	-0.41	65	-23.85	64	13.16	60	0.20	65	0.00	61	0.10	64			12
71	11116912*	75.92		-1.73	57	-3.69	79	-5.63	82	1.75	56	0.24	64	-0.30	56	0.24	62			35
72	22117027	74.25		-1.12	54	3.38	71	8.43	70	-40.84	53	-0.08	65	-0.26	54	0.22	60			2
73	65113594	72.14	119.18	0.38	51	1.11	52	-6.43	52	-20.34	47	-0.11	52	0.02	47	-0.18	55	1252.64	45	4
74	22116019	68.82		0.44	51	4.21	77	-2.24	84	-37.60	62	-0.09	72	-0.19	63	0.41	69			32

（续）

序号	牛号	CBI	TPI	体型外貌评分		初生重		6月龄体重		18月龄体重		6~12月龄日增重		13~18月龄日增重		19~24月龄日增重		4%乳脂率校正奶量		后裔测定头数
				EBV	r^2(%)	EBV	r^2(%)	EBV	r^2(%)	EBV	r^2(%)	EBV	r^2(%)	EBV	r^2(%)	EBV	r^2(%)	EBV	r^2(%)	
75	41217462	64.92	78.49	1.21	49	-2.40	72	-21.78	76	1.72	50	-0.07	73	0.47	49	0.08	57	-16.17	1	2
76	41114232*	62.48		0.83	52	-4.30	59	-23.07	58	7.49	52	-0.09	57	0.19	52	-0.06	59			8
77	41114250	60.05		1.08	51	-3.05	58	-29.31	57	10.79	51	-0.12	57	0.27	51	-0.06	58			8

* 表示该牛已经不在群，但有库存冻精。

表4-1-5　西门塔尔牛基因组估计育种值（GCBI排名）

排名	牛号	GCBI	产犊难易度		断奶重（kg）		育肥期日增重（kg/d）		胴体重（kg）		屠宰率（%）	
			GEBV	Rank（%）	GEBV	Rank（%）	GEBV	Rank（%）	GEBV	Rank（%）	GEBV	Rank（%）
1	15208131*	299.54	0.22	65	61.57	1	0.13	1	35.82	1	0.0017	10
2	41418135	247.17	0.23	65	64.63	1	0.03	10	10.23	10	-0.0010	85
	15618937											
3	53114303	230.70	0.06	50	74.64	1	0.02	10	-12.94	90	-0.0016	95
	22114007											
4	41113268	226.17	-0.46	20	35.10	5	-0.04	65	40.88	1	-0.0024	99
5	15217181	218.21	0.23	65	39.92	5	0.05	5	20.51	5	0.0007	25
6	41117268	215.24	-0.03	45	49.22	5	0.02	10	9.28	10	-0.0004	70
7	41116242*	214.39	-0.31	25	31.84	10	-0.02	35	34.92	1	-0.0013	90
8	22218119	209.87	-0.01	45	58.23	1	-0.03	55	0.27	45	0.0001	50
9	53114305	209.25	-0.10	35	49.60	5	0.03	5	3.10	30	0.0003	40
	22114015											
10	15216542	205.01	0.47	80	32.55	10	0.08	1	18.75	5	0.0008	25
11	41117266	204.01	0.28	65	54.41	1	0.01	15	-3.07	60	0.0008	20
12	15217171	203.13	-0.13	35	38.93	5	0.05	5	10.74	10	-0.0008	85
13	15618939	202.11	-0.29	25	43.54	5	0.01	15	8.79	10	0.0002	40
	22118025											
14	15611345	200.39	-0.23	30	11.65	35	0.02	10	47.60	1	-0.0004	70
	22211145											
15	41418131	198.16	0.13	55	41.74	5	0.03	5	6.67	15	-0.0003	65
	15618935											
16	15217893	197.70	0.36	75	51.31	5	-0.03	55	1.88	35	0.0011	15
17	15217182	196.57	-0.12	35	27.93	10	0.04	5	21.74	5	0.0003	35
18	22217091*	191.87	0.11	55	28.25	10	0.04	5	19.52	5	0.0012	15
19	15617923	190.62	0.20	60	44.53	5	-0.02	40	4.22	25	0.0004	35
	22217323											
20	15219124	190.62	-0.51	20	31.68	10	0.00	15	16.55	5	-0.0008	80
21	22217321	190.03	0.55	85	45.71	5	0.01	10	-0.59	50	-0.0002	60

（续）

排名	牛号	GCBI	产犊难易度		断奶重（kg）		育肥期日增重（kg/d）		胴体重（kg）		屠宰率（%）	
			GEBV	Rank（%）	GEBV	Rank（%）	GEBV	Rank（%）	GEBV	Rank（%）	GEBV	Rank（%）
22	15217244	187.84	0.18	60	37.06	5	0.05	5	3.59	25	-0.0012	90
23	15217229	185.52	0.21	60	42.52	5	0.04	5	-3.67	65	-0.0017	95
24	15216581	183.28	0.13	55	30.24	10	-0.04	65	20.15	5	-0.0001	60
25	22119161	180.25	0.22	65	34.25	5	0.03	5	4.63	20	-0.0003	65
26	15617930	179.86	-0.65	15	42.23	5	0.01	15	-4.93	70	0.0002	45
	22217330											
27	15618943	179.50	0.01	45	40.61	5	0.02	10	-2.29	60	-0.0007	80
	22118051											
28	22218605	179.12	0.29	70	38.58	5	0.02	10	0.58	40	0.0002	45
29	22219405	179.10	-0.07	40	37.86	5	0.00	15	2.03	35	-0.0003	65
30	22217313	175.42	-0.17	30	47.14	5	-0.02	35	-10.25	85	0.0000	55
31	15215421*	175.18	-0.38	25	32.51	10	0.02	10	4.08	25	-0.0004	65
32	15216234*	175.10	-0.08	40	37.77	5	0.01	15	-1.21	50	0.0000	55
33	22119081	173.93	0.41	75	29.76	10	0.04	5	6.68	15	0.0007	25
34	41115284	173.25	-0.92	10	29.47	10	0.03	5	3.43	25	-0.0005	75
35	15218661	172.58	0.16	60	34.78	5	-0.03	60	6.86	15	0.0005	35
36	15217001	172.33	-0.20	30	38.17	5	-0.04	70	2.45	30	-0.0005	70
37	15215510	170.52	0.35	70	44.32	5	-0.06	80	-3.30	60	0.0012	15
38	22217315	170.32	-0.10	35	41.61	5	-0.02	35	-6.10	75	0.0000	55
39	15219146	170.17	0.15	60	30.83	10	0.02	10	4.06	25	-0.0001	55
40	15208603*	169.86	0.27	65	46.30	5	-0.07	85	-5.06	70	0.0013	15
41	22120005	169.59	0.17	60	27.88	10	0.05	5	4.02	25	-0.0009	85
42	15611344*	169.35	-0.26	25	12.33	30	0.03	5	24.97	5	-0.0018	95
	22211144											
43	15617934	169.33	-0.31	25	46.08	5	-0.03	50	-11.99	90	0.0013	15
	22217334											
44	15216111	168.50	0.35	70	37.11	5	-0.03	55	1.39	35	0.0001	50
45	15217141	168.37	0.61	90	37.22	5	0.00	20	-2.27	55	0.0011	20
46	13317106	167.74	0.27	65	39.03	5	-0.01	30	-4.25	65	0.0009	20
47	15617955	167.68	-0.11	35	36.74	5	-0.02	40	-1.06	50	0.0001	50

（续）

排名	牛号	GCBI	产犊难易度		断奶重（kg）		育肥期日增重（kg/d）		胴体重（kg）		屠宰率（%）	
			GEBV	Rank（%）	GEBV	Rank（%）	GEBV	Rank（%）	GEBV	Rank（%）	GEBV	Rank（%）
	22217517											
48	22119143	167.49	0.23	65	32.83	10	0.03	5	-1.07	50	-0.0006	75
49	15215212	164.74	-0.19	30	37.67	5	0.03	5	-10.75	85	-0.0009	85
50	15619194	163.97	-0.63	15	28.00	10	0.01	15	2.60	30	-0.0001	60
51	15218551	162.18	-0.53	20	18.09	20	0.01	15	14.80	5	0.0000	50
52	11117957	161.16	0.74	95	47.28	5	-0.09	90	-8.91	80	-0.0009	85
53	15217517*	161.12	-0.23	30	22.62	15	0.00	20	10.12	10	0.0001	45
54	15219125	161.05	-0.11	35	30.80	10	0.01	15	-1.71	55	0.0009	20
55	41113260	160.18	0.06	50	21.72	15	0.01	15	10.69	10	0.0009	20
56	22116067	159.72	0.31	70	21.83	15	0.04	5	7.38	15	-0.0005	75
57	15216112	159.70	-0.11	35	24.15	10	-0.03	50	10.53	10	0.0002	45
58	15216221	159.57	-0.19	30	27.62	10	0.01	15	1.25	35	0.0001	50
59	41418132	158.54	-0.82	15	31.19	10	0.00	25	-3.54	65	-0.0011	90
	15618941											
60	11118959	158.51	-1.27	5	30.41	10	-0.06	80	2.95	30	0.0006	30
61	22217320	158.36	-0.27	25	40.83	5	-0.01	30	-13.94	90	0.0005	30
62	22217308	158.26	-0.36	25	39.75	5	-0.05	70	-8.77	80	0.0000	50
63	22120025	157.82	0.15	60	22.47	15	0.02	10	7.15	15	0.0000	55
64	13317104	156.85	0.23	65	20.88	15	0.04	5	6.44	15	-0.0007	80
65	15217663	156.00	0.29	70	31.87	10	0.02	10	-6.84	75	0.0001	50
66	15217669	155.32	0.07	55	38.46	5	-0.06	80	-6.11	75	0.0010	20
67	15217582	155.10	-0.01	45	32.85	10	-0.05	70	-0.94	50	-0.0006	75
68	11116919*	155.00	-0.39	25	22.28	15	-0.03	50	9.48	10	0.0001	45
69	41113264	154.64	-0.78	15	16.28	25	0.04	5	7.53	15	-0.0010	85
70	15219174	154.52	0.47	80	24.57	10	0.00	15	4.53	20	0.0001	50
71	15416313	154.12	-0.63	15	22.65	15	0.02	10	2.62	30	0.0003	40
72	11116921*	153.52	-0.71	15	25.83	10	-0.02	45	2.70	30	0.0002	45
73	22119127	153.39	0.17	60	33.34	5	0.02	10	-10.41	85	-0.0009	85
74	15217191	153.18	0.10	55	34.19	5	-0.06	80	-2.06	55	-0.0006	75
75	43117102	152.40	0.22	65	37.79	5	-0.05	70	-8.65	80	-0.0006	80

（续）

排名	牛号	GCBI	产犊难易度		断奶重（kg）		育肥期日增重（kg/d）		胴体重（kg）		屠宰率（%）	
			GEBV	Rank（%）	GEBV	Rank（%）	GEBV	Rank（%）	GEBV	Rank（%）	GEBV	Rank（%）
76	15617935	152.08	-0.62	15	35.60	5	-0.01	30	-12.35	90	-0.0005	70
	22217335											
77	15212612	150.93	0.23	65	10.99	35	-0.01	30	20.94	5	-0.0006	80
78	15217232	150.61	-0.10	35	34.21	5	0.00	25	-10.97	85	-0.0003	65
79	22217326	150.51	-0.40	20	34.93	5	-0.02	40	-11.01	85	0.0000	55
80	15216571	150.29	0.25	65	19.07	20	-0.04	60	13.24	10	-0.0011	90
81	11117987	149.42	-0.16	30	51.69	1	-0.06	80	-28.60	99	0.0025	5
82	15216241 ˙	149.39	0.48	80	34.51	5	0.04	5	-15.81	95	-0.0003	65
83	15215225	148.98	0.17	60	23.24	15	-0.03	60	6.56	15	-0.0008	85
84	15217005	148.73	-0.11	35	18.36	20	-0.01	25	8.86	10	-0.0010	85
85	22218001	148.53	0.11	55	24.64	10	0.01	15	-0.51	50	-0.0010	85
86	15216223 ˙	148.48	0.00	45	19.62	15	0.05	5	-0.01	45	-0.0018	95
87	22119155	147.14	0.19	60	29.01	10	0.01	15	-7.71	80	-0.0009	85
88	15417503	146.64	-0.14	35	28.34	10	-0.02	40	-4.05	65	-0.0002	60
	41117228											
89	41117252	146.58	-0.15	30	28.40	10	-0.02	40	-4.22	65	-0.0001	60
90	15216011	146.32	0.06	50	-1.95	80	-0.03	50	36.18	1	-0.0003	65
91	15213915	146.09	0.26	65	11.66	35	-0.02	35	17.62	5	0.0004	35
92	11116932	144.93	-0.57	20	22.61	15	-0.02	40	0.97	40	0.0013	15
93	15217111	144.89	-0.27	25	19.80	15	0.01	15	2.46	30	0.0003	40
94	15208031 ˙	144.73	0.57	85	16.37	20	0.01	15	8.60	10	0.0017	10
95	15219401	144.41	-0.11	35	10.57	35	0.02	10	13.13	10	-0.0014	95
96	15215417	144.16	0.21	60	25.01	10	-0.06	80	4.57	20	-0.0006	75
97	15217112	143.37	-0.09	40	18.68	20	0.01	15	2.47	30	0.0010	20
98	15216114	142.86	-0.25	25	21.26	15	0.01	15	-1.01	50	-0.0001	55
99	22115061	142.46	0.16	60	22.09	15	0.02	10	-2.46	60	-0.0009	85
100	22217617	142.28	0.24	65	33.82	5	-0.05	75	-10.00	85	0.0012	15
101	22217027	141.88	0.45	80	23.26	15	0.00	20	-1.61	55	0.0009	20
102	22119157	141.85	-0.59	15	14.74	25	-0.03	60	10.85	10	0.0001	50
103	15217139	141.84	0.00	45	23.35	15	0.01	15	-4.20	65	-0.0001	55

（续）

排名	牛号	GCBI	产犊难易度		断奶重（kg）		育肥期日增重（kg/d）		胴体重（kg）		屠宰率（%）	
			GEBV	Rank（%）	GEBV	Rank（%）	GEBV	Rank（%）	GEBV	Rank（%）	GEBV	Rank（%）
104	41213429*	141.81	-0.84	10	17.24	20	0.01	10	1.29	35	-0.0012	90
	64113429											
105	41218482	141.42	-1.24	5	8.90	45	-0.01	30	13.51	10	0.0006	25
106	15212418	141.05	-0.42	20	10.41	40	0.04	5	7.93	15	-0.0002	60
107	22219207	140.76	0.03	50	18.24	20	0.02	10	1.09	40	0.0003	40
108	15219411	140.72	0.41	75	-0.22	75	0.01	15	26.86	1	-0.0006	75
109	11116911*	140.15	-0.38	25	16.53	20	-0.01	30	5.32	20	0.0005	35
110	22120013	140.00	-0.17	30	14.82	25	0.00	20	6.98	15	-0.0012	90
111	15617975	139.95	0.09	55	22.43	15	-0.02	40	-0.34	45	0.0003	35
	22217729											
112	41113270	139.47	-0.09	40	15.28	25	-0.02	40	8.08	15	0.0004	35
113	15214127*	139.29	-0.11	35	33.87	5	-0.05	75	-12.64	90	0.0009	20
114	15217735	139.14	-0.20	30	15.78	25	0.01	15	3.90	25	-0.0003	65
115	41113252	139.06	0.01	45	30.83	10	-0.02	40	-12.08	90	-0.0002	60
116	15216541*	138.72	-0.65	15	16.61	20	-0.01	25	2.79	30	0.0008	25
117	15617957	138.70	0.25	65	31.13	10	-0.04	70	-9.23	85	0.0011	20
	22217615											
118	41117254	138.09	-0.02	45	23.47	15	-0.03	50	-2.46	60	0.0000	55
119	15219122	137.96	-0.83	15	22.96	15	0.00	20	-6.80	75	-0.0013	90
120	41113262	137.73	-0.49	20	11.28	35	-0.03	50	12.02	10	0.0004	35
121	65118581	137.49	0.17	60	18.89	20	-0.02	35	2.42	30	-0.0001	55
122	65117529	137.43	0.38	75	6.19	55	-0.02	40	19.68	5	-0.0008	85
123	22217769	137.41	0.40	75	12.19	30	0.01	10	8.04	15	0.0000	55
124	15217684	137.21	0.09	55	20.79	15	-0.04	70	2.71	30	0.0016	10
125	53115344	136.96	-0.39	20	9.61	40	0.00	25	11.35	10	-0.0006	75
126	11116931	136.88	0.01	45	14.55	25	0.02	10	3.40	25	0.0002	40
127	15216226	136.49	-0.27	25	24.46	10	-0.03	50	-5.17	70	0.0007	25
128	22217304	135.93	-0.25	30	25.67	10	-0.01	35	-8.58	80	0.0000	50
129	41113258	135.93	-0.25	25	12.74	30	-0.03	50	9.80	10	-0.0011	90
130	22117027	135.48	0.10	55	27.46	10	-0.03	55	-8.75	80	0.0015	10

（续）

（续）

排名	牛号	GCBI	产犊难易度		断奶重（kg）		育肥期日增重（kg/d）		胴体重（kg）		屠宰率（%）	
			GEBV	Rank（%）	GEBV	Rank（%）	GEBV	Rank（%）	GEBV	Rank（%）	GEBV	Rank（%）
131	15217142	135.44	0.10	55	17.67	20	-0.02	45	3.07	30	0.0004	35
132	22220107	135.35	-0.28	25	22.56	15	-0.05	75	-0.57	50	0.0005	30
133	22218123	134.76	0.26	65	17.74	20	-0.02	45	3.21	25	-0.0002	60
134	41118910	134.65	-0.03	45	10.40	40	-0.03	60	13.11	10	-0.0017	95
135	15618933	134.59	0.26	65	19.88	15	0.02	10	-5.16	70	-0.0004	70
	22118013											
136	15212251	134.52	-0.04	40	15.73	25	-0.03	55	5.80	20	-0.0009	85
137	22219929	134.51	0.22	65	21.80	15	-0.04	65	-0.49	50	0.0003	40
138	22219403	134.43	-0.44	20	17.02	20	0.04	5	-5.60	70	-0.0014	90
139	15212310*	134.23	-0.03	45	12.66	30	0.02	10	3.14	30	-0.0009	85
140	22211106	133.81	0.29	70	14.38	25	0.00	15	3.81	25	-0.0005	70
141	15210331*	132.77	-0.28	25	7.76	50	-0.03	55	14.19	5	-0.0002	60
142	41118208	132.55	-0.28	25	11.52	35	-0.03	60	9.67	10	0.0001	45
143	41117908	132.29	0.29	70	7.42	50	-0.05	75	18.70	5	-0.0011	90
144	22219663	131.15	0.23	65	5.24	55	-0.06	80	21.34	5	-0.0002	60
145	15217143*	131.00	0.52	85	13.56	30	0.00	15	3.48	25	0.0011	15
146	15615328	130.79	-0.31	25	11.38	35	0.00	15	4.24	25	-0.0007	80
	22215128											
147	15618521	130.63	-0.02	45	21.58	15	-0.01	25	-7.09	75	0.0002	40
	22218521											
148	15218662	130.37	0.20	60	14.14	25	-0.05	75	7.82	15	-0.0003	65
149	11117982	129.83	-0.32	25	30.87	10	-0.01	30	-19.98	95	0.0013	15
150	15215309	129.58	0.41	75	20.62	15	-0.03	55	-2.94	60	0.0013	15
151	15219409	129.31	0.57	85	5.05	55	-0.04	65	18.69	5	-0.0002	60
152	14117421	129.23	-0.19	30	17.04	20	-0.01	30	-1.85	55	-0.0014	95
153	22119089	128.65	0.43	75	13.55	30	0.01	15	1.50	35	-0.0004	70
154	15216242*	128.24	0.27	65	20.90	15	0.02	10	-9.93	85	-0.0005	75
155	15216220*	127.45	0.13	55	11.47	35	0.03	10	0.37	40	-0.0001	60
156	15214123	126.80	0.18	60	16.35	20	-0.01	35	-1.52	55	0.0006	30
157	15215511	125.60	0.41	75	8.92	45	-0.01	30	7.28	15	0.0005	35

（续）

排名	牛号	GCBI	产犊难易度		断奶重（kg）		育肥期日增重（kg/d）		胴体重（kg）		屠宰率（%）	
			GEBV	Rank（%）	GEBV	Rank（%）	GEBV	Rank（%）	GEBV	Rank（%）	GEBV	Rank（%）
158	14118327	125.56	0.12	55	16.07	25	-0.01	30	-2.63	60	0.0006	30
159	11116922*	125.19	-0.56	20	13.23	30	-0.04	65	2.76	30	-0.0004	70
160	41118906	125.13	0.32	70	0.24	75	-0.02	45	19.87	5	-0.0002	60
161	41218483	124.93	-0.39	20	11.39	35	-0.02	45	3.41	25	-0.0009	85
162	11111906*	124.57	-0.95	10	12.34	30	0.00	20	-2.13	55	-0.0005	70
163	11118958	124.33	-0.32	25	14.00	30	-0.02	45	-0.28	45	-0.0005	70
164	41116916	124.24	0.22	65	-1.25	80	-0.04	60	22.35	5	-0.0002	60
165	15217732	124.16	-0.23	30	18.05	20	-0.02	35	-6.11	75	-0.0003	65
166	41213428* 64113428	124.14	0.28	65	8.74	45	0.05	5	-0.18	45	-0.0035	99
167	22119077	123.83	0.19	60	17.58	20	0.01	15	-7.39	80	0.0002	45
168	22218707	123.41	-0.01	45	11.21	35	-0.02	35	2.76	30	0.0006	25
169	22218113	123.26	0.16	60	5.92	55	-0.01	30	9.29	10	0.0004	35
170	15216113	123.01	-0.04	40	14.90	25	-0.04	60	-0.11	45	0.0001	45
171	15210826	122.81	-0.14	35	15.98	25	-0.02	40	-3.82	65	-0.0005	70
172	22119151	122.73	-0.21	30	9.35	40	-0.01	30	3.40	25	0.0007	25
173	41218487	122.66	-0.53	20	7.51	50	-0.02	35	5.67	20	-0.0004	65
174	15215518	121.79	-0.28	25	23.34	15	-0.02	35	-14.93	90	0.0005	35
175	65117502	121.60	-0.18	30	-1.37	80	0.00	20	15.49	5	0.0008	25
176	15215609	121.55	0.62	90	16.64	20	-0.01	30	-4.66	70	0.0005	30
177	15618115 22218115	121.24	0.19	60	14.99	25	-0.03	50	-1.95	55	0.0014	15
178	22220321	121.08	0.63	90	0.85	75	-0.04	70	19.44	5	-0.0007	80
179	15213427	121.01	-0.19	30	27.98	10	-0.03	50	-20.04	95	0.0022	10
180	65118596	120.39	0.34	70	6.49	50	-0.03	50	8.87	10	0.0007	25
181	11117986	120.22	-0.12	35	19.97	15	-0.04	70	-8.02	80	0.0016	10
182	22219675	119.97	-0.04	45	7.23	50	-0.07	85	12.11	10	-0.0008	80
183	22217329	119.89	0.41	75	7.84	45	0.00	20	3.89	25	-0.0006	75
184	22218105	119.86	0.21	60	24.62	10	-0.05	75	-12.27	90	0.0003	40
185	41116932	119.26	0.38	75	21.25	15	-0.02	45	-11.33	85	-0.0007	80

（续）

排名	牛号	GCBI	产犊难易度		断奶重（kg）		育肥期日增重（kg/d）		胴体重（kg）		屠宰率（%）	
			GEBV	Rank（%）	GEBV	Rank（%）	GEBV	Rank（%）	GEBV	Rank（%）	GEBV	Rank（%）
186	15216117	119.17	0.06	50	2.23	70	0.02	10	7.37	15	-0.0002	60
187	22220329	118.89	0.16	60	14.80	25	-0.02	45	-3.83	65	-0.0008	80
188	15618929	118.46	-0.01	45	12.73	30	-0.03	50	-1.33	50	-0.0012	90
	22118007											
189	37117677	118.44	-0.10	35	17.58	20	-0.03	55	-7.62	80	0.0013	15
190	11116913*	118.36	-0.09	35	13.42	30	-0.02	35	-3.67	65	0.0008	20
191	15617925	118.35	0.17	60	6.78	50	0.00	20	3.62	25	-0.0004	70
	22217325											
192	22216401	118.11	-0.07	40	11.45	35	-0.02	45	-0.73	50	0.0013	15
193	53114309	117.94	0.25	65	31.03	10	-0.02	45	-24.97	99	-0.0004	70
	22114031											
194	41413193	117.68	-0.10	35	9.12	45	-0.03	55	2.88	30	0.0000	50
195	37115676	116.98	0.18	60	14.55	25	-0.05	70	-1.83	55	0.0010	20
196	15217113	116.84	0.03	50	11.14	35	0.00	20	-3.39	65	0.0010	20
197	41117946	116.74	-0.22	30	23.21	15	-0.04	65	-14.88	90	-0.0002	60
198	15217683	116.68	0.29	70	14.39	25	-0.05	75	-0.41	45	-0.0002	60
199	22119013	116.53	-0.03	45	8.65	45	-0.02	45	2.17	30	-0.0005	70
200	41112952	116.51	0.05	50	3.91	60	0.00	15	5.45	20	-0.0016	95
201	22218009	116.13	0.00	45	8.65	45	-0.02	40	1.56	35	0.0001	50
202	41418181	115.89	-0.07	40	7.54	50	-0.04	60	4.72	20	0.0003	40
203	41117944	115.53	-0.01	45	17.52	20	-0.01	30	-11.12	85	0.0005	30
204	41418182	115.36	-0.02	45	12.04	35	-0.02	40	-3.19	60	-0.0004	65
205	22216117	115.22	0.06	50	10.10	40	-0.03	55	0.54	40	0.0000	55
206	22219307	115.22	-0.86	10	10.64	35	-0.02	45	-3.21	60	-0.0005	75
207	41415196	115.19	-0.09	40	8.30	45	-0.03	55	2.38	30	0.0001	50
208	41115274	114.87	0.03	50	7.62	50	-0.01	30	0.95	40	0.0001	45
209	22218117	114.87	-0.04	40	7.06	50	-0.03	55	3.97	25	0.0002	45
210	41118914	114.85	0.44	80	-0.56	75	-0.04	65	16.17	5	-0.0002	60
211	15213505*	114.12	0.10	55	14.83	25	0.01	15	-10.99	85	0.0000	55
212	41414153	114.07	-0.18	30	7.87	45	-0.03	50	1.80	35	0.0002	45

（续）

排名	牛号	GCBI	产犊难易度		断奶重（kg）		育肥期日增重（kg/d）		胴体重（kg）		屠宰率（%）	
			GEBV	Rank（%）	GEBV	Rank（%）	GEBV	Rank（%）	GEBV	Rank（%）	GEBV	Rank（%）
213	15216116	113.66	-0.02	45	5.34	55	-0.02	40	4.04	25	0.0001	45
214	11116912*	113.65	-0.68	15	15.75	25	-0.03	60	-9.26	85	-0.0005	70
215	22218107	113.62	0.35	70	4.50	60	-0.04	70	9.04	10	-0.0008	80
216	41115266	113.55	-0.09	35	5.99	55	-0.02	35	2.76	30	0.0000	50
217	22118035	113.52	0.05	50	6.09	55	-0.02	40	3.12	30	0.0008	20
218	15216748	113.48	-0.33	25	9.08	45	-0.02	35	-1.72	55	-0.0013	90
219	22219559	113.41	0.22	65	9.47	40	0.01	15	-3.95	65	0.0000	50
220	15217259	113.16	0.24	65	10.68	35	0.01	15	-5.92	75	-0.0005	70
221	41115298	113.05	-0.12	35	5.74	55	-0.01	30	2.18	30	-0.0003	65
222	22116019	113.02	0.31	70	11.93	35	-0.01	25	-5.25	70	-0.0007	80
223	22218905	112.96	0.16	60	5.93	55	-0.04	65	5.79	20	0.0000	50
224	22218315	112.89	0.14	55	8.79	45	-0.02	50	0.35	40	0.0004	35
225	13317105	112.82	0.10	55	5.47	55	-0.01	35	3.18	30	0.0013	15
226	53115353	112.80	-0.80	15	4.59	60	-0.02	40	2.61	30	0.0008	25
227	37318103	112.73	0.26	65	-4.55	85	-0.01	30	16.11	5	-0.0016	95
228	15219415	112.69	0.05	50	3.83	60	0.02	10	1.61	35	-0.0004	70
229	41117910	112.56	0.48	80	-7.25	85	0.00	20	18.72	5	-0.0007	80
230	22217029	112.49	0.39	75	5.81	55	0.02	10	-0.52	50	0.0005	35
231	65118573	112.49	0.30	70	14.72	25	-0.05	70	-4.69	70	0.0002	45
232	22218371	112.46	0.01	45	5.87	55	-0.03	50	3.76	25	0.0000	50
233	22218601	112.43	-0.04	40	7.78	50	-0.03	55	1.71	35	0.0005	30
234	22215117	112.31	-0.05	40	4.07	60	-0.03	55	6.12	20	-0.0001	60
235	22118015	112.28	-0.01	45	6.81	50	-0.01	30	0.72	40	-0.0003	65
236	15215509	112.17	0.31	70	3.33	65	-0.03	55	7.90	15	0.0003	40
237	41118904	111.92	0.18	60	-2.53	80	-0.03	50	14.62	5	-0.0010	85
238	41413140	111.67	-0.10	35	6.85	50	-0.03	50	1.51	35	-0.0001	55
239	41415194	111.66	0.04	50	9.29	40	-0.03	50	-1.32	50	0.0005	30
240	41117210	111.65	0.00	45	7.23	50	-0.03	60	2.31	30	0.0016	10
241	41118210	111.52	-0.12	35	5.74	55	-0.01	35	1.51	35	0.0005	30
242	22118077	111.50	-0.07	40	8.05	45	-0.02	45	-0.36	45	-0.0004	70

（续）

排名	牛号	GCBI	产犊难易度		断奶重（kg）		育肥期日增重（kg/d）		胴体重（kg）		屠宰率（%）	
			GEBV	Rank（%）	GEBV	Rank（%）	GEBV	Rank（%）	GEBV	Rank（%）	GEBV	Rank（%）
243	41119274	111.47	-0.12	35	6.55	50	-0.04	65	3.14	30	-0.0009	85
244	41417129	111.41	-0.04	40	6.69	50	-0.02	40	0.85	40	0.0008	25
245	22220109	111.39	0.63	90	-7.22	85	-0.04	70	23.49	5	-0.0012	90
246	22217101	111.31	0.02	50	5.59	55	-0.03	55	3.69	25	0.0003	40
247	41118236	111.13	-0.09	40	8.18	45	-0.02	45	-1.05	50	0.0004	35
248	37114661	110.84	0.01	45	10.27	40	-0.01	25	-5.65	70	0.0018	10
249	22218017	110.60	0.06	50	5.83	55	-0.03	55	2.98	30	0.0015	10
250	41119218	110.55	-0.09	35	10.12	40	-0.04	70	-1.36	50	-0.0001	55
251	22217423	110.49	0.99	99	4.54	60	-0.04	65	8.19	15	-0.0007	80
252	41114212	110.47	-0.01	45	6.50	50	-0.02	35	0.32	45	0.0006	30
253	15618079·	110.39	-0.39	25	-3.14	80	0.01	15	8.71	10	-0.0006	80
254	41418183	110.35	-0.10	35	7.73	50	-0.01	25	-2.58	60	0.0007	25
255	37114662	110.30	0.30	70	25.53	10	-0.03	60	-21.55	99	0.0005	30
256	41114264	110.28	0.02	50	5.69	55	-0.02	40	1.81	35	-0.0009	85
257	41218480	110.23	-0.18	30	7.54	50	-0.03	55	0.19	45	-0.0002	65
258	41118276	110.06	0.01	45	3.14	65	0.00	15	1.94	35	0.0008	20
259	22218053	110.05	0.01	45	3.12	65	0.01	15	1.89	35	0.0008	25
260	41119272	109.93	-0.14	35	4.85	60	-0.02	45	2.41	30	-0.0004	65
261	11119978	109.84	0.15	60	2.70	65	0.03	5	-0.74	50	0.0001	45
262	11119977	109.81	0.15	60	2.69	65	0.03	5	-0.81	50	0.0001	45
263	22219631	109.78	0.28	65	2.73	65	-0.01	30	4.72	20	0.0015	15
264	22217233	109.63	-0.05	40	6.75	50	-0.04	65	1.96	35	0.0000	55
265	41118222	109.55	-0.24	30	1.62	70	0.00	25	4.17	25	-0.0020	95
266	41418180	109.48	-0.11	35	2.88	65	-0.02	45	5.16	20	-0.0001	55
267	41115282	109.40	-0.07	40	3.02	65	-0.01	25	2.89	30	0.0004	35
268	41418133	109.25	-0.16	30	7.71	50	-0.04	70	0.51	40	0.0003	40
269	15216118	109.09	-0.02	45	10.74	35	-0.01	35	-6.30	75	-0.0004	70
270	15617931	108.86	0.76	95	8.81	45	0.02	10	-5.80	70	0.0006	30
	22217327											
271	15216224	108.62	-0.11	35	9.39	40	0.02	10	-9.10	80	-0.0010	85

（续）

排名	牛号	GCBI	产犊难易度		断奶重（kg）		育肥期日增重（kg/d）		胴体重（kg）		屠宰率（%）	
			GEBV	Rank（%）	GEBV	Rank（%）	GEBV	Rank（%）	GEBV	Rank（%）	GEBV	Rank（%）
272	22217521	108.50	0.17	60	6.35	50	-0.04	65	2.49	30	-0.0006	75
273	22219125	108.40	-0.68	15	13.23	30	-0.02	40	-10.96	85	0.0002	45
274	65116520	108.36	-0.31	25	-10.12	90	-0.02	35	19.78	5	-0.0010	85
275	41117260	108.33	-0.04	40	7.20	50	-0.02	40	-1.87	55	-0.0009	85
276	22218803	108.30	0.09	55	7.50	50	-0.04	65	0.67	40	0.0006	30
277	15209919*	108.25	0.36	70	9.49	40	-0.02	35	-4.20	65	0.0014	15
278	15417504	108.22	0.27	65	7.66	50	-0.03	60	0.26	45	-0.0005	75
279	22219829	108.22	-0.41	20	4.03	60	-0.03	55	2.82	30	0.0002	40
280	15619085	108.01	-0.34	25	5.81	55	-0.04	65	1.68	35	-0.0004	65
281	41218832	108.01	-0.15	35	7.92	45	-0.03	60	-1.48	55	0.0009	20
282	41117916	107.88	0.05	50	16.79	20	-0.02	45	-13.64	90	0.0000	50
283	22219215	107.77	0.52	85	12.06	35	-0.04	65	-4.72	70	0.0004	35
284	22118027	107.66	0.04	50	1.98	70	-0.02	45	5.38	20	-0.0003	65
285	22218405	107.61	-0.03	45	6.10	55	-0.04	65	1.69	35	-0.0003	65
286	41119226	107.40	-0.28	25	5.01	60	-0.02	45	0.13	45	0.0004	35
287	22219807	107.38	-0.10	35	4.92	60	-0.02	40	0.59	40	-0.0004	70
288	22218525	107.33	0.00	45	4.61	60	-0.01	30	0.27	45	0.0006	30
289	22217103	107.31	0.17	60	38.88	5	-0.09	90	-34.09	99	-0.0016	95
290	15214813	107.24	-0.27	25	7.70	50	-0.03	55	-2.34	60	0.0000	50
291	15617973	107.23	0.21	60	23.68	15	-0.04	65	-20.72	95	0.0009	20
292	41118270	107.06	-0.08	40	5.62	55	-0.02	45	-0.08	45	-0.0003	65
293	41114204	106.92	0.04	50	6.22	55	-0.01	30	-2.09	55	0.0003	40
294	22219727	106.72	0.18	60	7.94	45	-0.04	65	-1.08	50	-0.0002	60
295	41416120	106.65	-0.04	40	6.06	55	-0.02	45	-0.88	50	0.0001	45
296	22215317	106.57	-0.04	40	2.67	65	-0.02	45	3.69	25	-0.0004	65
297	41413185	106.53	0.11	55	7.39	50	-0.03	55	-1.40	50	0.0000	50
298	22218005	106.49	-0.19	30	3.15	65	-0.03	50	2.80	30	-0.0007	80
299	22215147	106.42	-0.08	40	7.93	45	-0.04	70	-1.37	50	-0.0011	90
300	41413186	106.41	-0.15	30	5.54	55	-0.03	55	0.01	45	0.0004	35
301	15418514	106.18	-0.49	20	10.80	35	0.03	5	-15.13	95	-0.0002	65

（续）

排名	牛号	GCBI	产犊难易度		断奶重（kg）		育肥期日增重（kg/d）		胴体重（kg）		屠宰率（%）	
			GEBV	Rank（%）	GEBV	Rank（%）	GEBV	Rank（%）	GEBV	Rank（%）	GEBV	Rank（%）
302	41119206	106.18	0.04	50	5.26	55	-0.02	45	-0.19	45	0.0002	45
303	37318102	106.10	-0.08	40	10.57	35	-0.03	60	-6.16	75	0.0017	10
304	22114009	106.04	-0.05	40	6.95	50	-0.03	50	-2.04	55	0.0002	40
305	22218013	106.01	0.18	60	7.84	45	-0.03	55	-2.37	60	0.0004	35
306	41218486	106.00	-0.15	35	5.83	55	-0.04	65	0.70	40	-0.0003	65
307	41118908	105.93	0.29	70	-4.02	85	-0.03	55	13.35	10	-0.0015	95
308	41114252	105.92	-0.02	45	3.64	65	-0.02	40	1.43	35	-0.0011	90
309	22216421	105.92	-0.02	45	3.66	65	-0.03	60	2.99	30	-0.0001	55
310	15213327	105.75	-0.27	25	0.74	75	0.06	5	-4.34	65	-0.0030	99
311	11116910*	105.61	-0.50	20	2.53	70	-0.02	40	1.40	35	0.0000	50
312	41112234	105.60	-0.16	30	2.17	70	-0.01	30	1.89	35	0.0005	30
313	41218114	105.54	-0.21	30	1.26	70	-0.03	50	4.70	20	0.0008	25
314	22215529	105.49	-0.09	40	5.90	55	-0.01	30	-2.83	60	-0.0003	65
315	41218168	105.43	-0.12	35	5.05	55	-0.03	50	-0.12	45	-0.0001	55
316	41119250	105.37	-0.06	40	5.64	55	-0.03	60	-0.04	45	-0.0001	55
317	15213428*	105.28	-0.21	30	15.50	25	-0.04	65	-12.64	90	0.0022	10
318	41417171	105.20	-0.01	45	2.13	70	-0.02	35	2.66	30	-0.0004	70
319	22219677	105.18	0.12	55	0.53	75	-0.03	60	6.89	15	0.0008	20
320	41418134	105.02	-0.11	35	4.70	60	-0.04	60	1.17	35	0.0002	45
321	41413143	105.01	-0.04	40	6.19	55	-0.01	30	-3.67	65	0.0007	25
322	41415160	104.83	0.05	50	6.07	55	-0.03	50	-1.30	50	0.0000	50
323	41116912	104.67	0.46	80	-5.37	85	-0.03	60	15.26	5	0.0002	45
324	22218819	104.44	-0.11	35	4.89	60	-0.03	55	-0.20	45	0.0000	50
325	41119204	104.43	-0.11	35	5.01	60	-0.03	50	-0.50	50	-0.0008	80
326	22215151	104.40	-0.04	40	3.29	65	-0.02	40	0.65	40	-0.0007	80
327	11119980	104.34	0.24	65	6.76	50	0.03	5	-8.67	80	0.0007	25
328	15217892	104.30	-0.27	25	-0.44	75	-0.03	50	6.05	20	-0.0001	55
329	41418130	104.17	-0.02	45	4.35	60	-0.02	45	-0.31	45	-0.0002	60
330	65118580	104.17	-0.13	35	4.78	60	-0.03	55	-0.30	45	0.0008	25
331	41118924	104.16	-0.28	25	7.40	50	-0.07	80	0.16	45	0.0004	35

（续）

排名	牛号	GCBI	产犊难易度		断奶重（kg）		育肥期日增重（kg/d）		胴体重（kg）		屠宰率（%）	
			GEBV	Rank（%）	GEBV	Rank（%）	GEBV	Rank（%）	GEBV	Rank（%）	GEBV	Rank（%）
332	15217512	103.87	-0.05	40	2.91	65	-0.02	35	0.48	40	-0.0001	55
333	22219227	103.81	0.71	95	-0.18	75	-0.02	45	7.41	15	0.0003	40
334	41115288	103.79	-0.09	35	3.06	65	-0.01	30	-0.51	50	0.0005	30
335	15215308*	103.72	0.07	50	7.80	50	0.00	20	-7.42	80	0.0001	45
336	22216521	103.71	-0.05	40	4.06	60	-0.03	55	0.79	40	-0.0005	70
337	41118274	103.48	0.03	50	5.39	55	-0.03	50	-1.50	55	0.0005	35
338	41114244	103.43	0.00	45	4.84	60	-0.03	60	-0.09	45	0.0001	45
339	41116212	103.34	0.07	50	3.36	65	-0.01	35	-0.34	45	0.0003	40
340	22219685	103.25	0.31	70	-7.02	85	-0.06	80	18.80	5	-0.0004	70
341	11119901	103.10	-0.74	15	12.97	30	-0.01	25	-15.68	95	0.0002	45
342	41119222	103.08	-0.05	40	2.02	70	-0.02	40	1.76	35	-0.0005	70
343	15214503	102.98	-0.26	25	13.43	30	-0.05	75	-9.93	85	0.0016	10
344	22218621	102.98	-0.02	45	3.75	65	-0.03	50	0.39	40	0.0002	45
345	41218485	102.91	-0.10	35	1.82	70	-0.04	65	3.77	25	-0.0003	65
346	22219637	102.88	0.57	85	2.45	70	-0.07	85	8.05	15	0.0005	35
347	41113274	102.83	-0.06	40	7.54	50	-0.04	70	-2.93	60	-0.0003	65
348	22218929	102.75	-0.09	40	7.03	50	-0.04	70	-2.63	60	-0.0002	60
349	22118111	102.72	-0.16	30	4.57	60	-0.01	30	-3.07	60	-0.0006	75
350	41416123	102.59	-0.05	40	5.45	55	-0.03	55	-1.86	55	-0.0002	60
351	41218894	102.57	-0.03	45	5.30	55	-0.03	60	-1.33	50	0.0005	35
352	22215139	102.56	-0.02	45	3.63	65	-0.03	60	0.79	40	0.0007	25
353	41119238	102.18	-0.17	30	2.99	65	-0.03	50	0.42	40	-0.0001	60
354	41118262	102.14	-0.10	35	6.30	55	-0.02	40	-4.83	70	-0.0002	60
355	41218846	102.11	-0.14	35	5.03	60	-0.03	50	-2.26	55	0.0002	40
356	22215553	102.03	0.13	55	3.89	60	-0.02	40	-1.03	50	-0.0004	70
357	41119262	102.02	-0.43	20	2.54	70	-0.03	50	0.21	45	-0.0001	55
358	22217343	101.89	-0.06	40	0.07	75	-0.02	40	3.28	25	-0.0001	60
359	22218325	101.86	-0.05	40	3.33	65	-0.04	60	1.02	40	-0.0001	55
360	65118575	101.77	0.32	70	12.89	30	-0.04	70	-9.88	85	0.0002	45
361	41117924	101.68	0.25	65	-3.99	85	-0.03	55	10.31	10	0.0001	50

（续）

排名	牛号	GCBI	产犊难易度		断奶重（kg）		育肥期日增重（kg/d）		胴体重（kg）		屠宰率（%）	
			GEBV	Rank（%）	GEBV	Rank（%）	GEBV	Rank（%）	GEBV	Rank（%）	GEBV	Rank（%）
362	65118599	101.62	0.42	75	2.27	70	-0.02	45	1.96	35	0.0014	15
363	15215736	101.37	-0.14	35	-3.10	80	-0.01	35	6.25	15	-0.0002	60
364	41118944	101.22	0.39	75	9.42	40	-0.04	65	-5.73	70	0.0009	20
365	15216631	101.16	0.17	60	10.58	35	-0.06	80	-5.34	70	0.0029	5
366	41218489	101.14	-0.13	35	3.44	65	-0.03	50	-0.73	50	0.0004	35
367	41417175	101.14	0.08	55	4.60	60	-0.04	65	-0.31	45	0.0002	45
368	22218429	101.14	0.02	50	4.71	60	-0.04	65	-0.48	50	-0.0002	65
369	22215301	100.86	0.01	50	0.32	75	-0.01	30	1.25	35	-0.0004	65
370	41118912	100.79	0.48	80	-5.39	85	-0.01	30	10.06	10	-0.0013	90
371	41119252	100.64	-0.30	25	4.98	60	-0.02	45	-4.30	65	0.0011	20
372	41118226	100.59	0.47	80	2.75	65	-0.02	40	0.44	40	0.0006	30
373	22219809	100.51	-0.27	25	-7.54	90	0.01	15	8.70	10	0.0002	45
374	41415163	100.46	-0.01	45	1.39	70	-0.02	40	0.76	40	0.0004	35
375	15214811	100.44	0.14	55	5.26	55	-0.01	30	-4.91	70	0.0017	10
376	22218717	100.44	0.15	60	2.84	65	-0.03	50	0.31	45	-0.0005	75
377	15214507	100.40	-0.12	35	11.32	35	-0.02	40	-12.49	90	0.0008	25
378	65116517	100.39	0.06	50	-8.60	90	-0.02	45	14.39	5	-0.0003	65
379	41118297	100.38	-0.12	35	0.73	75	-0.02	40	1.09	40	0.0002	45
380	22218627	100.21	0.13	55	2.34	70	-0.03	50	0.70	40	0.0005	35
381	41119208	100.20	-0.04	40	4.69	60	-0.03	60	-2.28	55	0.0004	35
382	22218903	100.16	-0.04	40	4.14	60	-0.03	55	-1.65	55	0.0001	45
383	22217115	100.14	-0.12	35	5.44	55	-0.02	45	-4.37	65	0.0000	55
384	41113272	100.09	-0.03	45	3.78	65	-0.03	55	-1.47	55	0.0001	50
385	41113954	100.08	0.16	60	8.32	45	-0.06	80	-3.72	65	0.0012	15
386	41116218	100.06	0.12	55	4.13	60	-0.04	65	-0.68	50	0.0000	55
387	41218481	100.05	-0.64	15	-1.66	80	-0.02	45	3.45	25	-0.0004	70
388	41418187	99.96	-0.04	40	3.70	65	-0.03	60	-0.83	50	0.0008	25
389	22217825	99.89	-0.12	35	4.86	60	-0.03	55	-3.14	60	0.0003	40
390	41113250	99.83	0.05	50	5.17	55	-0.01	25	-5.82	70	-0.0003	65
391	22217417	99.75	-0.09	35	3.79	65	-0.04	70	-0.12	45	0.0004	35

（续）

排名	牛号	GCBI	产犊难易度		断奶重（kg）		育肥期日增重（kg/d）		胴体重（kg）		屠宰率（%）	
			GEBV	Rank（%）	GEBV	Rank（%）	GEBV	Rank（%）	GEBV	Rank（%）	GEBV	Rank（%）
392	15219145	99.72	-0.14	35	0.15	75	0.04	5	-4.80	70	-0.0018	95
393	41115268	99.61	-0.06	40	2.55	65	-0.01	35	-2.05	55	0.0002	40
394	41118238	99.55	-0.04	40	1.10	70	-0.01	30	-0.51	50	-0.0004	65
395	15618931	99.35	0.58	85	9.07	45	-0.08	90	-0.60	50	-0.0002	65
	22118011											
396	41118266	99.12	-0.03	45	2.08	70	-0.03	60	0.82	40	-0.0001	60
397	15216632	99.09	0.15	60	5.89	55	-0.09	90	2.16	30	0.0033	5
398	41117270	99.09	-0.04	40	2.71	65	-0.02	45	-1.34	50	-0.0001	60
399	22219003	99.00	-0.83	10	-4.40	85	-0.01	25	3.69	25	0.0000	55
400	41119910	98.96	0.12	55	15.67	25	-0.03	55	-17.00	95	0.0001	45
401	22215311	98.96	0.14	55	3.79	65	-0.04	70	-0.19	45	0.0009	20
402	22218109	98.90	0.06	50	1.67	70	-0.03	55	0.97	40	0.0002	45
403	65118576	98.64	0.47	80	6.77	50	0.02	10	-10.45	85	-0.0002	60
404	41417124	98.63	-0.04	40	1.81	70	-0.03	50	-0.06	45	-0.0006	75
405	15210605*	98.47	-0.20	30	-2.83	80	0.00	25	2.64	30	-0.0006	75
406	41117234	98.33	-0.11	35	0.79	75	-0.02	35	-0.55	50	-0.0005	70
407	41114250	98.31	-0.04	40	0.47	75	-0.02	45	0.74	40	-0.0005	75
408	41417172	98.18	0.00	45	4.66	60	-0.04	70	-2.01	55	0.0000	50
409	22220101	97.99	0.15	60	0.65	75	-0.04	60	2.33	30	0.0013	15
410	41218871	97.91	-0.12	35	3.45	65	-0.05	75	-0.10	45	-0.0001	60
411	41417128	97.83	-0.08	40	3.38	65	-0.03	50	-2.83	60	0.0001	45
412	41218149	97.49	-0.20	30	0.65	75	-0.03	50	0.20	45	-0.0003	65
413	41418173	97.06	-0.01	45	4.09	60	-0.05	70	-1.89	55	0.0003	40
414	41114210	96.91	-0.10	35	3.02	65	-0.02	40	-3.77	65	0.0003	40
415	15215734*	96.85	0.02	50	-4.16	85	0.00	20	3.50	25	-0.0001	55
416	41418184	96.75	-0.10	35	1.27	70	-0.01	30	-3.08	60	0.0010	20
417	65118574	96.71	0.28	65	8.09	45	-0.03	55	-8.27	80	0.0002	45
418	22117019*	96.70	0.14	55	4.98	60	-0.04	70	-3.38	65	0.0006	30
419	41417176	96.70	0.11	55	0.34	75	-0.03	55	1.43	35	0.0000	50
420	41114218	96.53	-0.35	25	2.40	70	-0.02	45	-3.61	65	0.0001	45

（续）

排名	牛号	GCBI	产犊难易度		断奶重（kg）		育肥期日增重（kg/d）		胴体重（kg）		屠宰率（%）	
			GEBV	Rank（%）	GEBV	Rank（%）	GEBV	Rank（%）	GEBV	Rank（%）	GEBV	Rank（%）
421	65116511	96.53	-0.70	15	-5.46	85	-0.01	35	4.80	20	-0.0002	60
422	41118272	96.50	-0.12	35	1.56	70	-0.03	60	-0.80	50	0.0002	40
423	41118940	96.46	0.30	70	1.11	70	-0.06	80	3.69	25	-0.0008	80
424	41119254	96.43	-0.15	35	3.91	60	-0.04	65	-3.04	60	-0.0005	75
425	22218003	96.30	0.21	60	11.96	35	0.00	25	-16.87	95	0.0004	35
426	22218615	96.28	0.01	50	1.89	70	-0.03	55	-1.44	55	-0.0005	70
427	41117948	96.15	-0.13	35	-2.33	80	0.00	20	0.40	40	0.0003	40
428	22117037	95.63	0.08	55	1.59	70	-0.04	65	-0.22	45	-0.0004	65
429	41118298	95.60	-0.47	20	-3.32	80	0.00	25	0.59	40	0.0004	35
430	41119240	95.58	0.15	60	0.65	75	-0.02	35	-1.49	55	0.0003	40
431	65118540	95.51	-0.26	25	-2.17	80	-0.02	45	1.84	35	-0.0005	75
432	41218896	95.33	-0.19	30	2.36	70	-0.04	70	-1.59	55	0.0000	50
433	41119264	95.28	-0.03	45	-0.90	75	0.01	10	-3.61	65	-0.0010	85
434	37115670	95.03	0.23	65	21.90	15	-0.03	60	-27.35	99	0.0018	10
435	41118218	94.96	-0.09	40	1.01	70	-0.02	45	-1.89	55	0.0000	55
436	11117950	94.53	-0.24	30	0.77	75	-0.03	50	-2.12	55	-0.0009	85
437	15519809	94.40	0.09	55	-2.53	80	-0.01	25	0.75	40	0.0002	45
438	41118286	94.25	-0.25	30	-6.82	85	0.00	20	4.14	25	0.0001	50
439	22219689	94.15	0.35	70	-2.43	80	-0.03	55	3.74	25	0.0012	15
440	22219623	94.12	0.44	80	2.54	70	-0.07	85	2.05	35	-0.0004	70
441	65117533	94.09	-0.01	45	9.17	40	-0.03	60	-11.95	90	0.0002	45
442	15418513	94.06	-0.12	35	6.83	50	-0.03	60	-9.22	85	0.0002	45
443	41118916	93.92	0.00	45	0.59	75	-0.02	40	-2.56	60	0.0009	20
444	41218763	93.90	0.10	55	3.91	60	-0.03	60	-4.92	70	0.0002	40
445	15212131	93.88	-0.32	25	8.47	45	-0.05	75	-10.03	85	0.0006	30
446	22218901	93.78	0.06	50	-0.36	75	-0.03	55	0.28	45	0.0004	35
447	41118936	93.75	0.07	50	2.67	65	-0.04	70	-2.51	60	0.0012	15
448	41117926	93.67	0.58	85	-13.47	95	-0.05	75	20.69	5	0.0000	50
449	41117902	93.22	0.37	75	-13.12	95	-0.01	35	15.35	5	-0.0011	90
450	41119266	93.13	-0.24	30	0.54	75	-0.03	50	-2.44	60	-0.0001	60

（续）

排名	牛号	GCBI	产犊难易度		断奶重（kg）		育肥期日增重（kg/d）		胴体重（kg）		屠宰率（%）	
			GEBV	Rank（%）	GEBV	Rank（%）	GEBV	Rank（%）	GEBV	Rank（%）	GEBV	Rank（%）
451	22218007	92.99	0.04	50	-1.20	80	-0.02	45	-0.25	45	-0.0001	55
452	41317038	92.90	0.22	65	4.73	60	-0.02	50	-7.28	75	0.0003	40
	41117206											
453	22215031	92.89	-0.02	45	-2.61	80	-0.03	50	1.79	35	0.0004	35
454	41117954	92.86	-0.02	45	14.01	30	-0.07	85	-14.35	90	0.0010	20
455	41117934	92.69	-0.01	45	12.67	30	-0.04	65	-16.72	95	0.0006	30
456	41415158	92.17	-0.15	35	1.94	70	-0.04	70	-3.20	60	0.0002	45
457	41116922	91.84	0.58	85	-9.63	90	-0.05	75	14.27	5	-0.0005	75
458	22220145	91.67	0.24	65	-4.63	85	-0.01	25	1.90	35	0.0002	40
459	15417502	91.65	0.50	80	7.94	45	-0.05	75	-8.02	80	0.0002	40
	41117226											
460	15614999	91.63	-0.12	35	-0.57	75	0.02	10	-7.43	80	-0.0013	90
	22214339											
461	65117547	91.09	0.15	60	2.60	65	-0.04	65	-4.06	65	0.0003	40
462	41118926	90.93	-0.14	35	5.02	60	-0.04	65	-8.38	80	0.0012	15
463	41115290	90.50	-0.26	25	-6.40	85	-0.04	60	5.55	20	0.0005	30
464	37118417	89.93	-0.88	10	-0.73	75	-0.04	65	-3.44	65	-0.0002	60
465	41118268	89.65	0.20	60	2.27	70	-0.02	40	-6.87	75	0.0008	25
466	41118284	89.61	0.23	65	0.61	75	-0.07	85	1.61	35	0.0008	25
467	15210101	89.33	0.34	70	-1.90	80	0.00	20	-3.47	65	-0.0001	55
468	65117543	89.23	0.42	75	2.43	70	-0.01	30	-7.73	80	-0.0011	90
469	11119903	89.22	-0.22	30	-1.49	80	-0.03	55	-1.93	55	0.0002	45
470	41413103	88.51	0.13	55	-0.34	75	-0.06	80	0.16	45	-0.0002	60
471	22219817	88.34	0.07	50	-2.62	80	-0.02	40	-2.09	55	0.0008	25
472	41116928	87.98	0.41	75	-10.15	90	-0.04	65	10.88	10	-0.0004	70
473	41118296	87.82	0.53	85	-0.14	75	-0.04	65	-1.94	55	-0.0008	80
474	41116918	87.33	0.34	70	-1.20	80	-0.07	80	1.91	35	0.0001	45
475	41116934	87.33	0.09	55	21.95	15	-0.03	50	-33.57	99	0.0006	30
476	15212132	87.24	-0.18	30	2.98	65	-0.07	85	-4.71	70	0.0019	10
477	22219127	87.18	-0.68	15	-13.55	95	-0.01	30	8.78	10	0.0000	55

（续）

排名	牛号	GCBI	产犊难易度		断奶重（kg）		育肥期日增重（kg/d）		胴体重（kg）		屠宰率（%）	
			GEBV	Rank（%）	GEBV	Rank（%）	GEBV	Rank（%）	GEBV	Rank（%）	GEBV	Rank（%）
478	41119908	86.80	0.06	50	9.59	40	-0.02	45	-18.42	95	0.0014	15
479	15217715	86.60	-0.02	45	20.02	15	-0.05	75	-28.61	99	0.0014	15
480	21114701	86.03	-0.60	15	-5.35	85	-0.03	60	0.11	45	0.0003	40
	41114208											
481	41116908	85.84	0.13	55	-2.00	80	-0.03	55	-2.75	60	-0.0012	90
482	41415156	85.66	0.05	50	-0.47	75	-0.04	65	-4.21	65	-0.0003	65
483	37115675	85.56	-0.19	30	19.30	20	-0.06	80	-27.97	99	0.0022	10
484	41117952	85.10	0.40	75	4.24	60	-0.05	70	-8.84	80	0.0007	25
485	41118934	85.10	0.16	60	2.25	70	-0.01	30	-11.10	85	0.0005	35
486	11117956	84.98	-0.33	25	-8.10	90	-0.01	25	0.71	40	-0.0008	80
487	41118922	84.94	0.32	70	-0.01	75	-0.03	55	-5.30	70	-0.0003	65
488	41118280	84.81	-0.51	20	-12.36	95	0.01	15	3.83	25	-0.0001	55
489	65116513˙	84.38	-0.80	15	-8.66	90	-0.01	25	-0.17	45	0.0001	50
490	15215731˙	83.44	0.06	50	-11.97	90	0.00	20	4.57	20	-0.0007	80
491	41116904	83.15	0.19	60	-2.23	80	-0.04	70	-2.34	60	0.0001	45
492	14117363	83.10	-0.33	25	8.32	45	-0.06	75	-16.37	95	0.0028	5
493	11118962	82.67	-0.21	30	-8.99	90	-0.01	25	0.61	40	-0.0008	80
494	15518X23	82.23	-0.58	15	-8.60	90	-0.02	35	-0.09	45	-0.0005	70
495	22219919	82.18	0.03	50	-9.63	90	-0.02	40	3.31	25	0.0007	25
496	65118597	81.73	0.35	70	-6.12	85	-0.04	70	2.03	35	-0.0002	60
497	22219557	81.47	0.90	99	-2.88	80	-0.03	50	-3.00	60	-0.0007	80
498	41117940	81.42	-0.58	15	-14.89	95	0.00	25	6.12	20	0.0004	35
499	41117918	80.94	0.41	75	-2.23	80	-0.05	75	-2.40	60	0.0006	30
500	11117937	80.83	-0.22	30	-15.21	95	-0.01	25	7.26	15	-0.0006	80
501	15214516	80.71	0.04	50	5.86	55	-0.04	65	-15.76	95	0.0008	25
502	11117933˙	80.24	-0.06	40	-7.77	90	-0.04	70	1.98	35	-0.0008	80
503	15216733	80.17	-0.21	30	-11.75	90	0.00	20	1.80	35	0.0002	40
504	37114663	79.63	-0.02	45	10.64	35	-0.03	60	-23.36	99	-0.0002	60
505	41116220	79.50	-0.40	20	1.78	70	-0.01	35	-15.16	95	0.0004	35
506	15217923	79.30	-0.42	20	-7.76	90	-0.04	65	-0.13	45	0.0011	15

（续）

排名	牛号	GCBI	产犊难易度		断奶重（kg）		育肥期日增重（kg/d）		胴体重（kg）		屠宰率（%）	
			GEBV	Rank（%）	GEBV	Rank（%）	GEBV	Rank（%）	GEBV	Rank（%）	GEBV	Rank（%）
507	65117535	79.14	-0.12	35	-1.49	80	-0.04	70	-6.98	75	0.0012	15
508	15213106	78.72	0.10	55	-2.07	80	-0.06	80	-4.11	65	0.0016	10
509	22213001*	78.28	0.38	75	-18.60	95	-0.01	30	11.89	10	-0.0001	55
510	41117942	78.25	-0.48	20	-14.60	95	-0.01	30	5.01	20	-0.0002	60
511	22214331	78.17	0.00	45	-9.70	90	-0.02	45	1.22	35	-0.0005	70
512	22217331	77.91	0.06	50	-15.69	95	0.02	10	4.27	25	-0.0007	80
513	15417501	77.08	0.21	60	-3.14	80	-0.04	60	-6.26	75	0.0008	20
514	15214515	76.94	0.37	75	-12.73	95	-0.02	40	4.28	25	0.0018	10
515	41218484	76.90	-1.09	10	-2.82	80	-0.04	70	-9.19	85	0.0008	25
516	15217737	76.21	-0.59	15	-11.77	90	-0.04	65	2.79	30	-0.0011	90
517	51115028	75.99	-0.02	45	2.91	65	-0.03	55	-16.22	95	0.0005	35
518	15215606	75.68	0.21	60	-1.93	80	-0.06	80	-5.80	70	0.0014	15
519	11117939*	75.51	-0.30	25	-10.94	90	-0.04	65	1.75	35	-0.0012	90
520	41118242	75.02	-0.19	30	3.63	65	-0.02	35	-19.75	95	0.0021	10
521	65111558	74.93	0.09	55	-10.22	90	-0.03	50	0.41	40	-0.0003	65
522	37117678	74.77	-0.20	30	18.01	20	-0.04	70	-35.64	99	0.0023	5
523	41213426*	74.70	0.04	50	1.38	70	-0.02	35	-16.44	95	0.0012	15
	64113426											
524	51115029	74.61	-0.01	45	2.25	70	-0.03	55	-16.23	95	0.0005	35
525	41116902	74.32	0.18	60	-11.67	90	-0.03	55	2.33	30	0.0002	45
526	22215511	74.26	0.05	50	-10.30	90	0.00	20	-3.25	60	-0.0010	85
527	41115278	74.02	-0.23	30	-19.74	99	0.00	20	8.29	15	-0.0002	60
528	11117952*	73.61	-0.43	20	-18.05	95	-0.02	45	7.90	15	0.0002	45
529	15215324	73.09	-0.05	40	-4.90	85	0.01	15	-12.49	90	0.0002	40
530	41118282	73.07	-0.37	25	-11.74	90	-0.01	25	-2.58	60	-0.0005	70
531	22219801	72.95	-0.30	25	-4.35	85	-0.04	70	-7.92	80	-0.0002	60
532	22219805	72.72	-1.01	10	-10.57	90	-0.01	30	-5.28	70	-0.0014	90
533	37117681	72.63	-0.05	40	7.97	45	-0.04	70	-23.30	99	0.0022	10
534	41118928	72.58	0.18	60	-4.18	85	-0.04	65	-7.34	75	0.0001	50
535	41118920	72.18	-0.03	45	-0.15	75	-0.01	30	-16.92	95	0.0002	45

（续）

排名	牛号	GCBI	产犊难易度		断奶重（kg）		育肥期日增重（kg/d）		胴体重（kg）		屠宰率（%）	
			GEBV	Rank（%）	GEBV	Rank（%）	GEBV	Rank（%）	GEBV	Rank（%）	GEBV	Rank（%）
536	22219635	72.11	0.30	70	-10.31	90	-0.10	90	7.18	15	0.0006	30
537	11117935*	72.05	-0.23	30	-14.33	95	-0.02	40	2.17	30	-0.0011	90
538	41115276	71.84	-0.39	20	-15.94	95	-0.02	45	4.13	25	-0.0004	70
539	65117530	71.67	0.11	55	-9.89	90	-0.02	45	-2.88	60	0.0001	45
540	15215616	70.23	0.10	55	-7.68	90	-0.08	90	0.43	40	0.0014	15
541	15415308	70.07	-0.08	40	-5.66	85	-0.03	60	-8.81	80	0.0016	10
542	11117953	69.89	-0.58	15	-12.40	95	-0.05	75	0.56	40	0.0002	40
543	65118542	69.74	-0.07	40	-14.65	95	-0.04	70	3.98	25	-0.0008	85
544	15217932*	69.63	-0.71	15	-17.73	95	-0.01	30	2.37	30	-0.0004	70
545	15215403	69.61	0.52	85	-11.05	90	-0.04	65	0.39	40	0.0014	15
546	15417507	69.56	0.63	90	-19.45	95	-0.03	60	10.99	10	-0.0006	75
547	22218127	69.53	-1.13	10	-12.58	95	-0.01	25	-5.55	70	-0.0004	70
548	37117680	68.72	0.16	60	1.73	70	-0.07	85	-13.66	90	0.0027	5
549	11116918*	68.69	-0.25	25	-17.29	95	0.00	15	0.72	40	0.0002	45
550	11117951*	68.69	-0.42	20	-16.94	95	-0.05	75	6.67	15	-0.0003	65
551	65115503	68.65	0.03	50	-10.90	90	-0.02	40	-4.37	65	0.0015	10
552	15215422	68.15	0.59	90	-13.40	95	-0.06	80	5.21	20	-0.0015	95
553	11117955*	67.31	-0.10	35	-16.76	95	-0.03	55	3.81	25	0.0002	40
554	22119137	66.80	-0.05	40	-12.77	95	-0.02	45	-2.57	60	-0.0003	65
555	41119912	66.53	0.01	45	-0.27	75	-0.04	65	-16.86	95	0.0010	20
556	15217921	66.25	-0.67	15	-14.55	95	-0.02	40	-2.81	60	-0.0004	70
557	65113594	66.18	0.29	70	-15.40	95	-0.05	75	5.07	20	-0.0007	80
558	41116926	66.08	0.33	70	-22.51	99	-0.05	75	14.09	5	0.0003	40
559	41119906	66.07	0.02	50	3.18	65	-0.06	80	-19.19	95	0.0009	20
560	15217561*	65.87	-0.03	45	11.18	35	-0.06	80	-30.46	99	0.0021	10
561	15216721*	65.38	0.19	60	-24.72	99	0.02	10	7.66	15	-0.0009	85
562	41118942	64.59	0.06	50	-4.59	85	-0.05	75	-11.17	85	0.0010	20
563	15215618*	64.49	-0.18	30	-8.85	90	-0.02	40	-9.85	85	0.0008	25
564	15214328	63.69	0.11	55	-2.00	80	-0.06	75	-14.53	90	0.0020	10
565	15518X22	63.17	-0.03	45	-19.72	99	-0.02	35	3.23	25	-0.0008	80

（续）

排名	牛号	GCBI	产犊难易度		断奶重 （kg）		育肥期日增重 （kg/d）		胴体重 （kg）		屠宰率 （%）	
			GEBV	Rank （%）	GEBV	Rank （%）	GEBV	Rank （%）	GEBV	Rank （%）	GEBV	Rank （%）
566	15217922*	62.98	-0.96	10	-16.75	95	-0.05	75	0.76	40	0.0016	10
567	65118538	62.83	-0.15	35	-17.23	95	-0.04	70	2.74	30	-0.0008	80
568	65115505	62.65	0.01	45	-11.00	90	-0.06	80	-3.57	65	0.0008	20
569	22219697	62.53	0.23	65	-5.36	85	-0.04	65	-12.49	90	0.0003	40
570	41118288	61.01	-0.42	20	-17.77	95	-0.04	65	0.70	40	0.0003	40
571	22219619	60.52	0.17	60	-18.58	95	-0.04	70	3.47	25	0.0017	10
572	15217172	60.44	0.54	85	-5.87	85	-0.08	85	-7.26	75	-0.0006	75
573	65117532	59.52	0.09	55	-7.77	90	-0.01	30	-15.04	95	0.0006	30
574	65118598	59.39	0.34	70	-18.88	95	-0.06	80	5.73	20	-0.0006	75
575	15213313*	59.38	0.00	45	-4.50	85	-0.02	40	-18.67	95	0.0006	30
576	65114501	58.86	0.56	85	-26.23	99	-0.02	40	10.64	10	-0.0005	75
577	41119202	58.81	-0.03	45	-6.09	85	-0.04	65	-14.94	90	0.0029	5
578	15417506	58.34	0.05	50	-7.22	85	-0.04	70	-12.92	90	0.0024	5
579	41215411	57.98	0.62	90	-10.42	90	-0.04	65	-7.71	80	-0.0002	60
580	15416315	57.82	-0.02	45	7.14	50	-0.04	65	-32.38	99	0.0025	5
581	15215608	57.48	-0.01	45	-15.98	95	-0.01	25	-6.39	75	0.0000	55
582	65118536	55.98	-0.46	20	-25.83	99	0.00	15	2.97	30	-0.0008	80
583	41217462	55.95	-0.21	30	-17.74	95	-0.02	45	-3.65	65	0.0004	35
584	41119902	54.89	-0.03	45	-10.83	90	0.00	25	-15.18	95	0.0009	20
585	15216702	54.59	0.12	55	-12.33	95	-0.05	75	-7.47	80	0.0018	10
586	15214115*	53.78	-0.11	35	-1.43	80	-0.06	80	-22.15	99	0.0019	10
587	15214107	53.45	0.12	55	-7.91	90	-0.03	50	-17.04	95	0.0011	20
588	65117528	53.18	-0.07	40	-8.67	90	-0.04	60	-15.57	95	0.0018	10
589	41118244	52.85	-0.04	40	-13.48	95	-0.02	40	-11.38	85	0.0025	5
590	15212134	52.10	-0.18	30	-3.20	80	-0.02	35	-25.99	99	0.0006	30
591	41118938	51.25	0.42	75	-11.41	90	-0.05	75	-9.67	85	0.0001	45
592	15519808	51.15	0.02	50	-20.06	99	-0.03	55	-2.35	60	-0.0011	90
593	41217469	50.82	-1.08	10	-19.92	99	-0.03	60	-5.13	70	0.0006	25
594	15218842	50.32	0.57	85	-19.41	95	-0.01	25	-5.44	70	0.0010	20
595	15216701	47.26	0.00	45	-13.36	95	-0.04	65	-12.62	90	0.0013	15

（续）

（续）

排名	牛号	GCBI	产犊难易度		断奶重（kg）		育肥期日增重（kg/d）		胴体重（kg）		屠宰率（%）	
			GEBV	Rank（%）	GEBV	Rank（%）	GEBV	Rank（%）	GEBV	Rank（%）	GEBV	Rank（%）
596	65117534	43.97	0.11	55	-14.23	95	-0.05	70	-12.44	90	-0.0009	85
597	41416121	43.09	-0.13	35	-24.90	99	-0.03	55	-1.70	55	0.0002	45
598	41117938	42.77	-0.10	35	-14.74	95	-0.04	60	-14.45	90	0.0009	20
599	11118988	41.88	0.11	55	-13.65	95	-0.04	70	-14.91	90	0.0017	10
600	37114617	40.86	-0.14	35	0.79	75	-0.02	45	-37.64	99	0.0026	5
601	65117552	39.75	0.15	60	-15.96	95	-0.03	55	-14.78	90	0.0011	15
602	41215403	39.38	0.30	70	-12.67	95	-0.04	65	-17.80	95	0.0007	25
	64115314											
603	15218841	38.89	0.25	65	-13.54	95	-0.05	75	-16.28	95	0.0011	15
604	15418512	36.39	0.51	85	-20.16	99	-0.03	50	-11.15	85	0.0011	15
605	41118932	35.85	-0.05	40	-15.20	95	-0.05	75	-16.78	95	0.0001	50
606	15216704	33.54	-0.21	30	-12.95	95	-0.02	45	-24.91	99	0.0012	15
607	15217137	31.58	-0.74	15	-38.40	100	-0.01	25	3.96	25	0.0007	25
608	65117557	29.30	-0.04	40	-12.54	95	-0.01	30	-28.87	99	0.0015	10
609	65117560	27.04	0.09	55	-11.98	95	-0.04	70	-27.04	99	0.0013	15
610	41414150	10.31	0.03	50	5.16	55	-0.08	85	-55.53	100	-0.0024	95
611	37117682	5.99	-0.12	35	-30.51	99	-0.03	55	-18.79	95	0.0017	10
612	37117683	-48.50	-0.05	40	-37.46	100	-0.04	70	-44.23	100	0.0045	1
613	37117679	-51.19	-0.16	30	-36.64	100	-0.02	40	-50.18	100	0.0059	1

＊ 表示该牛已经不在群，但有库存冻精。

4.2 三河牛

表4-2 三河牛估计育种值

序号	牛号	CBI	TPI	体型外貌评分 EBV	体型外貌评分 r²(%)	初生重 EBV	初生重 r²(%)	6月龄体重 EBV	6月龄体重 r²(%)	18月龄体重 EBV	18月龄体重 r²(%)	6~12月龄日增重 EBV	6~12月龄日增重 r²(%)	13~18月龄日增重 EBV	13~18月龄日增重 r²(%)	19~24月龄日增重 EBV	19~24月龄日增重 r²(%)	4%乳脂率校正奶量 EBV	4%乳脂率校正奶量 r²(%)
1	15310005	167.50	134.6	-0.02	22	2.74	25	15.75	24	21.39	26	0.04	24	0.01	20	0.04	27	-205.81	15
2	15316547	159.01	124.54	1.23	42	2.83	45	14.27	44	11.13	38	-0.05	44	0.04	38	0.04	49	-379.26	3
3	15316259	157.19		0.25	43	0.14	46	18.89	45	12.83	39	-0.20	45	0.12	39	-0.01	50		
4	15317563	156.88	138.61	0.24	43	0.25	47	21.38	47	8.91	42	0.01	47	-0.02	41	-0.07	51	156.4	12
5	15317105	156.66	137.64	0.00	44	4.34	49	15.15	49	11.47	42	0.03	49	0.00	41	-0.13	51	127.15	12
6	15308735*	156.13		-0.22	43	0.31	44	10.70	43	25.72	37	0.10	43	0.01	37	-0.09	48		
7	15317509	153.53		0.18	44	1.66	44	18.68	44	8.11	38	-0.07	44	0.03	38	0.01	49		
8	15313185	150.66	97.35	0.08	43	-0.33	44	23.17	43	3.69	37	-0.04	43	-0.06	37	-0.05	49	-1153.14	39
9	15311063	149.88	139.89	0.09	43	-1.72	48	19.27	48	11.13	43	0.00	48	-0.01	42	-0.05	51	347.59	17
10	15309017*	148.82		-0.47	44	-1.28	44	6.28	44	30.82	38	0.04	44	0.10	38	-0.11	49		
11	15308181*	144.48		-0.43	43	5.05	44	-2.27	43	28.34	37	0.00	43	0.17	37	0.00	48		
12	15317445	142.30		-0.15	44	6.43	44	14.37	44	-0.78	38	-0.09	44	0.03	38	-0.02	49		
13	15309901*	141.89	127.26	0.66	44	-0.94	44	2.24	44	25.47	38	0.11	44	0.02	38	-0.03	49	74.12	3
14	15313875	141.83	112.92	-0.67	44	0.37	47	4.07	47	26.95	41	0.19	47	-0.02	41	-0.18	51	-425.04	42
15	15316831	139.10	129.31	0.82	44	2.03	50	13.80	50	0.88	44	-0.11	50	0.01	44	0.04	54	204.19	13
16	15317235	139.09	127.81	0.90	43	1.01	47	14.58	46	1.20	41	-0.03	46	0.00	41	-0.15	51	152.13	12
17	15308741	136.23	131.02	0.23	39	0.05	41	-8.06	40	36.39	34	0.20	40	0.07	34	-0.01	46	323.78	14
18	15312001	131.78		0.79	43	-2.71	44	4.75	44	17.14	35	0.08	41	0.00	35	0.01	47		
19	15313050	131.17	119.18	-0.15	42	-0.64	42	2.71	41	20.48	35	0.21	41	-0.07	35	-0.01	47	16.55	11
20	15319187	130.23	126.89	0.21	10	-0.19	28	8.97	28	8.32	25	0.04	28	0.00	24	-0.04	27	305.33	20
21	15309019*	128.15		0.85	44	4.90	44	2.66	44	3.58	38	0.01	44	-0.01	38	-0.02	49		
22	15308035*	128.05		0.46	40	-1.09	40	3.13	40	15.47	34	0.01	40	0.13	34	-0.03	45		
23	15318111	127.56	126.76	0.17	10	0.21	20	10.61	20	3.54	19	0.01	20	-0.01	18	-0.06	18	356.73	13
24	15309003*	127.39	118.49	0.27	42	-0.26	44	-7.56	43	29.67	37	0.29	43	-0.03	37	-0.09	49	71.67	3
25	15317077	125.47		0.73	44	0.47	45	2.84	45	9.91	39	-0.07	45	0.16	39	-0.05	50		
26	15314315	122.73	103.33	3.28	39	1.55	43	-9.85	43	11.67	40	-0.06	43	0.13	37	-0.14	49	-359.86	3

（续）

序号	牛号	CBI	TPI	体型外貌评分		初生重		6 月龄体重		18 月龄体重		6~12 月龄日增重		13~18 月龄日增重		19~24 月龄日增重		4%乳脂率校正奶量	
				EBV	r²(%)	EBV	r²(%)	EBV	r²(%)	EBV	r²(%)	EBV	r²(%)	EBV	r²(%)	EBV	r²(%)	EBV	r²(%)
27	15316503	119.06	118.89	0.50	43	0.69	52	2.18	51	6.96	46	-0.01	51	0.01	45	-0.03	54	260.15	17
28	15317099	118.23	117.11	0.35	45	-1.62	52	6.86	51	4.56	46	0.06	51	-0.03	46	-0.10	54	215.4	19
29	15316709	117.68		-0.50	41	1.31	45	-3.65	45	18.03	39	0.09	45	-0.02	39	0.07	49		
30	15316665	115.64	107.64	0.27	42	2.81	44	1.84	43	2.30	37	-0.01	43	0.01	37	0.00	49	-60.8	3
31	15309021*	113.59	109.73	0.47	42	-0.53	44	-5.58	43	16.41	37	0.09	43	0.04	37	-0.30	49	55.08	3
32	15317677	113.45	104.82	0.83	41	-3.46	43	-0.73	42	12.89	36	0.03	42	0.12	36	-0.09	48	-113.31	3
33	15317069	112.81		-0.30	45	3.55	45	-0.65	45	5.26	40	0.18	45	-0.10	39	-0.06	50		
34	15319413	112.06	109.97	0.12	7	0.46	18	-0.43	19	7.90	17	0.02	19	0.04	16	0.03	13	95.25	4
35	15317239	111.87	99.48	0.23	45	-1.48	45	4.95	44	3.03	39	0.03	45	0.02	38	0.00	50	-266.67	3
36	15312171	111.84	72.25	0.76	41	-1.20	42	2.97	41	2.75	35	0.09	41	-0.05	35	-0.07	46	-1216.4	39
37	15317607	111.29	112.63	0.85	46	-0.54	49	2.08	49	2.00	44	-0.07	49	0.09	43	0.03	53	204.19	13
38	15312015	109.29		0.11	45	1.12	45	0.76	44	3.07	40	0.02	44	-0.03	38	-0.01	50		
39	15315314	108.01		-0.12	30	4.12	43	-1.54	43	1.17	36	-0.06	43	0.09	36	-0.09	48		
40	15308540*	107.88		-0.42	43	0.10	44	-1.07	43	9.07	38	0.00	43	0.06	38	0.14	48		
41	15317193	106.21		0.18	44	-0.24	5	14.83	43	-17.11	36	-0.14	43	-0.01	36	0.03	48		
42	15314224	106.01		2.89	37	-1.54	45	1.80	41	-9.55	35	-0.11	42	0.06	35	-0.18	47		
43	15319137	105.09	103.22	0.03	7	-1.11	18	3.25	18	0.88	16	-0.03	18	0.03	16	-0.04	19	5.74	4
44	15317511	104.89		0.36	42	-0.38	44	-2.82	43	6.47	38	0.12	43	0.00	37	-0.04	49		
45	15305207*	104.79		-0.25	21	-0.51	22	0.72	22	4.56	19	-0.01	22	0.03	19	0.08	25		
46	15317085	102.76	99.99	-0.24	43	-0.16	45	6.26	44	-5.48	39	0.01	44	-0.04	38	-0.01	49	-57.99	3
47	15316603	101.91	91.02	-0.50	42	-1.79	45	1.32	44	5.14	38	-0.13	44	0.09	38	0.05	49	-353.4	2
48	15317487	101.68	97.85	-0.34	44	3.97	44	8.05	44	-15.72	38	0.04	44	-0.13	38	0.00	49	-110.26	4
49	15318343	98.79	88.96	0.44	8	0.15	11	-7.63	9	7.59	15	0.00	9	0.03	8	0.00	10	-359.86	3
50	15305211*	98.10		-0.45	21	2.94	22	-2.03	22	-1.55	19	-0.03	22	0.04	19	0.00	25		
51	15317071	97.27	102.29	0.25	44	0.32	48	7.17	47	-13.98	42	-0.03	47	-0.05	42	-0.04	52	136.91	12
52	15312019	96.06		0.08	45	-0.67	44	0.03	44	-2.07	38	-0.03	44	0.02	38	0.04	49		
53	15311029	93.39	88.32	-0.83	39	-2.88	40	4.77	39	-2.36	33	0.11	40	-0.12	33	-0.06	45	-269.27	3
54	15319129	90.22		-0.15	8	0.46	8	1.43	8	-9.18	8	-0.03	8	-0.03	7	0.03	9		

（续）

序号	牛号	CBI	TPI	体型外貌评分		初生重		6月龄体重		18月龄体重		6~12月龄日增重		13~18月龄日增重		19~24月龄日增重		4%乳脂率校正奶量	
				EBV	r²(%)	EBV	r²(%)	EBV	r²(%)	EBV	r²(%)	EBV	r²(%)	EBV	r²(%)	EBV	r²(%)	EBV	r²(%)
55	15309009*	89.99	93.25	-0.80	46	0.29	49	3.98	48	-9.51	43	-0.01	48	-0.04	42	0.00	52	-26.06	10
56	15312615	89.23	93.05	-0.52	42	0.95	41	-3.44	41	-2.03	35	-0.06	41	0.03	35	0.03	47	-16.9	12
57	15314037	85.45	77.6	-0.06	41	-1.70	45	1.75	43	-9.64	37	0.07	43	-0.10	37	0.06	49	-476.97	39
58	15316643	85.11	80.85	-0.16	40	0.04	44	-12.87	43	8.32	37	0.08	43	0.00	37	0.09	48	-356.57	1
59	15317187	85.07	86.84	-0.66	44	0.88	44	-2.27	43	-5.89	37	0.02	44	-0.02	37	-0.03	49	-146.63	4
60	15317435	81.30	81.56	0.28	45	-1.10	45	-10.65	44	2.31	39	0.02	44	0.09	38	-0.02	50	-252.02	3
61	15316571	76.66		0.25	42	1.43	45	-10.35	44	-5.85	40	0.07	44	-0.08	38	0.17	49		
62	15313077	69.48	78.73	-0.18	44	1.81	45	-11.27	44	-8.30	38	-0.02	44	0.04	38	0.14	50	-103.32	39
63	15317137	64.22	85.14	-0.09	44	0.62	20	3.05	47	-30.81	42	-0.03	47	-0.09	42	0.02	52	230.47	12
64	15317451	61.06		-0.67	44	-0.97	46	3.98	45	-28.74	39	-0.02	45	-0.12	39	0.05	51		
65	15313096	56.55	87.68	-0.28	42	-0.43	42	-14.19	41	-8.96	35	0.02	41	-0.01	35	0.22	47	479.67	15
66	15308121*	55.37		-0.31	41	-0.71	42	-2.03	41	-26.49	36	-0.19	42	0.01	35	0.09	47		
67	15309051*	52.13		-0.13	45	-0.21	46	-23.88	45	0.54	40	0.11	45	0.00	39	-0.07	50		
68	15316013	51.11		-0.36	40	4.72	45	-1.47	44	-39.84	40	-0.05	44	-0.18	38	0.09	49		
69	15315421	47.97		0.19	31	-1.57	44	-12.47	43	-17.84	37	-0.06	43	0.02	37	-0.05	49		
70	15310125	31.58	51.03	-0.06	26	-2.30	28	-14.42	27	-24.35	24	-0.03	27	-0.03	23	-0.06	30	-276.35	3
71	15311065	28.56	21.69	0.35	40	0.16	42	-22.57	41	-21.31	39	-0.07	41	0.00	35	-0.01	46	-1236.97	39
72	15317165	28.29		-0.62	43	1.83	45	-4.82	44	-45.07	40	-0.07	44	-0.15	38	0.11	50		

* 表示该牛已经不在群，但有库存冻精。

— 表示该表型值缺失，且无法根据系谱信息估计出育种值。

（续）

4.3 瑞士褐牛

表4-3 瑞士褐牛估计育种值

序号	牛号	CBI	TPI	体型外貌评分		初生重		6月龄体重		18月龄体重		6~12月龄日增重		13~18月龄日增重		19~24月龄日增重		4%乳脂率校正奶量	
				EBV	r²(%)	EBV	r²(%)	EBV	r²(%)	EBV	r²(%)	EBV	r²(%)	EBV	r²(%)	EBV	r²(%)	EBV	r²(%)
1	11118205	237.12	194.23	-0.14	26	3.15	33	42.58	36	19.50	30	0.10	33	-0.27	31	0.12	37	417.45	18
2	11119206	200.09	217.1	-0.53	27	0.99	35	34.17	38	14.75	30	-0.07	34	0.00	30	-0.09	35	1990.62	9
3	11119207	188.43	210.1	-0.22	27	0.13	35	33.40	38	8.71	30	-0.10	34	-0.02	30	-0.07	35	1990.62	9
4	11119208	185.97	165.85	-0.62	33	0.00	36	27.20	36	18.12	31	0.05	36	0.03	32	-0.14	38	497.95	17
5	65117851	152.40	120.47	-0.05	40	2.14	17	2.34	45	24.81	39	0.04	18	0.13	40	-0.11	48	-382.78	17
6	11115203	139.30	125.17	-0.62	41	3.93	44	12.44	44	2.60	39	0.01	44	-0.01	40	-0.09	45	55.59	43
7	21211102	138.08	122.35	0.51	37	0.19	45	0.07	45	19.96	40	0.16	44	-0.06	39	0.12	42	-17.49	47
8	11101934*	133.14	105.24	0.01	3	1.11	60	1.67	62	15.67	59	-0.06	60	0.09	59	-0.15	61	-511.08	5
9	21211103*	129.07	142.05	-0.25	29	0.17	39	7.75	38	8.01	34	0.08	38	-0.07	33	0.07	36	858.68	41
10	21208021*	127.37	100.68	-1.13	27	1.21	30	20.08	30	-7.27	26	0.04	24	-0.06	21	-0.04	27	-549.43	39
11	11119209	126.44	130.13	-0.94	33	0.67	36	15.68	36	-1.77	31	0.03	36	-0.05	32	0.00	14	497.95	17
12	65108831*	126.25	128.44	0.26	9	1.58	40	-1.52	40	13.65	34	0.00	14	-0.02	13	0.03	14	442.73	42
13	65117823	121.90	91.12	-0.09	41	-0.58	11	10.49	45	0.46	40	-0.05	41	-0.05	50			-768.43	10
14	21219002	116.19	95.94	0.18	9	0.64	39	5.41	40	0.22	34	0.05	36	0.00	33	0.08	35	-480.52	43
15	21208020*	112.21	94.08	-1.38	22	0.84	30	18.26	30	-11.94	26	-0.02	24	-0.03	21	-0.06	27	-462.26	39
16	21214008	107.28	80.8	0.68	33	-0.06	38	-13.68	38	19.73	31	0.02	37	0.06	31	0.12	38	-822.48	46
17	21216034	106.48	85.81	0.78	29	-0.90	32	-2.55	32	5.00	31	-0.04	32	0.07	28		35	-630.92	42
18	21219020	103.77	195.35	-0.29	4	-1.57	30	6.72	32	-5.17	24	-0.21	29	0.08	25	-0.02	6	3248.37	44
19	21218040	93.76	92.96	-0.03	36	-0.96	40	-13.15	40	16.28	35	0.07	38	0.00	35	0.15	41	-115.14	35
20	21214005*	91.14	70.2	0.57	28	-1.79	32	-12.81	32	12.60	25	0.02	32	0.06	26	0.07	32	-854.47	44
21	65108826*	90.42	151.6	0.93	30	-0.01	39	-9.34	38	2.09	33	0.06	7	-0.02	8	0.07	8	2001.34	41
22	21214007*	88.71	75.2	0.21	33	-0.75	35	-8.78	34	5.52	28	-0.03	33	0.02	29	0.09	36	-628.89	44
23	21216053	87.26	63.56	0.75	27	-0.89	31	-5.26	30	-2.81	25	0.05	30	-0.11	25	0.00	32	-1005.03	43
24	21219025	85.32	189.67	-0.29	4	-1.52	29	8.39	31	-16.02	24	-0.26	28	0.05	25	-0.02	6	3436.76	44
25	21218036	84.02	72.18	1.39	32	-0.94	35	-22.11	36	15.08	31	-0.01	34	0.05	30	0.07	38	-636.12	34
26	21218039	83.64	71.96	1.10	32	-1.23	35	-23.18	36	18.42	31	0.04	34	0.03	30	0.06	38	-636.12	34

（续）

序号	牛号	CBI	TPI	体型外貌评分		初生重		6月龄体重		18月龄体重		6~12月龄日增重		13~18月龄日增重		19~24月龄日增重		4%乳脂率校正奶量	
				EBV	r²(%)	EBV	r²(%)	EBV	r²(%)	EBV	r²(%)	EBV	r²(%)	EBV	r²(%)	EBV	r²(%)	EBV	r²(%)
27	21218015*	82.34	78.44	1.16	34	-2.56	38	-16.44	39	10.57	33	0.13	37	-0.09	33	0.19	40	-382.44	36
28	21218037	78.25	68.72	1.10	32	-0.66	35	-20.97	36	11.02	31	0.00	34	0.01	30	0.14	38	-636.12	34
29	21209004*	73.60	104.5	-1.52	19	-0.93	72	-2.06	77	-3.34	74	0.00	71	0.05	73	-0.13	76	709.95	34
30	21219022	72.89	182.22	-0.29	4	-2.09	29	1.19	31	-12.59	24	-0.22	28	0.08	25	-0.02	6	3436.76	44
31	21219026	70.14	180.57	-0.29	4	-2.38	29	3.99	31	-17.56	24	-0.26	28	0.06	25	-0.02	6	3436.76	44
32	65116843*	56.36	127.2	-1.06	39	-2.14	47	-1.51	47	-14.72	42	0.01	47	-0.03	42	0.08	50	1863.03	46
33	11115202	51.32	119.71	-1.09	37	-0.25	39	-13.73	41	-4.41	35	-0.01	40	0.03	36	0.15	42	1706.96	43
34	65113821*	34.79	56.94	-0.80	39	-1.87	43	-14.15	43	-12.34	38	-0.02	44	0.07	39	-0.03	47	-137.3	42
35	21216050	31.71	30.23	0.45	27	-1.17	31	-15.23	30	-20.71	25	-0.04	30	-0.08	25	0.05	32	-1005.03	43
36	11114201	30.70	84.8	0.84	35	-5.81	41	-19.66	42	-8.49	36	-0.10	41	0.00	36	0.23	43	920.41	45
37	11115201	27.84	105.62	-1.54	37	-1.39	39	-14.08	41	-13.63	35	-0.10	40	0.00	36	0.06	42	1706.96	43

﹡ 表示该牛已经不在群，但有库存冻精。

— 表示该表型值缺失，且无法根据系谱信息估计出育种值。

（续）

4.4 新疆褐牛

表4-4 新疆褐牛估计育种值

序号	牛号	CBI	TPI	体型外貌评分		初生重		6月龄体重		18月龄体重		6~12月龄日增重		13~18月龄日增重		19~24月龄日增重		4%乳脂率校正奶量	
				EBV	r²(%)	EBV	r²(%)	EBV	r²(%)	EBV	r²(%)	EBV	r²(%)	EBV	r²(%)	EBV	r²(%)	EBV	r²(%)
1	65118865	214.76	168.9	-1.68	34	4.03	37	31.67	40	27.45	35	-0.11	37	-0.04	36	0.11	44	1.5	3
2	65117857	176.98	147.64	-0.54	40	0.69	16	31.20	45	5.42	40	0.04	42	-0.18	40	0.17	49	50.53	16
3	65117805	159.73	127.07	0.37	40	1.23	12	5.29	44	24.70	38	-0.13	41	0.08	39	-0.09	48	-306.08	11
4	65114812*	137.92	95.55	-0.31	11	-1.00	44	-3.96	44	32.03	39	0.07	44	0.15	39	0.04	48	-949.31	43
5	65117818	132.36	116.22	0.27	41	1.29	12	-10.91	44	30.77	39	0.00	13	0.22	40	-0.15	48	-111.37	11
6	65117859*	130.20	111.29	-2.49	39	-0.16	10	30.46	43	-9.98	37	0.04	39	-0.22	38	0.11	47	-238.31	9
7	65113807*	129.24	82.26	-0.47	39	3.04	42	1.25	42	12.77	36	0.06	42	-0.01	37	0.06	46	-1231.44	41
8	65117855	127.71	115.25	-0.69	39	0.29	10	6.46	43	11.07	38	-0.02	40	-0.03	39	0.12	47	-47.94	9
9	65116850	122.43	100.33	-0.41	42	0.18	44	-8.43	44	27.06	39	0.05	44	0.17	40	0.02	48	-458.12	43
10	65116836	121.09	79.03	0.46	43	0.79	45	0.59	46	8.05	40	-0.03	45	-0.01	41	0.20	49	-1173.43	44
11	65117801	117.63	102.63	-0.38	40	-0.18	10	-0.71	43	14.05	38	0.00	40	0.05	39	-0.01	47	-277.43	9
12	65113820*	115.20	104.01	0.42	38	-0.36	47	9.47	47	-5.34	42	0.03	18	-0.08	43	0.05	51	-178.42	42
13	65108883*	113.45	74.76	0.88	27	1.34	35	0.37	35	0.43	29	-0.03	24	0.00	21	0.20	26	-1162.56	39
14	65117802*	112.61	115.21	0.51	44	-1.28	17	-2.62	47	10.98	42	-0.01	16	-0.03	42	0.02	50	266.86	16
15	11103630*	101.08	82.71	0.69	21	0.33	83	-2.62	84	-0.04	82	0.08	83	-0.04	82	-0.12	83	-626.01	24
16	65113809*	95.44	63.91	-0.44	41	2.08	44	-17.33	44	19.45	39	0.10	44	0.18	40	-0.14	48	-1163.86	43
17	65112819*	94.58	86.86	-0.11	25	-0.22	46	-12.90	46	15.45	41	0.15	46	0.03	42	-0.02	49	-345	41
18	65117806*	92.71	73.61	-0.09	41	-0.58	11	-4.07	40	2.75	40	-0.14	42	0.07	41	-0.10	50	-768.43	10
19	65113806*	84.84	44.38	0.37	39	2.27	44	-17.39	44	8.42	39	0.19	44	0.05	40	-0.04	48	-1623.4	43
20	65110895*	76.26	132.89	0.05	3	0.01	24	-10.01	24	-0.94	4	0.01	24	0.03	4	-0.03	5	1644.71	40
21	65113804*	71.69	51.18	0.14	39	0.56	44	-7.25	44	-9.04	39	0.08	45	-0.04	40	-0.18	48	-1110.77	43
22	65113805*	64.07	68.71	0.59	37	0.57	44	-16.27	44	-3.68	39	0.05	45	0.03	40	-0.23	48	-339.49	43
23	65111897*	62.30	56.35	-0.60	37	-0.62	41	0.41	41	-19.09	36	0.02	41	-0.10	37	0.20	44	-733.91	41
24	65114811*	61.88	54.97	-1.10	42	-0.15	44	-13.68	45	1.80	39	0.06	45	0.12	40	-0.03	49	-773.3	43
25	65111898*	58.70	26.1	-0.97	33	0.08	39	-6.60	39	-11.00	34	0.01	39	-0.03	35	-0.09	42	-1714.24	42
26	65111899*	31.74	3.91	-0.72	34	0.84	40	-7.19	40	-29.34	35	0.00	40	-0.09	36	-0.07	43	-1924.02	42

（续）

序号	牛号	CBI	TPI	体型外貌评分		初生重		6月龄体重		18月龄体重		6~12月龄日增重		13~18月龄日增重		19~24月龄日增重		4%乳脂率校正奶量	
				EBV	r^2(%)	EBV	r^2(%)	EBV	r^2(%)	EBV	r^2(%)	EBV	r^2(%)	EBV	r^2(%)	EBV	r^2(%)	EBV	r^2(%)
27	65113808*	3.65	17.47	-0.88	40	0.06	44	-19.45	43	-27.21	38	-0.03	44	-0.03	39	0.10	47	-862.65	42
28	65114831*	-1.28	4.29	0.84	37	-1.62	49	-19.54	71	-36.05	60	-0.07	49	-0.02	61	0.00	67	-1219.55	41
29	65111802*	-12.17	-3.2	-0.41	31	0.48	39	-14.13	39	-47.44	34	-0.12	39	-0.12	35	-0.07	42	-1252.61	41
30	65114832*	-62.98	-27.71	1.08	37	-1.09	49	-39.27	73	-48.68	62	-0.07	49	-0.04	63	-0.03	68	-1044.04	41
31	65112803*	-72.07	-40.75	-0.25	28	-1.50	42	-20.51	42	-72.14	37	-0.07	43	-0.21	38	-0.07	47	-1308.96	42

* 表示该牛已经不在群，但有库存冻精。

— 表示该表型值缺失，且无法根据系谱信息估计出育种值。

（续）

4.5　摩拉水牛

表4-5　摩拉水牛估计育种值

序号	牛号	CBI	TPI	体型外貌评分		初生重		6月龄体重		18月龄体重		6~12月龄日增重		13~18月龄日增重		19~24月龄日增重		4%乳脂率校正奶量	
				EBV	r^2(%)	EBV	r^2(%)	EBV	r^2(%)	EBV	r^2(%)	EBV	r^2(%)	EBV	r^2(%)	EBV	r^2(%)	EBV	r^2(%)
1	42108127*	207.13		-4.08	41	2.59	44	25.27	44	27.88	38	0.04	44	0.05	37	-0.17	47		
2	43113075	190.68		1.56	45	-1.45	40	21.02	40	28.80	35	0.02	40	0.06	35	0.05	44		
3	42111237	189.51		-4.35	37	0.99	44	22.39	44	24.13	38	-0.01	44	0.09	37	-0.18	47		
4	43112074*	189.15		-1.28	40	0.64	39	18.10	38	29.33	33	0.00	39	0.08	34	0.01	43		
5	43111072	166.85		-4.01	35	1.25	38	13.03	38	22.69	33	0.00	38	0.07	33	0.06	42		
6	53114322	155.13		0.94	40	-0.76	43	2.93	41	31.41	38	0.07	40	0.00	35	0.04	46		
7	42111239	154.78		-4.49	37	0.28	44	14.15	43	15.58	37	0.03	43	0.04	37	-0.22	46		
8	53210102	143.06	125.97	-3.45	44	0.63	48	12.51	47	9.44	42	0.03	47	-0.02	42	-0.14	51	4.77	38
9	42116397	140.39		-0.22	48	-1.38	47	3.46	46	23.11	40	0.08	46	0.02	40	0.11	49		
10	42110221	137.83		-1.39	43	0.20	45	16.04	45	0.98	39	-0.04	45	-0.01	39	-0.21	49		
11	42111081	135.59		-4.34	37	1.93	43	14.64	43	-0.38	37	-0.04	43	-0.01	37	-0.14	47		
12	53110217	133.53		-0.38	40	0.68	42	28.25	38	-20.61	36	-0.27	38	-0.11	32	0.03	44		
13	53114319*	127.37		-2.29	42	0.60	56	1.65	54	14.70	51	0.00	53	0.00	48	0.07	57		
14	53114318	124.70		0.54	41	-1.72	43	0.15	41	18.32	38	0.04	41	-0.03	36	0.04	47		
15	45108965*	120.73		-2.94	42	-0.44	4	4.23	3	9.11	4	0.03	3	0.02	4	0.05	3		
16	45112163	118.77		2.05	44	0.14	8	3.70	8	5.27	7	0.03	8	-0.02	7	0.07	9		
17	45108131	118.69		2.05	50	-1.08	9	3.39	9	7.99	9	0.01	9	0.01	8	0.07	9		
18	45112294	118.38		8.84	47	-1.10	10	-0.13	11	9.80	9	0.03	10	0.02	9	0.05	11		
19	53212136	116.76	114.82	-2.16	41	1.83	44	-2.36	43	11.39	38	0.10	44	-0.02	38	-0.22	48	166.28	39
20	53114315*	116.12		1.12	40	0.04	44	-3.07	12	13.93	39	0.02	9	-0.01	8	0.06	46		
21	36108123	115.03		-2.90	42	-0.97	39	6.95	39	2.63	34	0.04	38	-0.01	33	0.17	42		
22	53114316*	114.67		-1.08	40	-0.14	43	-4.64	40	16.62	37	0.01	40	0.01	35	0.05	46		
23	53212137*	105.49	87.37	-2.14	41	1.81	44	-2.48	43	4.52	38	0.12	44	-0.07	38	0.00	48	-555.68	38
24	45103937	105.24		12.75	48	-0.95	7	-2.94	8	3.53	7	0.02	7	0.01	7	0.03	8		
25	42116063	103.86		-3.73	45	-0.44	44	0.29	44	4.54	38	0.08	44	-0.04	38	0.11	47		
26	45112770	103.84	100.01	7.57	46	-0.74	10	-1.79	10	2.95	10	0.01	10	0.01	5	0.02	10	-80.12	7

（续）

序号	牛号	CBI	TPI	体型外貌评分		初生重		6月龄体重		18月龄体重		6~12月龄日增重		13~18月龄日增重		19~24月龄日增重		4%乳脂率校正奶量	
				EBV	r²(%)	EBV	r²(%)	EBV	r²(%)	EBV	r²(%)	EBV	r²(%)	EBV	r²(%)	EBV	r²(%)	EBV	r²(%)
27	53217219	100.66		-10.44	16	-0.18	7	8.62	7	-6.87	6	-0.01	7	-0.06	6	0.03	7		
28	42116413	100.24	97.85	-2.63	46	-0.83	45	-4.40	45	9.24	39	-0.13	45	0.09	39	0.04	48	-80.12	2
29	45112273	97.95		5.39	51	-1.76	14	-2.18	14	2.75	13	0.01	13	0.03	12	0.04	14		
30	42117481	91.93	92.86	2.48	41	-1.60	48	0.63	47	-4.04	41	-0.05	47	0.09	40	-0.04	48	-80.12	7
31	45103951	90.69		12.09	43	-0.54	7	-4.47	7	-3.89	6	0.00	6	0.01	6	0.02	7		
32	43110067	90.02		2.62	42	0.33	40	-6.75	39	1.60	34	0.00	39	0.03	34	0.07	43		
33	53217216	87.54	91.14	-3.72	16	0.21	47	33.04	47	-53.92	41	-0.28	47	-0.18	40	-0.06	47	-48.16	4
34	43110066	84.75		5.01	39	0.24	38	-6.20	38	-3.41	33	0.00	38	0.02	33	0.05	42		
35	45112730*	84.56	88.44	7.63	47	-1.09	7	-5.55	8	-3.11	7	0.00	12	0.02	7	0.01	8	-80.12	7
36	45112281*	82.40		7.38	46	-1.33	11	-5.93	11	-3.35	9	-0.02	10	0.04	9	0.00	11		
37	45108929	81.87		1.01	46	-1.49	9	-4.97	9	-1.86	8	0.01	8	0.02	7	0.01	9		
38	42116057	76.54		-2.24	42	0.62	44	-11.61	44	1.77	37	-0.08	44	0.19	37	-0.11	47		
39	53109230	75.44		2.27	43	0.07	54	6.35	31	-25.68	49	-0.09	31	-0.10	29	0.01	31		
40	53217218	75.42	84.08	-3.28	17	0.05	48	22.47	47	-46.26	42	-0.21	47	-0.14	40	-0.15	47	-40.99	7
41	53215187	74.10		-0.85	1	1.92	43	7.63	43	-30.47	38	0.04	43	-0.25	38	0.05	47		
42	43109064	71.74		1.60	41	-1.43	39	-7.41	39	-5.10	34	0.06	39	-0.04	34	0.03	43		
43	53217217	69.93	80.49	-3.23	15	0.62	47	25.67	47	-55.40	41	-0.16	46	-0.24	39	-0.07	46	-51.15	4
44	42116457	63.08	75.55	2.06	48	-4.21	47	-7.85	47	-4.81	41	0.03	11	0.08	41	0.12	50	-80.12	2
45	36108137	58.98		2.46	39	-0.95	39	-5.07	39	-17.77	34	-0.14	39	0.08	34	-0.04	42		
46	53215186	55.86		-0.07	5	0.83	45	2.01	44	-32.13	39	0.00	44	-0.26	39	0.06	48		
47	43109063	55.27		4.22	48	-2.64	42	-11.06	42	-9.08	37	0.05	42	-0.03	37	0.03	46		
48	42116399	54.28	70.27	0.45	45	-1.62	46	-18.49	46	0.72	40	0.12	45	0.00	40	-0.09	49	-80.12	2
49	53216215	39.98		0.79	12	-0.66	48	15.52	45	-59.02	42	-0.20	45	-0.28	39	-0.05	48		
以下种公牛部分性状测定数据缺失，只发布数据完整性状的估计育种值																			
50	53214182			—	—	-0.39	42	-9.62	42	-37.04	37	0.06	42	-0.21	37	-0.02	47		
51	53215190			—	—	0.18	44	5.22	44	-24.31	38	0.01	44	-0.18	38	0.06	47		

* 表示该牛已经不在群，但有库存冻精。

— 表示该表型值缺失，且无法根据系谱信息估计出育种值。

4.6　尼里-拉菲水牛

表4-6　尼里-拉菲水牛估计育种值

序号	牛号	CBI	TPI	体型外貌评分		初生重		6月龄体重		18月龄体重		6~12月龄日增重		13~18月龄日增重		19~24月龄日增重		4%乳脂率校正奶量	
				EBV	r^2(%)	EBV	r^2(%)	EBV	r^2(%)	EBV	r^2(%)	EBV	r^2(%)	EBV	r^2(%)	EBV	r^2(%)	EBV	r^2(%)
1	42117096	238.05		0.07	35	4.27	43	21.84	44	47.11	37	0.06	42	0.18	35	-0.02	44		
2	42107714*	235.26		7.11	40	3.47	43	26.28	43	37.32	37	0.08	43	0.06	37	-0.20	46		
3	42115015	221.16		-5.33	23	-1.34	44	32.51	43	34.36	37	0.01	44	0.06	37	0.23	47		
4	42116023	148.50	126.8	-4.34	46	1.29	44	6.51	44	20.60	38	0.03	44	0.04	38	0.19	47	-80.12	3
5	42115339*	146.00	125.3	-2.47	45	0.55	7	10.13	43	14.40	36	0.04	8	0.06	5	0.03	6	-80.12	5
6	45112165	126.93		-1.45	45	0.38	3	5.69	4	8.67	3	0.02	4	0.02	3	0.02	3		
7	45110858	125.03		4.18	45	0.33	3	3.45	4	8.23	3	0.02	3	0.03	3	0.00	4		
8	45103558	124.75		11.18	43	0.33	1	2.50	1	6.24	1	0.02	1	—	—	0.00	1		
9	45112904	122.79		4.00	44	0.21	2	3.04	3	7.72	2	0.03	2	0.03	2	0.01	2		
10	45109798	122.46		3.09	43	-0.52	4	5.07	4	6.41	2	0.01	2	0.02	1	0.04	2		
11	45108756*	121.58		-3.16	46	0.28	4	3.96	5	8.76	4	0.02	4	0.04	3	0.00	4		
12	42115317*	120.15		-3.00	22	-2.44	44	1.70	44	16.22	38	0.08	44	0.05	37	0.06	47		
13	53212156	119.75	92.54	-1.55	42	-2.30	45	-6.90	45	27.38	40	0.12	46	0.07	40	-0.18	50	-674.04	40
14	45112153	119.40		-5.22	45	0.47	2	5.68	2	5.50	2	0.01	2	0.00	2	0.02	2		
15	45109973	116.69		3.02	12	0.22	3	2.17	3	5.57	2	0.01	2	0.03	2	-0.01	3		
16	45110213	116.32		2.43	46	-0.68	5	1.90	5	7.71	4	0.04	4	0.04	6	0.02	4		
17	53110244*	116.11		-0.40	41	3.24	46	0.04	15	4.05	40	-0.03	14	0.01	12	-0.09	48		
18	45107698	115.28		12.40	44	-0.62	3	0.42	3	4.54	1	0.02	1	0.02	1	0.01	1		
19	45109156	115.15		5.16	42	-0.41	2	1.26	2	6.14	1	0.03	2	0.02	1	0.01	2		
20	45103566*	114.10		13.50	45	-0.94	5	-0.04	5	4.57	1	0.02	1	0.02	1	0.01	1		
21	45108935	113.62		-4.10	45	-0.16	4	2.26	4	7.47	4	0.02	4	0.03	3	0.04	4		
22	45110852	112.45		1.48	43	-0.37	2	2.27	2	4.59	2	0.02	2	0.02	2	0.02	2		
23	45108744	111.98		-5.54	45	0.27	1	3.79	1	4.08	1	0.01	1	0.00	1	0.02	1		
24	45110866	110.69	104.12	1.40	45	-0.74	7	-0.54	7	8.26	4	0.05	6	0.03	3	0.00	6	-80.12	2
25	45103574	108.08		11.29	42	-0.52	2	-0.20	2	1.22	1	-0.02	2	0.03	1	0.00	2		
26	45111872	107.71	102.33	-1.23	40	-0.41	5	1.07	2	4.64	1	0.02	4	—	—	0.01	4	-80.12	4

（续）

序号	牛号	CBI	TPI	体型外貌评分		初生重		6月龄体重		18月龄体重		6~12月龄日增重		13~18月龄日增重		19~24月龄日增重		4%乳脂率校正奶量	
				EBV	r²(%)	EBV	r²(%)	EBV	r²(%)	EBV	r²(%)	EBV	r²(%)	EBV	r²(%)	EBV	r²(%)	EBV	r²(%)
27	42117065	88.88		-1.29	36	-0.61	44	-3.81	43	0.24	37	0.20	43	-0.01	36	-0.01	45		
28	53109240	85.28		2.98	41	0.93	44	-1.91	9	-9.62	39	-0.01	9	0.00	8	-0.02	9		
29	42116064	84.81		-3.13	42	2.52	43	-6.58	43	-3.48	37	0.03	43	0.00	37	0.07	47		
30	53110243*	81.60		-0.73	42	1.23	42	0.70	2	-14.56	36	-0.01	1	0.01	1	-0.20	45		
31	42116067	80.60		-1.29	43	-0.57	45	-9.43	44	3.03	38	0.13	45	-0.04	38	0.13	48		
32	53215192	80.48		-1.37	2	1.04	45	2.01	45	-16.49	39	0.10	45	-0.20	39	0.16	49		
33	42116069	78.94		-2.84	42	2.16	44	-10.32	44	-1.24	38	0.05	44	0.10	38	-0.05	47		
34	53105176*	66.03		7.59	33	-0.42	47	-0.02	24	-23.93	41	0.00	23	-0.01	21	0.00	23		
35	53215193	44.05		-2.48	2	4.28	43	0.96	43	-43.52	37	0.00	43	-0.24	37	0.26	47		
以下种公牛部分性状测定数据缺失，只发布数据完整性状的估计育种值																			
36	45103572			6.11	42	—	—	1.76	1	—	—	—	—	—	—	—	—		

* 表示该牛已经不在群，但有库存冻精。

— 表示该表型值缺失，且无法根据系谱信息估计出育种值。

（续）

4.7 地中海水牛

表4-7 地中海水牛估计育种值

序号	牛号	CBI	TPI	体型外貌评分		初生重		6月龄体重		18月龄体重		6~12月龄日增重		13~18月龄日增重		19~24月龄日增重		4%乳脂率校正奶量	
				EBV	r^2(%)	EBV	r^2(%)	EBV	r^2(%)	EBV	r^2(%)	EBV	r^2(%)	EBV	r^2(%)	EBV	r^2(%)	EBV	r^2(%)
1	42114003	135.40	133.46	0.15	40	1.27	44	19.34	44	-8.02	39	0.00	44	-0.05	38	0.18	47	426.45	39
2	42114025	134.67	127.92	1.15	40	3.51	44	16.61	44	-9.29	38	0.01	44	-0.05	37	0.23	47	248.38	39
3	42114023*	130.76	135.08	0.15	40	2.03	44	17.52	43	-9.77	38	0.00	43	-0.05	37	0.19	47	580	39
4	42114001	129.85	119.33	0.82	41	3.77	44	14.42	44	-9.52	39	0.02	44	-0.06	38	0.15	48	49.55	39
5	42114029	129.18	129.5	0.74	41	4.47	44	12.37	44	-8.30	38	0.03	44	-0.05	38	0.21	47	418.59	39
6	42114031	120.99	124.67	-0.27	41	3.13	44	10.23	43	-7.35	9	0.01	44	-0.03	9	0.14	11	421.58	39
7	42114005	119.62	113.95	-0.27	40	2.36	44	15.73	44	-14.63	39	0.00	44	-0.07	38	0.08	47	76.13	38
8	42114021	117.53	111.45	-0.33	40	2.10	43	15.34	42	-14.86	37	0.02	42	-0.08	36	0.00	46	32.45	38
9	42114009*	115.23	120.92	-0.63	40	2.15	44	14.74	44	-15.40	39	0.01	44	-0.07	38	0.15	47	411.14	38
10	42114027	110.76	127.85	1.95	40	-0.73	44	15.01	43	-14.27	38	-0.01	43	-0.05	37	0.24	47	746.59	39
11	42114037	106.08	116.99	-0.27	40	0.17	43	12.62	42	-14.49	37	-0.01	42	-0.05	37	0.16	47	465.49	38
12	42114019	105.25	113.96	-0.68	40	0.49	44	14.91	44	-18.72	39	-0.02	44	-0.06	38	0.12	47	377.35	38
13	42114007	99.46	114.15	-0.19	40	0.62	44	13.07	44	-20.18	39	0.00	44	-0.08	38	0.15	47	505.17	39
14	42114039	93.34	92.29	1.26	42	-0.21	43	5.68	43	-12.50	37	-0.01	43	-0.03	37	0.00	47	-129.77	39
15	42114017	83.64	90.76	0.30	41	-1.28	44	8.48	44	-20.12	38	-0.02	44	-0.06	38	0.11	47	20.16	39
以下种公牛部分性状测定数据缺失，只发布数据完整性状的估计育种值																			
16	45113F41			0.21	34	0.57	3	0.24	2	—	—	0.00	2	—	—	—	—	—	—

* 表示该牛已经不在群，但有库存冻精。

— 表示该表型值缺失，且无法根据系谱信息估计出育种值。

4.8 夏洛来牛

表 4 – 8　夏洛来牛估计育种值

序号	牛号	CBI	体型外貌评分		初生重		6 月龄体重		18 月龄体重		6~12 月龄日增重		13~18 月龄日增重		19~24 月龄日增重	
			EBV	r^2(%)	EBV	r^2(%)	EBV	r^2(%)	EBV	r^2(%)	EBV	r^2(%)	EBV	r^2(%)	EBV	r^2(%)
1	62113081	233.72	0.21	21	-0.30	22	40.27	21	33.30	18	-0.06	22	0.17	19	-0.14	24
2	15618217	227.47	0.51	45	-0.22	11	45.94	53	18.18	19	-0.10	54	0.28	14	-0.02	15
	22218217															
3	15619121*	214.84	0.14	17	-0.22	11	21.10	41	49.29	34	-0.11	41	0.58	30	-0.02	15
4	14112062*	181.25	0.98	41	-4.99	40	31.63	37	15.02	35	-0.11	38	0.12	33	-0.14	43
5	41417041*	172.44	-0.21	3	-1.03	41	0.19	41	54.94	36	0.20	42	0.01	37	0.01	45
6	41419055	172.42	0.06	11	1.37	44	15.88	44	23.90	37	0.03	44	0.06	38	0.05	12
7	14112060*	165.42	0.63	41	2.17	39	8.97	36	24.08	34	-0.19	37	0.02	32	0.19	42
8	41412009*	152.70	0.01	44	-4.61	46	22.15	45	14.26	40	-0.01	46	0.12	41	-0.20	49
9	41415034	148.23	1.56	45	3.32	41	12.81	40	-2.38	40	0.02	42	0.02	36	0.03	44
10	41112124	145.72	1.33	40	0.05	43	8.41	42	11.41	36	0.02	43	0.10	38	-0.19	46
11	15206007*	145.39	0.24	7	1.47	36	-3.05	37	32.13	32	0.05	36	0.14	32	-0.12	39
12	41214101	142.54	1.28	41	-0.35	43	2.31	42	19.65	37	0.04	43	0.10	38	0.08	46
13	41118112	141.55	-0.58	37	-0.95	42	4.30	41	28.80	35	0.20	43	0.07	37	-0.17	42
14	41418045	140.60	0.07	5	0.05	43	5.02	42	20.72	37	-0.04	44	-0.04	38	0.30	44
15	42113083	137.91	0.22	41	-0.81	41	15.47	40	3.93	35	-0.18	41	0.07	36	-0.14	43
16	22215921	135.88	-0.58	40	1.73	41	18.42	40	-2.85	3	-0.23	41	-0.03	4	-0.03	4
17	41113136	135.58	1.46	41	0.59	44	7.13	43	4.10	37	0.09	44	0.07	39	-0.02	47
18	41119114	135.21	0.12	4	2.46	41	16.12	40	-5.82	34	0.15	41	-0.03	35	0.05	3
19	22113027*	135.03	0.14	7	5.43	39	-7.47	39	23.07	33	0.05	38	0.12	33	0.02	38
20	14114721	134.64	-0.41	41	-0.41	39	1.36	5	26.07	35	-0.05	5	-0.02	2	-0.14	42
21	15615101	134.55	-0.78	51	-1.29	51	19.78	52	2.26	3	-0.18	53	-0.04	2	0.02	3
	22215114															
22	15214501	133.58	0.36	23	0.63	32	14.96	32	-2.53	27	0.06	33	-0.05	28	-0.02	35
23	41312178*	132.90	0.64	40	-0.37	42	-1.39	40	22.43	35	0.15	41	0.03	36	0.01	44
24	41213005	132.87	1.39	42	1.02	43	-2.01	42	15.54	37	0.08	44	0.04	39	0.03	46

（续）

序号	牛号	CBI	体型外貌评分		初生重		6月龄体重		18月龄体重		6~12月龄日增重		13~18月龄日增重		19~24月龄日增重	
			EBV	r²(%)	EBV	r²(%)	EBV	r²(%)	EBV	r²(%)	EBV	r²(%)	EBV	r²(%)	EBV	r²(%)
25	41312177˙	130.55	0.60	40	0.91	42	-4.54	40	22.88	35	0.08	41	0.10	36	0.07	44
26	41215106	127.55	0.80	41	1.02	44	-1.24	43	14.23	38	0.04	44	0.01	39	0.08	46
27	42109102	127.37	0.28	37	4.45	38	6.45	37	-2.21	31	0.07	38	-0.04	32	0.15	40
	41109102															
28	41113152	125.38	2.01	42	-4.24	44	15.16	42	-7.78	37	0.21	44	-0.16	38	0.20	47
29	41115154	125.08	-0.27	43	-0.64	43	16.17	42	-3.63	38	0.27	43	-0.21	38	0.21	46
30	42113088	124.95	-0.41	38	0.91	38	3.33	37	13.16	31	-0.05	38	0.08	32	-0.10	40
31	15616083	124.31	0.64	46	7.50	49	10.79	53	-20.18	44	-0.12	52	-0.05	45	-0.20	48
	22116083˙															
32	22212809	122.28	0.15	39	-0.33	42	-0.57	42	16.56	36	0.20	43	0.03	37	-0.19	45
33	41214102	122.01	0.15	39	1.44	44	-3.20	43	16.33	38	0.02	44	0.11	39	0.06	46
34	11114305	121.65	2.04	38	3.94	38	9.13	37	-20.09	32	-0.02	38	-0.20	33	0.10	40
35	41115150˙	121.46	-0.55	42	1.92	45	15.52	44	-9.32	38	0.04	46	-0.13	39	-0.05	47
36	41119104	121.03	-0.04	14	3.23	41	11.69	40	-9.94	33	0.07	40	-0.19	34	-0.02	37
37	41414024˙	121.00	-0.11	43	-1.22	45	15.69	46	-5.47	40	-0.07	46	0.00	41	0.00	48
38	14114627	118.73	-0.11	42	0.06	40	1.94	5	10.93	36	-0.03	6	-0.04	5	-0.21	43
39	36115203	118.48	0.63	29	-2.49	30	-2.74	29	19.11	25	0.12	30	0.01	26	0.07	32
40	22315075	117.62	-0.30	34	3.96	39	7.13	37	-5.48	33	0.02	38	-0.05	33	-0.23	41
41	14118426	115.23	-0.42	34	4.06	36	-2.92	34	8.63	32	0.17	35	0.00	30	-0.10	38
42	41415030	115.17	0.40	43	0.29	45	7.28	45	-3.42	39	-0.14	46	0.08	40	-0.01	48
43	41415029	113.98	0.30	44	0.01	46	4.93	46	0.57	40	-0.11	47	0.10	41	-0.10	48
44	41115152	113.67	-0.25	41	-0.38	42	11.08	41	-4.72	35	0.23	42	-0.09	37	-0.05	45
45	41417040˙	111.12	-0.20	2	-0.09	41	-2.50	41	13.17	36	0.00	42	0.12	37	-0.09	45
46	21112501˙	111.00	-0.39	39	-0.18	3	3.98	2	4.60	2	-0.03	2	0.00	1	0.01	2
47	41416035	110.53	1.79	41	2.09	44	-10.35	44	7.41	38	0.03	44	0.03	39	0.21	47
48	21116506	108.16	0.05	34	4.00	40	2.81	41	-7.90	34	-0.01	40	-0.01	35	-0.22	41
	22117201															
49	14115126˙	107.62	1.29	44	1.50	12	8.72	12	-19.25	39	0.05	12	-0.02	11	0.05	13

（续）

序号	牛号	CBI	体型外貌评分		初生重		6 月龄体重		18 月龄体重		6～12 月龄日增重		13～18 月龄日增重		19～24 月龄日增重	
			EBV	r²（%）	EBV	r²（%）	EBV	r²（%）	EBV	r²（%）	EBV	r²（%）	EBV	r²（%）	EBV	r²（%）
50	22117221*	107.35	-0.49	30	0.81	37	11.25	38	-10.71	32	0.03	38	-0.09	33	0.03	36
51	41414026*	105.99	-0.51	43	-0.65	45	7.64	45	-2.73	39	-0.05	46	-0.01	40	0.07	47
52	15207003*	105.95	0.05	1	-0.42	2	0.05	2	4.81	1	0.04	2	-0.01	1	-0.02	2
53	15209912*	105.77	-0.03	5	-0.11	5	-4.15	5	10.86	5	0.04	6	0.05	5	-0.04	6
54	41214011	105.55	-0.14	37	0.32	39	-3.11	38	8.82	33	-0.02	40	0.07	34	0.09	42
55	14116204	102.20	1.24	41	0.98	5	6.33	5	-17.98	36	0.06	5	-0.04	4	0.04	5
56	15207001*	101.94	0.19	1	-0.17	2	-1.77	3	3.29	2	0.06	2	0.01	2	-0.03	2
57	41114142	101.77	0.21	45	-1.64	47	0.12	47	3.52	41	0.00	48	0.23	42	-0.02	49
58	22314047*	100.73	0.44	34	2.44	9	5.25	12	-15.76	11	-0.02	9	-0.03	11	-0.10	12
59	41111122*	100.60	0.71	40	-0.94	43	-2.45	42	1.91	36	-0.10	43	0.01	37	0.01	46
60	15214112*	100.31	1.15	22	1.55	32	-2.19	31	-7.10	26	0.02	32	0.01	28	0.01	35
61	41413076*	99.31	-0.49	42	-0.98	43	6.54	42	-5.18	37	-0.22	43	0.13	38	-0.19	46
62	11107045*	97.68	-0.08	35	1.85	37	-3.99	36	0.70	31	0.14	37	-0.14	32	-0.09	39
63	11108019*	97.33	0.37	37	2.77	39	-0.94	37	-9.08	33	-0.19	39	0.10	34	-0.06	41
64	14112059	97.07	0.85	40	-1.82	39	-7.52	35	8.25	34	-0.07	37	0.07	31	0.04	42
65	14112058*	96.21	-0.48	41	-0.70	39	-9.62	36	16.51	34	0.02	37	-0.02	32	0.25	42
66	65117701*	95.56	1.00	33	0.67	5	-7.06	36	-0.13	36	-0.04	36	0.03	32	-0.11	45
67	41411004*	95.36	0.24	45	2.46	48	4.67	47	-17.51	42	-0.04	48	0.08	43	-0.11	50
68	42113086	95.04	-0.53	40	-3.19	41	13.84	39	-14.05	34	-0.04	40	-0.07	35	0.00	42
69	41416038	94.71	0.38	41	1.12	44	-13.46	44	11.82	38	0.00	44	0.08	39	0.07	47
70	11116308	93.92	-0.32	36	-5.43	37	-4.45	36	16.81	31	0.01	37	0.19	32	0.01	39
71	21115505*	93.28	-0.28	46	2.21	9	-5.36	47	0.07	41	0.06	10	0.03	42	-0.01	50
72	22312041*	92.41	0.77	32	2.88	37	0.42	36	-17.38	32	-0.06	35	-0.03	31	-0.18	40
73	36115205	91.08	0.28	30	-1.93	30	-7.39	29	7.57	25	0.15	30	-0.04	26	0.08	33
74	11108016*	90.14	-0.37	38	2.78	39	-1.59	38	-8.65	33	-0.11	39	0.04	34	0.18	41
75	22211123*	88.98	0.40	41	0.56	42	-6.13	41	-2.27	36	0.18	42	-0.14	37	-0.04	45
76	41412056*	88.32	-0.50	42	2.51	44	-3.73	43	-5.27	37	-0.16	44	0.03	38	-0.05	47
77	41417042	87.66	-0.20	5	-1.28	42	-15.74	42	19.33	37	0.18	43	-0.07	38	0.16	45

（续）

（续）

序号	牛号	CBI	体型外貌评分		初生重		6 月龄体重		18 月龄体重		6~12 月龄日增重		13~18 月龄日增重		19~24 月龄日增重	
			EBV	r^2 (%)	EBV	r^2 (%)	EBV	r^2 (%)	EBV	r^2 (%)	EBV	r^2 (%)	EBV	r^2 (%)	EBV	r^2 (%)
78	22207136*	86.86	0.00	37	-1.00	40	-11.82	39	10.92	33	0.26	40	-0.06	34	-0.08	42
79	41417039*	85.43	-0.22	3	0.47	43	-19.79	44	20.04	38	-0.04	44	0.25	40	-0.17	47
80	42113078	84.94	0.20	39	-2.49	39	-0.99	38	-4.78	32	-0.04	39	0.05	34	-0.03	41
81	15214623*	84.65	-1.00	32	-0.11	39	11.22	39	-21.57	35	-0.01	40	-0.09	36	0.06	42
82	22211099*	83.59	0.01	40	-0.96	41	-13.26	40	10.63	35	0.00	41	0.22	36	0.00	44
83	11114306*	83.20	-1.38	38	4.81	38	6.99	37	-25.03	32	-0.19	38	-0.09	33	0.09	40
84	41118110	82.84	-0.22	36	2.43	40	-23.07	40	18.72	34	0.12	41	0.08	35	0.00	42
85	41115156*	82.34	-0.99	40	-1.64	42	3.27	41	-7.69	35	0.24	42	-0.24	36	0.24	45
86	21117507	81.79	0.37	8	3.34	38	8.99	55	-36.56	49	0.00	38	-0.08	50	-0.18	55
	22117211															
87	41115160	80.75	1.16	46	1.27	46	-15.92	46	0.45	41	0.02	47	0.18	42	-0.10	50
88	41115158	79.60	1.16	46	0.72	46	-17.20	46	2.84	41	0.03	47	0.20	42	-0.12	50
89	14114728*	79.30	-1.36	41	-2.92	39	-3.38	3	5.48	34	0.02	3	-0.02	3	-0.06	42
90	41119110	75.14	-0.25	15	2.39	40	-4.60	41	-14.60	33	0.27	40	-0.30	34	-0.08	37
91	22212801*	74.82	0.02	7	1.03	43	-4.26	43	-13.92	37	0.07	43	-0.08	38	0.03	46
92	22216199	73.39	-1.08	40	2.26	42	5.73	41	-26.14	36	-0.36	40	0.11	37	-0.20	45
93	22210090*	72.67	1.13	37	-1.67	40	-8.38	39	-9.89	33	0.08	40	-0.05	34	0.13	43
94	41412007*	72.18	-0.41	44	-1.42	47	-1.29	46	-12.07	41	0.09	47	-0.18	42	0.04	50
95	65110719*	71.98	0.31	38	2.34	40	-9.76	38	-12.35	36	0.16	39	0.03	34	-0.11	45
96	22208150*	71.41	0.04	41	-1.65	41	-13.69	39	4.00	35	0.26	41	-0.01	35	-0.15	45
97	65110720	71.02	0.22	38	0.76	40	-9.13	37	-9.83	37	0.25	38	0.00	33	-0.06	46
98	41415032	69.84	1.04	46	2.75	46	-20.59	45	-2.84	40	-0.27	46	0.24	41	-0.21	49
99	41319112	68.73	-0.31	3	4.48	53	-18.91	53	-1.78	8	-0.01	12	-0.10	8	-0.06	8
100	41319102	68.46	-0.17	6	2.67	54	-11.58	54	-9.87	10	-0.10	54	-0.14	10	-0.06	11
101	22208146*	66.84	-0.04	41	-1.59	42	-13.71	41	1.13	36	0.24	42	-0.10	37	0.02	45
102	41115148*	66.31	-0.95	43	-0.87	47	-10.45	46	-0.22	41	0.12	47	-0.01	42	-0.04	50
103	41413075*	65.93	-0.34	43	-4.66	44	0.95	43	-12.98	38	-0.10	44	0.07	39	-0.14	47
104	65110712	65.60	0.20	39	0.40	44	-5.08	43	-18.91	39	0.16	44	-0.11	37	-0.12	48

（续）

序号	牛号	CBI	体型外貌评分		初生重		6 月龄体重		18 月龄体重		6 ~ 12 月龄日增重		13 ~ 18 月龄日增重		19 ~ 24 月龄日增重	
			EBV	r²(%)	EBV	r²(%)	EBV	r²(%)	EBV	r²(%)	EBV	r²(%)	EBV	r²(%)	EBV	r²(%)
105	14116021*	63.57	0.54	42	-0.63	11	-9.26	10	-13.75	38	0.06	11	0.00	9	0.07	11
106	65117704	63.54	1.06	37	0.70	13	-15.49	40	-10.54	37	-0.06	40	0.08	36	-0.29	46
107	22210101*	63.10	-0.61	36	-0.16	40	-7.07	39	-11.37	33	0.06	41	-0.05	35	0.21	43
108	22208144*	62.23	-0.52	39	-2.42	40	-17.72	39	8.82	34	0.31	41	-0.05	35	-0.07	43
109	41116152	61.81	-0.81	39	-3.65	44	-16.86	43	11.81	37	-0.09	44	0.18	38	-0.31	47
110	41113154	61.08	-0.22	41	-4.84	43	-2.88	42	-10.93	36	0.24	43	-0.14	37	0.18	46
111	65110717*	57.32	-0.08	41	1.08	40	-14.72	40	-9.95	40	0.24	41	0.02	36	-0.17	49
112	11111301*	57.06	-0.94	39	1.52	38	-2.90	38	-23.81	34	-0.11	39	-0.08	34	-0.28	41
113	65116704*	56.85	0.61	36	1.00	39	-14.04	37	-15.41	36	-0.03	38	0.01	33	-0.01	45
114	65112701*	56.47	-0.09	37	3.37	41	-9.75	38	-23.28	36	0.04	39	-0.03	34	-0.20	45
115	22208148*	55.87	0.16	41	-0.12	42	-17.44	40	-5.59	36	-0.17	41	0.30	35	-0.09	45
116	41419052	54.73	-0.17	3	-2.60	41	-0.70	40	-24.19	34	-0.03	41	-0.10	35	0.04	38
117	41118114	53.33	-0.05	35	-2.44	40	-19.78	40	2.75	34	-0.15	41	0.18	35	-0.31	41
118	15210303*	50.79	-0.14	1	-1.54	33	-7.68	35	-18.97	31	0.06	35	-0.15	31	0.13	36
119	22208147*	47.17	-0.13	41	-0.67	42	-20.73	41	-3.73	36	0.38	42	-0.18	37	0.00	45
120	41115146*	44.75	-0.84	41	-1.25	41	-17.08	42	-5.29	36	0.03	44	0.03	38	0.00	46
121	62110047	41.92	0.45	26	1.62	27	-36.20	26	7.27	23	0.13	27	-0.05	24	0.00	29
122	11116307	36.33	-0.52	36	-6.91	37	-12.53	36	-7.29	31	0.13	37	-0.17	32	0.03	39
123	65114702*	22.73	-0.29	13	-1.07	40	-6.51	39	-40.88	36	0.05	39	-0.15	35	-0.06	45
124	41118104	12.93	-0.02	36	0.48	42	-29.03	42	-18.78	35	0.02	43	-0.02	37	-0.10	43
125	65114703*	12.55	0.17	10	-0.88	41	-9.85	38	-46.32	35	-0.01	39	-0.07	34	-0.19	45
126	41118102	9.75	0.00	35	-0.82	40	-29.19	40	-17.96	34	-0.02	41	-0.02	35	-0.04	41
127	15611997	7.28	-0.75	49	-1.23	51	-27.60	53	-16.56	46	0.33	53	-0.30	47	0.35	53
	22211097															
以下种公牛部分性状测定数据缺失，只发布数据完整性状的估计育种值																
128	21109501*		-0.28	45	—	—	10.99	11	8.18	10	—	—	0.02	10	—	—
129	21109503*		0.01	45	—	—	6.05	3.00	4.71	3.00	—	—	0.01	3.00	—	—
130	21109505*		0.83	40	—	—	11.15	12	-6.78	10	—	—	-0.11	11	0.07	11

（续）

序号	牛号	CBI	体型外貌评分		初生重		6 月龄体重		18 月龄体重		6~12 月龄日增重		13~18 月龄日增重		19~24 月龄日增重	
			EBV	r^2 (%)	EBV	r^2 (%)	EBV	r^2 (%)	EBV	r^2 (%)	EBV	r^2 (%)	EBV	r^2 (%)	EBV	r^2 (%)
131	22118231*		—	—	-0.74	38	20.64	40	-4.24	33	-0.25	40	0.09	34	0.00	6
132	41418046*		—	—	-0.94	45	4.01	44	-8.95	38	-0.02	45	-0.04	39	0.25	42
133	41419054		—	—	-1.21	45	-2.71	44	-2.73	37	0.06	44	-0.03	38	0.14	12
134	14115322		1.32	40	—	—	—	—	22.48	34	—	—	—	—	—	—
135	14115127		1.13	42	—	—	—	—	-12.86	36	—	—	—	—	—	—
136	14115129		0.48	42	—	—	—	—	-12.63	36	—	—	—	—	—	—
137	22219123		—	—	6.57	44	-0.30	48	-11.10	4	-0.60	42	-0.10	4	-0.03	4
138	22317061		—	—	-2.82	33	-14.59	32	5.54	29	-0.04	33	-0.04	29	0.48	37
139	41318047		—	—	-2.04	55	-6.77	55	-2.58	49	0.01	56	0.00	50	0.09	55

* 表示该牛已经不在群，但有库存冻精。

— 表示该表型值缺失，且无法根据系谱信息估计出育种值。

4.9 安格斯牛

表4-9 安格斯牛估计育种值

序号	牛号	CBI	体型外貌评分		初生重		6月龄体重		18月龄体重		6~12月龄日增重		13~18月龄日增重		19~24月龄日增重	
			EBV	r^2 (%)	EBV	r^2 (%)	EBV	r^2 (%)	EBV	r^2 (%)	EBV	r^2 (%)	EBV	r^2 (%)	EBV	r^2 (%)
1	65117455	270.50	-1.13	44	0.60	13	38.65	44	43.33	39	0.19	46	-0.13	39	0.08	50
2	65118472	257.46	1.48	42	0.83	42	31.28	41	40.08	36	0.17	43	0.03	37	0.00	48
3	43110071	256.07	0.11	37	0.07	39	45.55	39	20.04	33	0.11	40	-0.17	34	-0.11	45
4	53110265	227.24	0.19	38	-1.60	38	48.83	38	0.63	5	0.12	37	0.00	4	0.00	3
5	41119666	213.46	0.98	32	1.89	43	8.48	44	49.91	36	0.27	44	0.08	37	0.05	3
6	22120035	212.00	0.43	15	0.54	19	28.31	48	19.62	16	-0.10	40	0.03	16	-0.04	19
7	15212504*	205.62	0.09	4	2.11	40	16.30	42	32.68	37	-0.01	42	0.09	38	-0.14	49
8	41215802	196.65	-0.28	40	-2.89	41	24.23	40	29.80	35	0.18	42	-0.07	36	-0.07	46
9	11111351*	194.49	0.96	39	-1.21	39	35.44	38	-0.24	34	-0.33	39	0.04	34	-0.19	44
10	15516A01*	189.39	-0.46	36	1.19	38	17.35	37	24.72	31	0.01	38	-0.01	32	-0.01	42
11	21219028	187.49	0.60	6	0.52	40	22.42	39	13.75	32	-0.06	39	0.01	33	0.02	7
12	41417662*	179.86	0.44	47	0.66	51	6.74	51	36.59	45	0.02	52	0.13	45	-0.09	55
13	15516A02	174.19	0.17	37	-0.14	38	8.09	38	33.81	32	0.12	38	0.07	33	0.02	43
14	41215801	169.29	-0.72	40	-1.79	41	15.41	40	25.36	35	0.18	42	-0.05	36	-0.04	46
15	15618113	167.03	0.47	32	-1.29	10	6.47	32	34.90	27	0.04	33	0.05	28	-0.14	33
16	21217025	166.42	0.29	39	-0.49	41	11.36	42	23.76	34	0.12	42	0.01	35	-0.06	44
17	41417664*	162.61	0.03	14	1.96	8	20.05	48	-1.26	42	0.02	49	-0.13	43	0.06	53
18	14112053*	162.48	-0.58	38	-0.86	38	7.35	32	31.87	33	-0.12	22	0.03	19	0.03	34
19	65117402*	158.32	-0.61	42	0.53	7	-0.25	42	38.28	37	-0.03	44	0.14	37	0.04	48
20	41119662	156.57	0.07	32	1.66	43	10.24	43	13.07	36	0.33	44	-0.19	37	0.18	46
21	15516A03	154.93	0.81	37	-1.78	38	1.62	38	36.28	32	0.21	38	0.05	33	-0.04	43
22	15218016	153.66	2.11	38	0.86	12	9.65	54	9.22	37	0.03	55	-0.11	37	0.18	45
23	15518A01	152.03	0.53	7	1.07	40	9.65	39	11.80	34	0.02	40	-0.04	34	0.00	44
24	11111353*	151.36	0.69	38	-4.32	39	18.79	38	11.97	33	-0.23	39	0.21	34	-0.49	44
25	65117401*	150.28	-0.80	42	1.97	42	5.36	42	19.02	36	-0.12	43	0.14	37	-0.02	48
26	21218048	146.69	1.98	37	-0.67	39	3.56	39	20.75	32	0.12	39	-0.02	32	-0.09	42

（续）

序号	牛号	CBI	体型外貌评分		初生重		6月龄体重		18月龄体重		6~12月龄日增重		13~18月龄日增重		19~24月龄日增重	
			EBV	r²(%)	EBV	r²(%)	EBV	r²(%)	EBV	r²(%)	EBV	r²(%)	EBV	r²(%)	EBV	r²(%)
27	22210130*	144.54	-0.31	47	0.04	48	4.29	47	22.03	42	0.09	49	-0.02	43	-0.10	52
28	65110407*	143.69	-0.27	40	1.64	40	9.36	39	7.26	35	0.08	41	-0.03	35	0.13	46
29	41215803	141.83	-0.67	41	-4.06	41	12.82	40	19.25	35	0.11	42	-0.05	36	-0.05	47
30	53115346*	139.85	-0.33	45	0.68	47	-1.98	48	28.11	41	0.12	48	0.03	42	-0.05	50
31	41112640	139.66	2.87	44	-1.14	47	10.24	47	3.41	39	0.09	48	-0.07	40	0.08	50
32	65110405*	138.69	-0.56	40	1.57	40	9.51	40	4.76	35	0.06	41	0.01	35	0.05	47
33	21217018	137.97	-0.78	41	-0.24	42	8.25	42	12.92	36	0.13	43	-0.01	36	-0.09	46
34	41115672	137.85	-0.86	44	0.51	46	-3.40	45	31.32	39	0.12	47	0.04	40	0.21	48
35	65110403*	136.47	-0.81	41	-0.12	41	2.72	41	21.45	36	0.10	42	0.05	36	0.11	47
36	65110410*	136.01	0.23	41	2.30	41	2.54	40	10.89	36	0.13	42	-0.06	36	0.24	47
37	41212117*	135.83	1.94	43	3.04	43	2.69	42	3.47	37	0.06	44	-0.02	38	0.08	48
38	13217068	135.76	-0.55	30	-0.09	33	10.96	32	5.57	25	0.02	32	0.00	26	0.00	34
39	65117404*	135.40	-0.89	41	0.67	5	-3.01	41	28.61	36	-0.20	43	0.13	37	-0.13	48
40	41207222*	134.83	1.47	36	2.65	39	1.40	38	7.64	34	0.06	40	0.02	34	0.04	44
41	15214116*	133.80	-0.85	37	1.14	37	10.81	37	1.45	33	0.15	39	-0.10	33	-0.04	44
42	41419668	132.31	-0.06	8	0.76	20	-4.25	45	26.25	38	0.09	45	0.07	39	0.04	16
43	21218044	132.28	1.18	38	-0.41	40	7.94	40	4.97	33	0.02	40	-0.03	33	0.06	43
44	22118593	131.62	0.51	7	2.47	30	0.07	29	11.11	19	-0.01	29	—	—	0.12	26
45	41112634	129.98	2.49	43	-2.16	44	8.49	43	4.53	38	0.11	45	-0.03	39	0.20	49
46	22211096*	128.21	1.51	35	-2.18	35	-2.11	35	24.92	30	0.14	36	-0.02	30	-0.07	39
47	15617123	126.48	-2.19	46	-4.43	45	-6.29	48	48.50	41	0.00	48	0.28	41	-0.06	10
	22217113															
48	21216023	122.88	-0.32	34	-1.32	48	-4.88	46	28.61	38	0.22	46	0.10	37	-0.08	44
49	13217099	122.68	-0.13	30	0.32	33	8.87	32	-1.67	25	0.00	32	0.00	26	0.00	34
50	15210310*	120.82	0.00	3	-0.24	2	2.98	2	9.00	2	—	—	—	—	—	—
51	22215905	119.97	0.22	37	2.30	44	12.81	44	-17.71	39	0.05	45	-0.17	39	-0.01	48
52	41419667	119.78	0.03	14	0.77	48	5.52	47	0.51	42	0.00	48	-0.05	42	-0.06	52
53	41116602	119.52	-0.82	45	0.56	48	10.16	48	-4.90	42	0.09	49	-0.07	43	-0.23	52

（续）

序号	牛号	CBI	体型外貌评分		初生重		6月龄体重		18月龄体重		6~12月龄日增重		13~18月龄日增重		19~24月龄日增重	
			EBV	r²(%)	EBV	r²(%)	EBV	r²(%)	EBV	r²(%)	EBV	r²(%)	EBV	r²(%)	EBV	r²(%)
54	11100061*	119.33	0.54	21	1.21	21	5.26	21	-2.12	18	-0.07	22	0.02	19	0.03	25
55	22210129*	119.32	-1.26	38	-2.12	38	-4.35	38	30.48	33	0.06	39	0.06	33	-0.13	42
56	15516A06	119.08	0.08	37	-1.35	39	-0.94	38	18.16	33	0.22	38	-0.05	33	-0.06	42
57	15212416*	118.66	-0.90	36	0.67	38	-5.05	37	21.38	33	0.05	39	0.08	33	-0.12	44
58	41119672	118.08	-0.39	33	-1.48	43	15.01	42	-9.08	36	0.24	44	-0.28	37	0.00	2
59	65116464	117.42	-0.48	44	1.27	44	-5.33	44	18.01	38	-0.02	45	0.11	39	0.01	50
60	41212515*	117.22	1.06	42	3.05	42	0.62	42	-2.57	37	0.01	43	0.00	38	0.05	48
61	15216314	117.07	1.90	38	0.30	1	1.67	1	1.98	34	0.01	1	-0.02	1	0.14	45
62	21216024*	116.27	0.14	34	-1.48	47	-4.20	45	22.37	34	0.19	43	0.10	34	-0.02	42
63	41417665*	115.93	-0.05	12	1.47	47	-14.41	48	31.33	40	0.05	47	0.10	41	0.07	50
64	21218045	115.14	1.49	37	-0.17	39	2.64	39	1.63	32	0.06	39	-0.05	32	0.21	42
65	15516A05	114.82	0.34	37	-1.35	39	-3.16	38	18.62	33	0.25	38	-0.06	33	-0.01	42
66	15516A04	113.57	-0.62	37	-1.07	39	-0.86	38	15.45	33	0.26	38	-0.10	33	-0.01	42
67	21216030	113.45	-1.52	39	0.49	42	6.82	42	-0.78	35	0.11	43	-0.07	36	0.00	45
68	22215907*	112.98	-0.08	38	2.19	39	11.87	39	-19.41	34	0.01	40	-0.09	35	-0.06	44
69	41209022*	112.37	1.31	43	3.02	44	-4.35	43	2.51	38	0.20	45	-0.08	39	0.18	49
70	13217033	111.40	0.79	30	0.02	64	4.63	37	-3.03	25	0.01	32	-0.01	26	0.00	34
71	65116463*	111.22	0.51	43	0.46	44	-1.83	43	7.67	37	-0.07	45	0.04	38	0.05	49
72	21214003*	111.20	-1.57	43	0.24	46	3.14	45	5.22	39	0.05	46	0.06	40	-0.08	48
73	11116355	110.61	-1.73	42	1.47	42	3.38	42	0.91	36	0.13	42	-0.13	37	0.15	47
74	11118366	110.30	4.61	43	1.35	44	-27.19	44	38.01	39	0.08	44	0.35	39	-0.21	49
75	11117362	108.61	3.07	43	-1.84	44	-11.79	43	24.01	39	-0.06	44	0.13	39	0.34	49
76	65114414*	108.11	-0.41	8	0.40	43	3.90	42	-1.81	38	-0.05	44	-0.06	38	0.04	49
77	37314600	106.10	1.37	6	-0.29	9	-6.13	9	12.02	8	-0.04	9	0.10	8	0.06	9
78	65116466	105.42	1.39	44	-0.97	44	-7.70	43	16.49	38	-0.12	45	0.16	39	0.03	50
79	65113413*	104.33	-0.20	42	1.95	43	-0.24	43	-2.46	38	0.09	44	-0.08	38	-0.12	49
80	65116467*	103.77	0.91	9	-0.31	45	-6.53	44	12.54	39	-0.13	46	0.14	40	0.03	51
81	11116357*	103.31	-2.47	43	2.05	43	3.03	42	-3.05	37	0.07	43	-0.11	37	0.17	47

（续）

序号	牛号	CBI	体型外貌评分		初生重		6月龄体重		18月龄体重		6~12月龄日增重		13~18月龄日增重		19~24月龄日增重	
			EBV	r²(%)	EBV	r²(%)	EBV	r²(%)	EBV	r²(%)	EBV	r²(%)	EBV	r²(%)	EBV	r²(%)
82	41413619*	101.35	-0.59	40	-0.73	41	1.59	40	2.00	36	0.00	41	0.03	35	-0.11	47
83	21217014*	99.25	-1.80	38	0.19	40	5.04	39	-5.12	34	-0.12	40	0.04	35	0.00	44
84	11100095*	97.84	-0.73	32	-0.27	36	-7.64	36	15.00	32	0.03	37	0.11	33	0.01	36
85	65116469*	97.20	-0.52	44	-0.55	44	-5.44	43	11.01	38	0.05	45	0.06	39	0.05	50
86	41419666	96.31	-0.41	11	0.25	45	1.32	44	-4.42	39	0.03	46	-0.01	39	-0.06	49
87	41115686	95.69	-0.97	41	-0.48	42	-6.51	42	12.93	36	0.11	43	-0.01	37	-0.04	48
88	65116468*	95.60	1.37	6	-0.29	44	-8.28	43	9.02	38	-0.13	45	0.13	39	0.06	50
89	65115456	95.41	0.43	46	-2.71	50	5.30	50	-4.88	46	0.05	51	-0.13	46	-0.02	55
90	21218049	93.87	1.28	37	0.01	40	0.98	39	-9.24	32	-0.01	40	-0.08	33	0.05	42
91	41211419*	93.43	0.74	39	2.84	39	-6.86	39	-3.21	34	0.09	40	-0.03	34	0.10	45
92	65116465	93.14	-0.90	45	0.07	46	-3.44	46	3.88	40	-0.03	47	0.03	41	-0.03	52
93	41118602	92.65	-0.60	42	2.96	43	-14.65	42	13.37	36	0.02	44	0.11	37	-0.11	47
94	22215901*	90.99	-0.34	34	0.52	37	8.15	37	-21.04	31	-0.12	38	0.03	32	0.13	41
95	53101142*	90.01	0.44	33	-1.57	18	7.64	18	-16.21	29	0.04	19	-0.12	16	-0.05	21
96	11116359	89.62	-2.28	43	3.74	43	-0.85	42	-10.98	37	0.09	43	-0.15	37	0.11	47
97	41119602	89.06	1.29	39	1.36	47	3.83	46	-21.77	38	0.07	48	-0.18	39	-0.08	48
98	21214002	85.53	-0.66	34	-0.38	79	-8.73	75	9.10	41	0.13	60	0.19	41	0.07	49
99	15615911	84.96	-1.18	48	2.98	47	14.24	50	-41.34	44	-0.13	51	-0.06	45	0.09	52
	22215903															
100	41118672	84.41	0.06	42	-2.28	43	-8.17	43	11.50	37	-0.08	45	0.07	38	0.18	47
101	13209A66	84.05	1.42	50	-0.33	20	4.03	20	-20.32	18	0.01	21	-0.13	18	-0.08	23
102	65115452	82.04	0.42	46	-0.10	42	6.51	42	-24.03	37	0.03	44	-0.16	38	-0.09	49
103	65115453*	81.60	0.48	44	-1.56	42	7.57	42	-21.69	38	0.03	44	-0.15	37	-0.09	49
104	65115454*	81.46	0.82	46	-1.16	43	5.66	43	-20.60	37	0.03	44	-0.15	38	-0.10	49
105	11116356*	81.44	-2.38	44	-2.25	47	1.18	46	-0.45	42	0.10	47	-0.12	42	0.09	51
106	41118676	79.96	0.15	43	-1.40	44	-8.24	43	5.67	36	-0.03	45	0.09	38	0.02	47
107	11116358*	79.42	-1.05	44	-2.25	47	2.56	46	-7.84	42	0.11	47	-0.18	42	0.15	51
108	65115451	79.23	0.60	44	-2.28	42	7.56	42	-21.23	38	0.06	44	-0.15	37	-0.06	49

（续）

序号	牛号	CBI	体型外貌评分		初生重		6月龄体重		18月龄体重		6～12月龄日增重		13～18月龄日增重		19～24月龄日增重	
			EBV	r²(%)	EBV	r²(%)	EBV	r²(%)	EBV	r²(%)	EBV	r²(%)	EBV	r²(%)	EBV	r²(%)
109	41209127*	77.72	0.80	39	2.82	40	-6.34	39	-14.43	34	0.04	41	-0.03	35	0.04	45
110	41416618*	77.46	-0.24	43	1.46	47	-17.36	47	12.13	39	0.07	48	0.05	39	-0.06	50
111	41118670	77.42	0.18	42	-1.29	42	-7.58	42	2.42	36	-0.05	44	0.03	37	0.04	47
112	21218032	76.92	1.13	38	0.13	39	-2.40	39	-14.23	33	-0.10	40	-0.01	34	0.14	44
113	11117363*	76.10	3.24	43	-2.13	44	-14.82	43	8.74	39	-0.18	44	0.15	39	0.28	49
114	41115682	75.04	-1.07	42	-0.50	43	-13.91	42	12.98	36	0.06	44	0.06	37	-0.08	48
115	53116356*	74.82	-0.70	39	-0.27	42	-9.02	41	2.42	36	-0.02	42	0.04	35	0.02	44
116	41412616*	72.03	-1.10	40	0.83	41	-11.40	40	2.40	35	0.00	42	0.06	36	0.00	47
117	21217010*	71.76	-0.24	43	0.03	44	-5.09	43	-8.75	38	-0.07	44	0.04	39	-0.03	48
118	21218025	68.32	0.91	37	-1.45	41	-12.65	40	4.02	34	0.02	41	0.06	35	0.23	43
119	21214004*	67.16	-0.55	35	-2.23	85	-15.51	82	14.82	64	0.23	79	0.12	62	-0.13	63
120	41117664	64.07	-0.70	46	-1.79	47	-6.08	46	-4.91	40	-0.06	48	0.03	41	0.03	51
121	53116355*	63.97	-1.45	39	0.15	40	-8.39	39	-5.04	33	0.04	41	-0.01	34	-0.06	43
122	41409606*	57.27	1.68	38	0.60	40	-8.34	40	-19.46	34	0.05	41	-0.08	35	0.06	46
123	65114416*	56.83	-0.74	41	0.04	42	-12.10	42	-4.68	38	0.33	44	-0.19	38	0.14	49
124	21218041	53.82	0.09	37	-1.45	41	-10.90	40	-6.26	34	-0.08	41	0.04	35	0.12	43
125	65115461*	51.68	-0.31	17	-3.27	50	-3.70	50	-13.50	46	-0.02	51	-0.10	46	-0.04	55
126	21218034	47.78	1.51	36	-1.11	39	-10.47	38	-15.91	32	-0.06	39	-0.01	33	0.09	42
127	65112411	42.01	0.31	41	0.46	7	-19.97	41	-4.56	37	0.49	43	-0.24	37	-0.14	48
128	41412615*	36.58	-0.75	40	-1.43	40	-19.52	40	0.06	35	0.06	41	0.05	35	0.00	46
129	21218035	36.38	0.08	37	-0.88	41	-13.45	40	-14.86	34	-0.12	41	0.05	35	0.05	43
130	13209A90	32.35	-0.32	24	-0.42	28	-25.28	29	3.12	2	-0.04	23	—	—	-0.02	2
131	21216021	20.62	-1.10	36	-1.26	43	-15.08	42	-17.77	35	0.06	43	-0.01	35	0.11	44
132	11115360*	8.38	-0.17	37	-0.18	38	-21.53	37	-20.27	34	-0.08	39	-0.07	33	-0.05	45
133	43117111	0.41	-0.33	9	-0.89	46	-32.00	45	-4.17	36	0.02	45	0.16	37	0.19	47
134	15215313*	-4.07	-1.92	38	-0.50	39	-10.60	39	-41.94	35	-0.29	40	0.12	35	-0.14	46
135	43117112	-7.64	-0.26	9	-0.24	46	-33.54	45	-8.94	36	0.01	44	0.21	37	0.12	47
136	15215312*	-15.77	-2.41	38	0.06	39	-10.05	39	-50.97	35	-0.28	40	0.07	35	-0.09	46

序号	牛号	CBI	体型外貌评分		初生重		6月龄体重		18月龄体重		6~12月龄日增重		13~18月龄日增重		19~24月龄日增重	
			EBV	r²(%)	EBV	r²(%)	EBV	r²(%)	EBV	r²(%)	EBV	r²(%)	EBV	r²(%)	EBV	r²(%)
137	11115361*	-20.13	-1.77	38	1.81	40	-26.85	39	-31.35	39	0.00	40	-0.16	34	-0.04	49
138	15210316*	-22.73	-1.64	37	-2.37	38	-15.35	37	-40.41	32	-0.01	39	-0.21	33	0.34	44
139	43117109	-24.11	-0.25	9	-1.04	47	-35.45	46	-13.71	40	0.19	47	-0.08	40	0.09	49
140	43117110	-36.52	-0.31	9	-0.12	46	-33.43	45	-28.13	36	0.02	44	0.06	37	0.33	47
141	15514A49*	-45.61	-0.67	35	-1.10	37	-24.13	36	-46.41	29	-0.31	34	0.03	29	0.06	38
142	15514A79*	-51.12	-0.25	38	0.07	40	-29.87	39	-44.70	33	-0.31	37	0.06	32	-0.02	42
以下种公牛部分性状测定数据缺失，只发布数据完整性状的估计育种值																
143	15214119*		—	—	-1.30	38	-3.40	38	-2.33	33	0.17	39	-0.07	33	-0.05	44
144	15212423*		—	—	3.69	38	6.02	37	51.77	33	0.06	39	0.18	33	-0.05	44
145	14118326*		-0.45	37	—	—	—	—	4.36	32	—	—	—	—	—	—
146	22310127*		-0.39	20	-0.39	20	2.62	1	—	—	0.01	1	—	—	0.02	1
147	22310128*		0.36	20	0.40	20	—	—	—	—	—	—	—	—	—	—
148	53101143*		-0.01	23	—	—	—	—	3.22	19	—	—	—	—	—	—
149	13316103		—	—	-0.32	1	-7.03	1	-8.33	2	-0.03	1	—	—	0.01	2
150	14118352		-0.22	37	—	—	—	—	1.88	32	—	—	—	—	—	—
151	21219015		—	—	1.31	38	13.95	38	-31.25	32	-0.18	39	-0.03	33	—	—

* 表示该牛已经不在群，但有库存冻精。
— 表示该表型值缺失，且无法根据系谱信息估计出育种值。

4.10　利木赞牛

表4-10　利木赞牛估计育种值

序号	牛号	CBI	体型外貌评分		初生重		6月龄体重		18月龄体重		6~12月龄日增重		13~18月龄日增重		19~24月龄日增重	
			EBV	r^2(%)	EBV	r^2(%)	EBV	r^2(%)	EBV	r^2(%)	EBV	r^2(%)	EBV	r^2(%)	EBV	r^2(%)
1	41118314	197.37	-0.40	28	-0.93	36	22.56	35	41.37	31	0.04	37	0.06	32	-0.20	40
2	37114173	192.48	1.00	35	2.42	36	7.72	35	47.65	31	0.17	36	0.08	32	-0.09	39
3	37115174	173.83	0.84	37	-0.63	40	9.01	39	40.41	35	0.25	41	-0.04	36	0.03	44
4	11109010*	173.07	0.37	32	2.90	34	14.54	33	19.05	29	-0.01	34	0.07	30	0.13	37
5	37114171	169.35	-0.73	36	4.56	37	6.41	36	35.53	32	0.09	38	0.08	33	-0.08	41
6	11109011*	164.46	0.67	33	1.73	34	14.99	33	12.53	29	-0.09	35	0.10	30	0.12	38
7	22314005	163.96	0.21	38	4.37	41	11.67	36	13.48	37	0.06	37	0.03	33	0.12	38
8	15619111 22119387	161.72	1.55	32	1.14	21	14.37	30	7.25	18	0.01	24	-0.02	18	—	—
9	11108002*	158.64	0.65	29	2.07	33	11.19	32	14.68	28	-0.03	33	0.09	29	0.00	36
10	11111323*	157.85	0.24	30	-2.59	34	7.35	33	41.23	29	0.04	33	0.31	29	-0.29	36
11	37114172	148.27	-0.04	36	3.23	37	-1.10	36	33.19	32	0.10	38	0.09	33	-0.10	41
12	15613111 22213007	147.91	0.09	43	2.27	50	9.27	46	12.88	44	0.10	45	0.01	43	0.19	45
13	65110904*	137.78	-0.30	39	1.41	39	4.05	38	21.15	34	0.07	39	0.07	34	-0.05	44
14	41213432*	137.00	-0.47	37	2.17	37	6.71	36	13.34	32	0.07	37	-0.01	33	0.04	41
15	41418205	133.71	-0.31	5	0.68	35	3.50	40	21.40	40	0.15	36	0.01	32	0.34	39
16	37112186	131.16	-0.39	26	3.48	30	10.33	29	-4.58	26	-0.15	30	0.08	26	-0.06	32
17	22119101	131.15	-0.94	20	-0.18	4	13.12	21	5.90	12	-0.05	20	-0.02	12	—	—
18	15616111 22216109	129.65	-0.55	40	2.06	43	-0.47	41	23.44	38	-0.10	43	0.14	39	-0.01	41
19	65110901*	128.92	0.03	40	-0.67	39	2.50	38	21.64	35	0.20	39	-0.13	34	0.06	44
20	41113312	128.40	1.57	40	1.03	40	10.49	39	-12.89	35	0.14	41	-0.06	36	-0.10	45
21	43115097	125.68	0.71	37	0.24	37	6.50	36	2.23	32	-0.03	37	-0.01	33	0.00	41
22	22213501	125.58	0.08	32	-2.73	34	-9.12	34	50.54	30	0.35	35	0.02	31	-0.09	38
23	15619301	124.58	-0.14	35	1.07	13	5.31	11	7.07	13	0.05	9	0.03	10	0.09	16

（续）

序号	牛号	CBI	体型外貌评分		初生重		6 月龄体重		18 月龄体重		6~12 月龄日增重		13~18 月龄日增重		19~24 月龄日增重	
			EBV	r² (%)	EBV	r² (%)	EBV	r² (%)	EBV	r² (%)	EBV	r² (%)	EBV	r² (%)	EBV	r² (%)
24	43115098	123.35	0.09	34	0.05	34	5.52	33	7.42	30	-0.03	35	0.02	30	0.00	38
25	13116957	118.52	-0.64	32	0.37	33	18.20	32	-19.98	28	-0.06	34	-0.13	29	-0.11	34
26	41105303*	116.39	-0.13	18	0.45	32	6.92	31	-1.41	27	-0.18	32	0.06	28	0.06	35
27	11198045*	115.40	-0.01	2	0.57	3	1.23	3	8.74	3	0.04	3	0.02	2	0.00	3
28	22315105	114.65	0.12	38	2.09	38	3.60	35	-3.17	34	-0.07	36	-0.03	32	-0.03	39
29	41413202*	111.92	-0.41	39	0.80	41	-2.11	40	15.01	36	-0.01	42	0.10	37	0.11	45
30	65116923	110.94	0.47	37	-2.70	39	0.06	38	15.23	35	0.01	39	0.09	34	0.01	42
31	41315614	110.71	0.75	38	0.73	39	-2.32	38	6.38	35	0.13	40	-0.06	35	-0.06	43
32	41113316	109.25	1.60	38	0.06	39	-3.51	38	3.91	33	0.17	40	0.01	34	0.07	43
33	65110903	108.70	0.31	40	-0.02	41	-2.98	40	11.79	36	-0.09	41	0.25	36	-0.10	46
34	41215611 65115920	108.24	0.55	44	-0.11	44	1.26	43	0.84	39	-0.18	45	0.13	40	0.05	48
35	21218010	108.07	0.37	22	-0.25	21	1.21	20	2.57	18	0.02	21	0.00	19	0.02	24
36	41418201	107.87	-0.27	5	-0.07	35	-3.70	35	16.94	31	0.09	36	0.08	32	0.29	39
37	65115922*	105.14	0.57	13	3.08	40	0.75	38	-11.84	35	-0.19	40	0.03	35	0.05	42
38	41215613 65115222	104.19	-0.18	41	0.92	40	-0.85	39	3.57	35	0.10	41	-0.01	36	-0.04	44
39	43115095	100.62	0.58	35	-0.30	34	0.10	34	-2.79	30	-0.05	35	0.01	31	0.03	39
40	21116960 22116037	99.72	0.62	44	1.73	27	8.71	27	-29.40	24	0.02	27	-0.17	24	0.13	22
41	43115096	99.41	1.28	36	-1.29	35	1.21	34	-7.83	30	-0.04	36	-0.03	31	0.03	39
42	65110907*	97.94	0.04	40	1.41	43	2.61	42	-12.54	39	-0.09	44	0.04	39	-0.12	48
43	41418204	97.08	-0.28	4	-1.35	36	0.32	35	3.43	31	-0.02	37	0.06	32	0.27	40
44	41215614*	96.12	0.25	14	0.08	13	-1.75	13	-1.63	12	0.07	14	-0.05	12	-0.01	14
45	41215612*	95.88	-0.24	13	0.55	15	-3.92	15	4.73	13	0.11	15	-0.03	14	-0.03	15
46	41215620 64115235	95.76	0.35	42	-0.13	41	0.15	40	-6.03	36	-0.03	42	0.00	37	-0.01	45
47	41115342*	95.23	-1.92	38	-0.18	40	4.45	39	0.62	35	0.20	41	-0.14	36	-0.28	44

（续）

序号	牛号	CBI	体型外貌评分		初生重		6月龄体重		18月龄体重		6~12月龄日增重		13~18月龄日增重		19~24月龄日增重	
			EBV	r^2（%）	EBV	r^2（%）	EBV	r^2（%）	EBV	r^2（%）	EBV	r^2（%）	EBV	r^2（%）	EBV	r^2（%）
48	65110902*	94.65	1.13	50	-0.34	51	-1.09	49	-9.17	47	-0.10	51	-0.06	46	0.00	54
49	65113911*	93.35	-0.19	37	0.76	39	0.14	38	-7.29	34	0.01	39	-0.04	35	-0.01	42
50	41215610	93.32	0.96	45	-1.32	47	0.99	45	-10.22	42	-0.21	47	0.04	42	-0.12	50
	65115919															
51	13116953	93.23	0.84	36	0.45	36	-1.57	35	-10.00	31	-0.15	37	0.29	32	-0.03	2
52	41416207*	93.06	0.16	37	-0.08	39	-6.86	38	7.94	34	0.03	39	0.06	35	0.14	42
53	37113187	92.55	-0.34	33	-4.11	34	8.24	33	-7.65	30	-0.20	35	0.01	31	0.06	38
54	21218013	91.03	-0.51	22	0.19	21	-1.32	20	-1.90	18	-0.01	21	0.00	19	-0.03	24
55	41215615	89.90	0.59	42	-0.04	41	-4.42	40	-3.25	36	0.08	41	-0.04	37	0.00	45
	64115225															
56	22315108	89.31	0.21	37	0.03	37	0.23	33	-11.32	32	-0.08	34	-0.05	30	-0.03	38
57	41215616	88.93	0.13	42	0.23	41	-1.51	41	-8.01	37	-0.01	42	-0.01	38	-0.01	45
	64115228															
58	37113189*	86.51	0.54	33	-4.11	34	5.69	33	-13.64	30	-0.22	35	0.00	31	0.07	38
59	41215603	86.51	0.29	43	-0.80	42	-3.29	41	-3.86	37	0.10	43	-0.07	38	0.06	47
	64115212															
60	65115921*	86.42	1.55	37	0.46	40	-0.56	38	-23.16	35	-0.24	40	-0.02	35	0.00	42
61	41215617	86.30	0.86	42	-1.20	41	-4.57	40	-3.98	36	0.05	42	-0.03	37	-0.02	45
	64115230															
62	41215609	86.13	1.22	45	-1.45	45	-3.15	43	-8.90	40	-0.16	45	0.01	40	0.04	49
	61515918															
63	41215608	84.95	0.83	44	-1.58	43	0.66	42	-14.90	39	-0.25	44	0.02	39	0.04	47
	65115917															
64	41110314*	84.13	0.49	33	0.74	41	3.16	39	-26.55	36	-0.24	41	0.03	36	-0.10	44
65	41115336	82.90	-0.91	42	-0.67	44	-3.68	43	1.99	38	0.14	44	-0.02	39	0.09	48
66	65114915	82.64	0.63	37	-1.26	40	0.83	39	-16.93	35	-0.16	41	-0.01	36	-0.05	43
67	41115328	82.17	-0.27	40	-1.27	42	-9.98	41	12.44	37	0.11	43	0.04	37	-0.08	46
68	41115332	81.87	-0.39	42	-0.67	44	-5.05	43	0.34	38	0.15	44	-0.04	39	0.09	48
69	65110908*	81.67	0.40	46	-1.70	50	-4.70	49	-2.69	44	-0.12	51	0.11	45	-0.02	52
70	65114916	80.34	0.45	37	-2.10	40	0.05	39	-13.06	35	-0.17	40	-0.01	35	-0.08	42

（续）

序号	牛号	CBI	体型外貌评分		初生重		6月龄体重		18月龄体重		6~12月龄日增重		13~18月龄日增重		19~24月龄日增重	
			EBV	r²(%)	EBV	r²(%)	EBV	r²(%)	EBV	r²(%)	EBV	r²(%)	EBV	r²(%)	EBV	r²(%)
71	65114912*	79.10	0.24	11	-2.45	40	-1.99	39	-7.03	36	-0.07	41	0.05	36	-0.18	43
72	41415206	78.02	-0.12	39	-0.30	41	-9.74	40	3.94	36	-0.11	42	0.08	37	0.14	45
73	15212424*	77.15	1.09	30	0.32	31	-3.84	31	-20.31	27	-0.03	28	-0.06	25	0.09	31
74	22116071*	76.83	0.04	26	-2.61	23	-2.47	24	-5.97	19	-0.05	24	0.02	20	-0.05	17
75	41113314	71.82	1.33	43	1.67	43	-17.29	42	-2.25	38	-0.01	43	0.00	38	0.15	47
76	41115334	71.31	-1.31	41	-0.11	42	-7.22	41	0.56	37	0.20	43	-0.05	38	0.02	46
77	15212527	68.31	0.34	22	-0.71	22	-0.84	27	-25.51	23	-0.07	27	-0.02	23	-0.03	29
78	41115338	64.93	-1.29	42	-1.15	44	-10.52	42	5.61	38	0.20	44	0.00	39	0.06	48
79	41115340	64.76	-1.54	42	-0.59	44	-8.52	42	1.01	38	0.15	44	0.00	39	0.08	48
80	22216111	63.71	-0.82	30	1.60	33	-3.12	32	-24.21	28	-0.14	34	-0.08	29	-0.13	35
81	22316057	56.72	-0.45	33	0.92	34	-9.59	29	-16.59	30	-0.02	31	0.04	27	0.21	34
82	41413237*	56.64	-0.51	38	-0.93	37	-10.77	36	-7.33	32	-0.21	38	-0.08	33	0.18	42
83	11111321*	53.83	0.64	27	-0.04	32	-11.58	31	-19.28	27	-0.11	31	-0.05	27	0.14	34
84	22218723	51.01	0.52	8	0.07	9	0.16	35	-46.55	31	-0.12	36	-0.06	31	-0.16	38
85	62116113	47.99	-0.40	3	0.42	22	-8.11	19	-25.95	17	-0.12	20	0.00	18	-0.01	4
86	41118302	40.82	-0.51	24	-0.48	36	-21.93	36	1.55	32	0.10	37	-0.06	32	-0.06	40
87	41118310	27.39	-0.98	27	-0.18	36	-22.09	36	-7.36	31	0.06	38	-0.01	32	-0.18	40
88	41413234	26.43	-0.76	38	-0.93	37	-9.41	37	-34.53	32	-0.28	38	0.15	33	-0.12	42
89	11114325*	24.72	-0.03	37	-1.95	37	-14.75	36	-26.20	32	0.01	37	-0.08	32	0.08	40
90	37109183*	19.50	0.08	35	-2.45	38	-10.44	37	-39.06	33	-0.02	39	-0.11	34	0.05	42
91	37109182*	12.77	-0.87	36	-1.98	39	-10.49	38	-39.59	34	-0.01	40	-0.12	35	-0.01	43
92	11114326*	-0.88	0.34	31	-2.29	33	-21.20	32	-35.84	28	0.08	33	-0.16	29	-0.26	36
以下种公牛部分性状测定数据缺失，只发布数据完整性状的估计育种值																
93	37109185*		—	—	-1.62	37	-8.44	36	-30.21	32	0.01	38	-0.09	33	-0.03	42
94	37109184*		—	—	-2.44	38	-10.22	37	-52.30	33	-0.11	39	-0.13	34	0.06	42
95	21113957		0.31	31	—	—	—	—	—	—	—	—	—	—	—	—
96	22310121		0.70	34	-1.50	36	—	—	-19.30	31	-0.01	1	—	—	—	—

* 表示该牛已经不在群，但有库存冻精。

— 表示该表型值缺失，且无法根据系谱信息估计出育种值。

4.11 和牛

表 4-11 和牛估计育种值

序号	牛号	CBI	体型外貌评分		初生重		6 月龄体重		18 月龄体重		6~12 月龄日增重		13~18 月龄日增重		19~24 月龄日增重	
			EBV	r²(%)	EBV	r²(%)	EBV	r²(%)	EBV	r²(%)	EBV	r²(%)	EBV	r²(%)	EBV	r²(%)
1	13113040	256.95	-0.06	43	-0.96	46	25.46	46	64.18	43	0.08	47	0.05	42	-0.21	50
2	23312028*	228.23	-0.51	36	1.67	47	23.80	55	38.18	48	0.14	49	-0.10	48	-0.11	56
3	23310034*	215.95	-1.36	42	0.09	58	36.85	63	14.34	54	-0.08	54	-0.06	54	-0.01	61
4	23312646*	208.21	0.58	36	0.51	77	17.98	67	34.79	47	0.14	55	-0.12	48	-0.07	56
5	23310006*	204.43	0.71	44	-1.40	57	27.33	63	20.54	56	-0.06	54	0.03	56	-0.03	63
6	23311035	199.53	0.25	41	-1.40	83	18.49	84	37.73	43	0.06	48	0.06	43	-0.02	51
7	23310864*	193.27	1.43	40	-0.79	50	14.66	56	31.85	49	0.10	48	0.02	50	-0.01	57
8	23311484*	189.90	-1.22	35	-0.31	53	19.84	55	31.59	44	0.07	50	-0.01	45	-0.05	52
9	23310968*	185.58	0.26	39	0.07	60	20.79	62	16.62	55	0.01	59	0.02	54	-0.04	61
10	23312187*	183.57	0.29	36	0.70	46	15.12	56	23.89	46	0.11	49	-0.09	46	-0.12	54
11	23311058	176.85	0.59	37	-0.69	78	11.20	69	31.51	51	0.02	59	0.04	52	-0.06	59
12	23310112*	174.05	0.95	41	-0.35	67	17.39	61	13.34	53	0.00	53	-0.03	53	0.05	60
13	23311102*	167.80	-0.06	40	-0.33	83	16.59	82	16.09	61	0.05	68	0.00	51	-0.07	58
14	23311202*	165.35	-0.15	37	-0.81	49	11.06	52	28.27	46	0.04	52	0.02	46	-0.08	54
15	23311706*	157.51	-0.94	42	-0.50	76	13.72	67	20.31	58	0.10	61	-0.06	53	-0.04	60
16	23312746	152.28	0.53	45	-0.16	90	5.00	90	24.73	79	0.23	82	-0.12	77	-0.07	78
17	15217121	152.06	2.55	25	-0.31	38	4.65	37	14.63	30	-0.07	36	0.08	30	0.10	30
18	23310242*	149.07	-1.58	42	-0.91	71	18.59	61	9.69	53	0.06	59	-0.09	54	0.03	61
19	15217144	146.78	2.51	27	-2.31	31	6.59	38	15.84	30	-0.05	37	0.04	31	0.12	31
20	23311128*	138.25	-0.63	43	-1.01	74	15.66	70	3.10	62	0.07	59	-0.08	61	0.00	67
21	23310047*	136.32	-0.55	39	0.02	71	6.94	71	14.65	41	-0.06	47	0.02	42	-0.03	50
22	15617117	131.55	1.84	9	-1.49	15	5.29	15	7.83	11	-0.03	13	0.06	11	0.09	12
	22217017															
23	23310580*	130.98	-0.03	46	-0.39	57	11.09	65	1.22	56	0.05	54	-0.10	56	0.09	63
24	23310064	128.58	-0.96	40	-0.47	84	9.56	84	8.20	47	-0.07	55	-0.03	47	0.01	55
25	23311526*	124.40	-0.87	45	1.35	56	9.07	61	-2.21	55	-0.01	54	-0.02	55	-0.02	62

序号	牛号	CBI	体型外貌评分		初生重		6 月龄体重		18 月龄体重		6 ~ 12 月龄日增重		13 ~ 18 月龄日增重		19 ~ 24 月龄日增重	
			EBV	r^2 (%)	EBV	r^2 (%)	EBV	r^2 (%)	EBV	r^2 (%)	EBV	r^2 (%)	EBV	r^2 (%)	EBV	r^2 (%)
26	65117654	122.53	0.47	31	0.22	33	3.49	38	5.31	33	-0.02	37	0.06	33	-0.07	41
27	23317607	115.53	0.19	43	-0.42	50	4.97	50	1.65	45	-0.04	49	-0.06	44	-0.04	51
28	23310598	114.19	-0.25	45	-0.36	82	1.02	82	10.99	59	0.01	56	-0.06	59	0.00	64
29	65117653*	113.90	-0.02	34	1.35	37	-0.03	43	4.19	39	0.04	42	0.05	39	-0.05	45
30	23311246*	113.42	-1.06	40	-2.31	49	10.58	55	3.89	48	0.00	48	-0.06	46	-0.03	56
31	23317735	112.92	-0.57	43	-0.42	50	2.48	51	9.15	45	-0.07	50	0.01	45	-0.07	51
32	23310664*	110.69	0.85	50	-1.71	63	7.57	61	-5.20	53	-0.02	60	-0.04	54	0.05	61
33	23317437	109.51	-0.68	44	-0.16	47	6.62	48	-2.28	43	-0.12	48	0.00	43	0.01	50
34	23310054*	108.03	-1.18	48	-1.27	64	7.99	67	1.50	60	0.00	62	0.00	60	0.12	65
35	23312456*	103.07	-0.68	41	2.03	60	9.71	62	-22.74	52	0.06	60	-0.28	52	-0.16	60
36	23312966*	103.03	0.18	42	-1.50	89	-4.13	88	16.15	76	0.09	81	-0.10	70	0.01	75
37	23317857	101.04	-0.99	43	-1.49	50	8.25	49	-4.12	44	-0.08	48	-0.07	43	0.07	50
38	23317867	99.91	-0.22	41	-0.93	48	6.83	47	-8.77	41	-0.09	47	-0.10	41	-0.02	49
39	37315103	96.71	0.22	32	0.25	33	0.45	32	-5.59	27	-0.05	33	0.00	28	-0.01	34
40	23317813*	94.17	-0.70	43	-0.19	50	2.22	50	-3.95	44	-0.08	49	-0.01	43	-0.09	50
41	23317166	93.37	-0.16	43	-0.91	49	7.85	49	-15.94	43	-0.05	48	-0.15	43	0.01	50
42	23316061	92.48	0.24	40	3.85	46	-4.07	47	-15.14	41	-0.05	47	-0.07	42	-0.11	50
43	23310594*	87.48	-1.17	45	-1.49	55	4.86	57	-5.83	51	-0.01	54	0.00	51	0.01	58
44	23311136*	86.01	-0.07	44	0.16	79	-4.20	76	-1.67	65	0.05	67	-0.05	58	-0.03	65
45	23317863	85.08	-0.62	45	-0.72	54	5.32	54	-14.92	47	-0.09	52	-0.05	46	0.02	53
46	15508H10*	82.78	0.18	3	0.61	24	-3.41	25	-8.95	21	-0.03	25	-0.02	22	0.03	27
47	23316121	81.21	1.39	41	0.13	50	-9.63	51	-2.01	46	0.01	50	0.00	46	-0.04	52
48	37315104	80.99	-0.10	30	-0.22	32	-2.10	31	-7.72	28	-0.09	32	0.05	28	0.05	35
49	23316355	79.16	0.71	40	-1.30	49	-6.97	50	1.12	44	0.06	49	-0.02	44	-0.04	51
50	23314297	73.84	0.64	43	-0.33	49	-4.82	49	-10.91	44	-0.06	48	0.11	44	0.05	52
51	37315102	71.34	-0.07	32	0.18	31	-4.73	31	-11.12	27	-0.04	32	0.02	28	0.03	35
52	15215344*	70.83	-2.01	37	1.88	41	-5.96	41	-5.51	38	-0.06	42	0.01	38	-0.09	43
53	23316161	66.50	0.18	39	3.01	47	-6.58	49	-24.51	43	-0.07	48	-0.10	43	-0.09	51

（续）

序号	牛号	CBI	体型外貌评分		初生重		6月龄体重		18月龄体重		6~12月龄日增重		13~18月龄日增重		19~24月龄日增重	
			EBV	r²(%)	EBV	r²(%)	EBV	r²(%)	EBV	r²(%)	EBV	r²(%)	EBV	r²(%)	EBV	r²(%)
54	37315101	66.20	-0.68	32	0.05	32	-8.42	32	-3.24	28	0.02	33	0.02	29	-0.08	35
55	23317681	62.39	-0.42	45	-1.84	50	7.95	50	-32.71	45	-0.08	50	-0.19	45	0.13	52
56	15215343	62.07	-2.01	37	1.22	44	-8.46	45	-3.75	40	-0.06	45	0.03	40	-0.08	43
57	23316125	62.02	0.23	41	-0.01	49	-11.23	49	-5.30	44	0.01	48	-0.01	44	-0.02	50
58	23314314*	59.41	-0.37	43	-1.00	49	-5.07	50	-12.10	46	-0.04	50	0.10	46	0.06	53
59	23316164	54.17	-0.46	42	-0.52	51	-10.89	52	-5.50	47	-0.01	51	-0.01	46	-0.04	53
60	65116652	53.68	-0.79	30	2.67	33	-15.73	38	-7.99	33	0.02	37	0.05	34	0.09	40
61	23316169*	50.71	-0.14	41	-0.39	49	-12.38	49	-7.27	43	-0.01	48	-0.01	43	-0.02	50
62	23314602	43.56	-1.38	43	-0.60	56	-8.09	59	-13.29	52	-0.09	56	0.10	52	0.12	59
63	23310390	36.48	0.39	48	-0.40	90	-15.08	88	-14.80	75	0.22	80	-0.09	72	0.04	75
64	23316197*	27.65	0.30	43	-0.32	49	-16.53	50	-17.97	44	-0.01	49	-0.01	44	0.01	51
65	23314520	21.92	0.28	44	-0.75	47	-15.80	48	-21.56	43	-0.04	48	0.00	44	0.18	52
66	23314838*	19.90	-0.74	41	-2.06	49	-11.43	49	-20.53	44	-0.07	49	0.06	44	0.08	52
67	65116651	15.06	-1.57	32	-0.46	35	-15.02	40	-18.95	36	0.00	39	0.05	36	0.09	42
68	23316193	9.86	-0.17	43	-1.04	49	-18.44	49	-20.96	43	-0.01	48	-0.01	43	0.01	50

＊ 表示该牛已经不在群，但有库存冻精。

— 表示该表型值缺失，且无法根据系谱信息估计出育种值。

4.12　其他品种牛

表4-12　其他品种牛估计育种值

序号	牛号	品种	CBI	体型外貌评分		初生重		6月龄体重		18月龄体重		6~12月龄日增重		13~18月龄日增重		19~24月龄日增重	
				EBV	r^2(%)	EBV	r^2(%)	EBV	r^2(%)	EBV	r^2(%)	EBV	r^2(%)	EBV	r^2(%)	EBV	r^2(%)
1	13217703	比利时蓝牛	167.04	0.84	44	-0.86	44	19.78	43	11.91	38	-0.09	45	0.04	38	-0.02	48
2	13217722	比利时蓝牛	153.34	0.68	42	-0.31	42	-0.65	41	38.05	36	0.01	43	0.20	36	-0.14	46
3	13217733	比利时蓝牛	132.90	0.60	42	1.33	42	7.49	41	4.43	36	-0.07	43	0.04	36	0.13	46
4	13217701	比利时蓝牛	128.87	1.14	44	-1.00	44	4.69	43	8.30	38	-0.01	45	0.03	38	0.06	48
5	13217710	比利时蓝牛	124.19	0.67	43	0.38	42	1.13	41	11.03	36	0.00	43	0.05	37	0.00	46
6	13217716	比利时蓝牛	121.88	-0.02	43	0.14	42	4.43	41	8.51	36	-0.02	43	0.04	37	0.04	46
7	13217706	比利时蓝牛	121.77	0.59	42	-0.51	41	5.39	40	4.15	35	0.00	42	0.00	35	-0.02	45
8	13217752	比利时蓝牛	108.32	0.91	42	1.93	42	-3.27	41	1.57	36	0.01	43	0.02	36	-0.20	46
9	13217750	比利时蓝牛	108.20	-0.04	42	1.21	41	-0.85	40	5.19	35	0.02	42	0.02	36	-0.22	45
10	13217708	比利时蓝牛	100.89	0.54	42	-0.34	41	-4.51	40	5.99	35	0.01	42	0.04	36	0.00	45
11	13217726	比利时蓝牛	98.99	0.31	42	-0.76	42	1.98	41	-4.62	36	0.00	43	-0.04	36	0.15	46
12	13217737	比利时蓝牛	98.45	0.63	42	0.04	41	-0.90	40	-3.88	35	-0.01	42	0.01	36	0.05	46
13	13217754	比利时蓝牛	85.73	-0.13	48	0.09	24	-3.12	47	-4.61	42	0.00	48	-0.01	42	-0.20	51
14	13217721	比利时蓝牛	83.80	-0.77	43	-1.33	42	-2.90	41	1.18	36	0.02	43	0.00	36	0.06	46
15	13217720	比利时蓝牛	81.14	-0.60	45	0.05	44	0.60	43	-11.57	39	0.00	45	-0.06	39	0.10	48
16	13217705	比利时蓝牛	79.00	-0.72	42	-0.61	41	-2.94	41	-4.45	35	0.07	42	-0.07	36	0.00	46
17	13217758	比利时蓝牛	77.28	-0.97	42	-0.31	46	-4.89	46	-1.28	41	0.02	47	0.00	42	-0.19	50
18	13217751	比利时蓝牛	72.06	-0.42	48	0.09	47	-6.29	47	-7.38	42	0.00	48	-0.01	42	-0.17	51
19	13217702	比利时蓝牛	66.47	-0.83	42	-0.88	41	-4.09	41	-10.56	36	0.04	43	-0.07	36	-0.04	46
20	13217731	比利时蓝牛	64.35	-1.19	45	-0.24	44	-0.97	43	-16.91	38	-0.02	45	-0.08	39	0.17	48
21	13217730	比利时蓝牛	63.08	-0.58	42	1.41	42	-2.69	41	-22.78	36	0.00	43	-0.12	36	0.16	46
22	13217757	比利时蓝牛	60.99	-1.00	48	-0.20	47	-5.34	46	-12.96	42	0.01	48	-0.06	42	-0.14	51
23	13217743	比利时蓝牛	60.93	-0.07	46	0.35	45	-5.13	44	-20.93	39	0.01	46	-0.10	40	-0.08	49
24	13217745	比利时蓝牛	59.49	-0.07	46	1.21	45	-5.88	44	-22.71	39	0.00	46	-0.10	40	-0.05	49
25	13217756	比利时蓝牛	55.39	-1.29	48	0.23	47	-4.88	47	-17.14	42	0.01	48	-0.08	42	-0.10	51
26	13217740	比利时蓝牛	54.05	-1.24	46	0.21	45	-6.16	44	-16.14	39	0.02	46	-0.08	40	0.01	49

（续）

序号	牛号	品种	CBI	体型外貌评分		初生重		6月龄体重		18月龄体重		6~12月龄日增重		13~18月龄日增重		19~24月龄日增重	
				EBV	r²(%)	EBV	r²(%)	EBV	r²(%)	EBV	r²(%)	EBV	r²(%)	EBV	r²(%)	EBV	r²(%)
27	13217749	比利时蓝牛	48.11	-1.29	48	0.66	47	-4.88	47	-23.71	42	0.00	48	-0.11	42	-0.04	51
28	41315230	德国黄牛	183.67	0.54	17	1.08	38	7.23	38	44.64	33	0.23	39	0.01	33	-0.12	42
29	41315253	德国黄牛	114.67	0.37	32	0.18	2	2.22	2	4.29	1	-0.01	1	0.01	1	-0.02	1
30	41114412	德国黄牛	85.64	-0.48	24	-0.13	22	-0.47	21	-6.59	18	0.00	22	0.01	19	0.00	24
31	53115333*	短角牛	182.09	0.95	26	0.72	46	12.20	46	23.15	37	0.03	40	0.14	37	0.01	43
32	53216178	短角牛	143.76	0.46	31	-0.91	29	5.89	48	14.49	36	0.10	38	-0.03	36	-0.01	43
33	53216177	短角牛	139.91	-0.16	36	0.91	32	15.61	50	3.98	39	0.00	42	-0.01	39	-0.01	46
34	53117368*	短角牛	136.13	-0.20	19	0.46	45	21.73	45	-3.69	35	-0.03	33	-0.01	34	-0.04	41
35	53111269*	短角牛	133.54	-0.20	26	1.35	38	10.90	38	5.45	27	-0.03	28	-0.02	26	-0.23	31
36	53215166	短角牛	127.69	-0.26	36	0.85	50	17.89	50	-4.02	39	-0.09	42	0.00	39	0.06	46
37	53215168	短角牛	124.91	-0.05	35	0.18	25	10.89	46	1.39	36	-0.05	39	-0.06	37	0.15	44
38	53216179	短角牛	118.53	0.05	33	0.59	45	4.95	46	3.41	36	0.03	39	-0.04	37	0.03	44
39	53113287*	短角牛	111.06	0.49	23	0.36	39	0.36	40	2.24	35	0.08	29	-0.05	29	0.06	35
40	53113286	短角牛	110.89	0.15	23	0.76	38	2.89	38	0.97	33	0.07	28	-0.10	28	0.03	33
41	53116362	短角牛	108.15	0.00	31	1.80	44	-3.96	44	6.54	34	0.03	38	0.04	35	0.04	42
42	53116361	短角牛	100.06	-0.07	31	2.32	41	-3.02	40	1.32	31	0.05	36	-0.08	32	0.27	40
43	53211122*	短角牛	95.02	-0.12	26	6.39	37	-12.10	37	4.57	25	-0.10	27	0.11	25	0.09	30
44	53214160	短角牛	92.75	0.95	35	-3.58	47	-10.53	48	5.62	38	-0.07	40	0.18	39	-0.11	46
45	53214161	短角牛	91.87	-0.35	32	-5.25	42	-4.13	44	7.17	33	-0.02	35	0.05	33	0.02	41
46	53215167	短角牛	86.19	-0.04	32	0.18	48	3.75	49	-10.90	36	0.00	39	-0.01	35	0.00	43
47	53117367	短角牛	84.45	0.27	21	-0.03	47	-8.37	47	-0.60	39	-0.03	41	0.11	39	-0.12	46
48	53114314*	短角牛	76.29	0.78	34	-2.98	41	-2.28	42	-11.03	34	-0.03	34	-0.09	34	0.06	42
49	53215169	短角牛	73.65	-0.02	33	0.32	49	-2.84	48	-10.64	37	-0.04	41	-0.02	38	0.06	45
50	53211123	短角牛	71.63	0.39	27	0.95	41	-10.08	41	-6.94	30	0.12	30	-0.09	29	0.18	35
51	53114311*	短角牛	61.77	-0.28	34	-1.68	49	-5.49	50	-10.56	42	-0.07	41	0.01	40	-0.03	47
52	53214162	短角牛	61.45	-0.95	27	-4.37	43	-7.18	43	-2.71	30	-0.03	32	0.10	32	-0.09	38
53	41317003	郏县红牛	147.45	5.09	58	-2.73	58	0.51	56	29.88	55	0.23	58	-0.03	53	0.04	61
54	41213078	郏县红牛	128.11	2.83	39	1.21	42	2.77	42	5.60	40	-0.02	44	-0.02	39	-0.02	48

（续）

序号	牛号	品种	CBI	体型外貌评分		初生重		6月龄体重		18月龄体重		6~12月龄日增重		13~18月龄日增重		19~24月龄日增重	
				EBV	r²(%)	EBV	r²(%)	EBV	r²(%)	EBV	r²(%)	EBV	r²(%)	EBV	r²(%)	EBV	r²(%)
55	41214072	郏县红牛	119.10	1.14	36	1.26	32	-0.27	39	9.08	36	0.02	33	-0.03	35	-0.02	45
56	51110909	金川牦牛	95.91	0.06	2	-0.03	2	-0.13	2	-0.78	1	0.01	2			0.01	2
57	51111908	金川牦牛	89.28	-0.21	30	0.29	28	-2.87	29	0.63	24	0.02	30			-0.01	33
58	51112907	金川牦牛	86.88	-0.04	26	0.43	31	-0.41	33	-2.94	27	-0.01	31			-0.02	34
59	51113910	金川牦牛	75.67	-1.17	45	-0.80	52	-0.80	45	-0.39	47	-0.23	42	-0.20	41	-0.29	49
60	21117487	辽育白牛	105.07	0.28	13	-0.05	4	5.48	45	-6.35	39	-0.01	5	-0.03	40	-0.02	47
61	21118412	辽育白牛	98.31	0.07	11	-0.05	5	-0.12	12	-1.34	11	-0.01	5	0.07	11	0.07	12
62	37110116*	鲁西牛	115.08	0.00	71	1.20	22	3.33	46	1.54	43	-0.04	47	0.01	41	-0.01	49
63	37109102*	鲁西牛	110.45	0.00	71	-0.18	14	-0.36	37	12.36	34	0.07	38	0.01	35	0.01	40
64	37106518*	鲁西牛	105.57	0.00	75	0.18	22	1.17	46	1.89	44	0.00	48	-0.01	44	0.03	50
65	37106100*	鲁西牛	100.06	0.00	60	0.16	22	-0.43	46	0.45	44	0.00	48	0.00	44	0.01	50
66	37108113*	鲁西牛	99.71	0.00	71	-0.11	19	2.68	43	-6.65	40	-0.08	44	0.01	41	-0.02	46
67	37109103*	鲁西牛	94.33	0.00	71	0.56	14	1.11	37	-11.09	34	-0.07	38	-0.02	35	0.03	40
68	37110115*	鲁西牛	89.95	0.00	71	-0.82	22	-2.42	46	-0.42	43	0.03	47	-0.02	43	0.04	48
69	51110902	麦洼牦牛	135.58	0.46	25	0.08	28	-0.42	30	6.65	24	-0.01	28			-0.03	32
70	51112903	麦洼牦牛	109.03	0.06	31	0.86	31	-1.23	33	1.49	27	-0.01	31	0.00	16	0.04	34
71	51112904	麦洼牦牛	102.83	-0.18	29	-0.64	31	0.52	33	1.53	27	0.01	31	0.01	16	-0.04	34
72	51112906	麦洼牦牛	100.87	0.13	29	-0.64	31	0.58	33	0.43	27	0.01	31			0.03	34
73	51111905	麦洼牦牛	97.10	-0.04	30	-0.57	28	1.87	30	-1.42	24	-0.02	30			-0.02	33
74	51110901	麦洼牦牛	80.63	-0.73	23	0.08	28	0.15	29	-2.77	24	-0.01	28			0.00	32
75	41317051	南阳牛	79.73	-1.55	39	-1.05	55	-6.64	53	5.13	48	-0.10	53	0.13	48	-0.01	32
76	41315044	南阳牛	79.24	2.47	52	-1.49	47	-6.43	45	-11.09	40	0.05	46	-0.11	41	0.01	46
77	41313187	南阳牛	74.44	-0.03	41	-0.36	41	6.00	40	-29.10	35	-0.04	42	-0.15	37	-0.04	45
78	41313188*	南阳牛	65.02	-0.08	40	-1.85	41	7.82	40	-35.96	35	-0.06	42	-0.18	36	0.05	44
79	41317012	南阳牛	27.27	-0.46	36	-1.21	52	-13.90	50	-25.79	45	-0.13	51	0.02	46	0.11	50
80	41116704	皮埃蒙特牛	214.41	1.66	47	-1.29	33	31.46	26	22.49	25	0.11	33	-0.09	26	0.09	31
81	41113702	皮埃蒙特牛	122.32	0.19	16	-1.15	33	-2.91	31	23.73	27	0.14	33	0.08	28	-0.06	35
82	41315251	皮埃蒙特牛	109.64	-0.94	23	-0.17	2	3.94	2	6.95	1	0.00	2	0.01	1	—	—

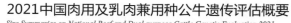

（续）

序号	牛号	品种	CBI	体型外貌评分		初生重		6月龄体重		18月龄体重		6~12月龄日增重		13~18月龄日增重		19~24月龄日增重	
				EBV	r²(%)	EBV	r²(%)	EBV	r²(%)	EBV	r²(%)	EBV	r²(%)	EBV	r²(%)	EBV	r²(%)
83	41315254	皮埃蒙特	98.84	-0.75	26	-0.39	1	0.95	1	3.35	1	0.00	1	0.01	1	0.00	1
84	41117702	皮埃蒙特	18.56	-0.37	48	0.56	30	-20.17	25	-24.61	16	0.01	20	-0.07	17	0.09	21
85	41118704	皮埃蒙特	5.73	-0.96	48	-0.65	30	-18.11	28	-31.28	26	-0.05	30	-0.03	26	0.02	25
86	51116028	蜀宣花牛	157.22	1.02	31	-2.26	32	15.20	31	18.66	27	0.03	32	0.00	26	-0.07	36
87	51116029	蜀宣花牛	147.10	-0.57	31	0.76	32	14.60	31	14.55	27	0.06	32	-0.04	27	-0.11	36
88	51113173	蜀宣花牛	143.88	2.87	32	1.51	34	8.83	33	2.36	28	-0.03	34	0.01	28	-0.04	38
89	51116030	蜀宣花牛	129.20	0.48	31	-0.47	32	13.80	31	-0.12	27	0.00	32	-0.06	26	-0.08	36
90	51116031	蜀宣花牛	111.25	-3.26	31	-0.66	32	18.03	31	-0.53	27	0.05	32	-0.13	27	-0.09	37
91	51117032	蜀宣花牛	59.03	-0.25	35	0.18	35	-21.03	34	1.34	30	0.05	35	0.04	29	0.07	39
92	51117033	蜀宣花牛	11.58	-0.94	35	-1.45	36	-26.84	34	-18.30	30	-0.10	35	0.10	30	0.16	40
93	43112083*	巫陵牛	119.60	1.29	35	-0.85	38	-0.70	38	9.59	32	0.02	39	0.04	33	0.03	42
94	43112085*	巫陵牛	116.50	-0.17	37	2.45	39	2.65	38	3.15	33	0.02	40	-0.01	34	-0.03	43
95	43112084*	巫陵牛	115.44	-0.21	36	-0.18	39	0.78	38	12.21	33	0.04	39	0.04	33	-0.01	42
96	43113093*	巫陵牛	109.87	0.62	39	0.76	40	1.14	39	-0.48	34	-0.04	41	0.02	35	0.07	44
97	43113087*	巫陵牛	109.76	0.26	35	-1.27	40	3.32	39	2.73	34	-0.02	41	0.01	34	-0.05	44
98	43112079*	巫陵牛	109.21	-0.17	35	1.74	40	0.48	39	3.18	34	0.02	41	0.01	34	-0.08	43
99	43113089*	巫陵牛	109.05	0.70	36	-1.99	39	1.57	39	4.10	34	-0.02	41	0.03	34	0.08	44
100	43111078*	巫陵牛	107.28	0.30	24	-0.01	36	-1.41	36	6.11	31	0.05	37	0.01	31	-0.03	40
101	43112081*	巫陵牛	106.39	0.51	35	-1.28	38	-2.20	38	8.46	33	0.03	39	0.04	33	-0.02	42
102	43112080*	巫陵牛	103.10	-0.63	36	0.62	38	2.23	38	1.10	33	0.02	39	-0.02	33	0.03	42
103	43112082*	巫陵牛	101.68	-0.64	37	0.68	39	-0.83	38	5.45	33	0.02	40	0.02	34	-0.08	43
104	43113090*	巫陵牛	101.49	0.64	39	0.74	40	2.49	39	-9.39	34	-0.04	41	-0.04	35	0.03	44
105	43113088*	巫陵牛	98.69	-0.65	37	0.05	40	0.22	39	2.84	34	-0.02	41	0.02	34	-0.03	44
106	43113092*	巫陵牛	96.10	-0.30	39	-0.57	40	2.05	40	-3.31	34	-0.01	41	-0.03	35	0.01	44
107	43113094*	巫陵牛	95.97	-0.29	39	-0.13	40	1.12	39	-2.84	34	-0.02	41	-0.02	35	0.01	44
108	43113086*	巫陵牛	92.12	-0.17	37	-0.44	40	-0.20	39	-3.47	34	-0.03	41	0.00	34	-0.07	44
109	43113091*	巫陵牛	76.90	-0.75	41	0.56	41	-2.18	40	-10.00	35	-0.03	42	-0.03	35	-0.03	45
110	43111076*	巫陵牛	72.12	0.07	27	-0.74	36	-4.42	36	-12.02	31	0.03	37	-0.05	31	0.01	40

（续）

序号	牛号	品种	CBI	体型外貌评分 EBV	体型外貌评分 r²(%)	初生重 EBV	初生重 r²(%)	6月龄体重 EBV	6月龄体重 r²(%)	18月龄体重 EBV	18月龄体重 r²(%)	6~12月龄日增重 EBV	6~12月龄日增重 r²(%)	13~18月龄日增重 EBV	13~18月龄日增重 r²(%)	19~24月龄日增重 EBV	19~24月龄日增重 r²(%)
111	43111077*	巫陵牛	66.80	-0.44	28	-1.01	36	-4.83	35	-11.29	30	0.03	37	-0.05	31	0.14	39
112	41215101	夏南牛	128.87	2.14	53	0.49	45	-5.27	43	21.38	39	0.15	46	0.03	41	0.04	48
113	41215919	夏南牛	114.67	2.57	53	-1.66	41	-6.61	39	16.02	35	0.19	42	-0.01	37	0.10	45
114	41215319	夏南牛	102.34	0.43	51	-0.69	45	-6.83	44	13.69	40	0.20	46	0.00	41	-0.04	49
115	41215313	夏南牛	93.17	0.43	51	-2.82	41	-10.74	40	18.42	36	0.24	42	0.02	37	-0.02	45
116	41215211	夏南牛	91.23	-0.22	53	-0.39	41	-5.67	40	5.21	36	0.19	42	-0.05	37	0.06	45
117	22316118	延边牛	147.60	0.58	34	0.40	52	11.02	53	10.84	47	0.11	54	-0.11	47	0.11	57
118	22315047	延边牛	123.57	0.15	38	1.26	53	3.37	52	5.48	47	0.09	53	-0.07	46	0.13	56
119	22316116	延边牛	111.17	-0.18	34	-0.67	51	-2.44	52	14.62	46	0.23	53	-0.11	46	0.03	56
120	22314039	延边牛	79.09	-0.60	30	0.02	52	-3.95	52	-2.43	47	0.06	53	-0.06	46	0.07	56
121	22315042	延边牛	71.76	0.05	35	-0.33	50	-6.04	52	-11.26	51	0.26	51	-0.16	45	-0.06	54
122	22314145	延黄牛	163.10	0.35	39	1.26	47	10.60	45	21.12	40	-0.04	45	-0.01	37	-0.05	49
123	22315113	延黄牛	145.78	0.11	5	0.92	51	2.91	50	22.34	42	0.12	49	-0.07	41	0.10	52
124	22317021	延黄牛	136.90	-0.09	2	-2.79	47	-2.25	47	37.98	40	0.15	49	0.16	41	0.02	18
125	22316151	延黄牛	114.11	-0.31	31	-0.99	50	6.89	50	8.79	45	0.10	52	-0.06	44	0.06	55
126	22314169	延黄牛	110.21	-0.09	38	-0.14	45	4.27	46	3.51	39	0.01	50	-0.02	38	0.02	50
127	22314198	延黄牛	106.64	0.30	37	0.96	46	9.75	46	-13.51	14	-0.07	15	0.01	13	-0.01	15
128	22313008	延黄牛	85.32	-0.13	36	0.52	51	-3.04	51	-6.64	45	-0.02	52	-0.02	44	-0.04	54
129	22315012	延黄牛	77.64	0.27	35	0.86	54	-11.36	50	-8.29	49	-0.04	55	-0.02	48	-0.08	58
130	22314163	延黄牛	63.43	-0.16	39	-0.45	50	-6.34	50	-13.53	44	-0.01	54	-0.04	44	-0.01	54
131	53115359	云岭牛	118.66	-0.75	21	0.84	48	6.39	38	1.22	31	0.02	35	-0.06	29	0.06	38
132	53115348	云岭牛	117.40	-0.01	46	-0.47	49	0.07	42	11.41	30	0.00	35	0.06	27	0.12	35
133	53112347	云岭牛	115.80	1.49	46	-1.48	35	4.15	16	-2.31	4	0.00	5	0.00	2	-0.01	2
以下种公牛部分性状测定数据缺失，只发布数据完整性状的估计育种值																	
134	21111433*	辽育白牛		-0.11	42	—	—	-5.81	46	7.07	41	—	—	0.12	42	0.08	50
135	21111435*	辽育白牛		0.76	39	—	—	-0.67	44	-23.75	38	—	—	-0.01	40	0.17	44
136	21111436*	辽育白牛		0.22	44	—	—	-8.44	46	14.52	41	—	—	0.15	42	0.06	50
137	21115452*	辽育白牛		0.49	41	—	—	-3.24	42	31.27	36	—	—	0.06	37	-0.09	46

（续）

序号	牛号	品种	CBI	体型外貌评分		初生重		6月龄体重		18月龄体重		6~12月龄日增重		13~18月龄日增重		19~24月龄日增重	
				EBV	r^2 (%)	EBV	r^2 (%)	EBV	r^2 (%)	EBV	r^2 (%)	EBV	r^2 (%)	EBV	r^2 (%)	EBV	r^2 (%)
138	21109405*	辽育白牛		0.37	49	—	—	-6.20	53	8.82	48	—	—	0.18	49	0.02	54
139	21111431*	辽育白牛		-0.24	39	—	—	-0.55	44	10.01	39	—	—	0.07	40	-0.01	45
140	21112410*	辽育白牛		0.31	42	—	—	4.61	47	8.62	42	—	—	0.04	43	-0.03	50
141	21119425	辽育白牛		0.56	12	—	—	1.47	17	-13.64	12	—	—	0.01	13	0.08	16
142	21119433	辽育白牛		0.32	18	—	—	-0.37	19	10.64	17	—	—	-0.03	18	-0.10	20
143	21116463	辽育白牛		-0.10	8	—	—	12.09	42	37.08	36	—	—	0.01	37	-0.01	45
144	21117479	辽育白牛		0.17	11	—	—	12.96	44	15.88	38	—	—	0.07	39	-0.14	46
145	21117485	辽育白牛		0.15	3	—	—	-1.37	44	6.68	38	—	—	0.00	39	-0.07	46
146	62111063	皮埃蒙特		—	—	—	—	-8.25	16	—	—	—	—	—	—	—	—

* 表示该牛已经不在群，但有库存冻精。
— 表示该表型值缺失，且无法根据系谱信息估计出育种值。

5 种公牛站代码信息

本评估结果中，"牛号"的前三位为其所在种公牛站代码。根据表5-1可查询到任一头种公牛所在种公牛站的联系方式。

表5-1　种公牛站代码信息

种公牛站代码	单位名称	联系人	手机号	固定电话
111	北京首农畜牧发展有限公司奶牛中心	王振刚	13911216458	010-62948056
131	河北品元生物科技有限公司	史忠飞	13931856404	—
132	秦皇岛农瑞秦牛畜牧有限公司	周云松	13463399189	0335-3167622
133	亚达艾格威（唐山）畜牧有限公司	侯苌褭	13152502116	010-64354166
141	山西省畜牧遗传育种中心	杨　琳	18735375417	0351-6264607
152	通辽京缘种牛繁育有限责任公司	侯景辉	15247505380	0475-8432558
153	海拉尔农牧场管理局家畜繁育指导站	柴　河	17747018766	—
154	赤峰赛奥牧业技术服务有限公司	王光磊	15504762388	0476-2785135
155	内蒙古赛科星繁育生物技术（集团）股份有限公司	孙　伟	15248147695	0471-2383201
156	内蒙古中农兴安种牛科技有限公司	张　强	18844682268	
211	辽宁省牧经种牛繁育中心有限公司	高　磊	15040146995	024-86618548
212	大连金弘基种畜有限公司	帅志强	15898150814	0411-87279065
221	长春新牧科技有限公司	张育东	18088626767	0431-84561237
222	吉林省德信生物工程有限公司	王润彬	18943465553	0436-3851717
223	延边东兴种牛科技有限公司	宋照江	15714336855	0433-2619930
224	四平市兴牛牧业服务有限公司	荣秀秀	18643454008	0434-5299699
233	龙江和牛生物科技有限公司	赵宪强	13359731197	—
361	江西省天添畜禽育种有限公司	谭德文	13970867658	0791-83807995
371	山东省种公牛站有限责任公司	翟向玮	13361026107	0531-87227801
373	山东奥克斯畜牧种业有限公司	王玲玲	18678659776	0531-88608606
411	河南省鼎元种牛育种有限公司	高留涛	13838074522	0371-60210130
412	许昌市夏昌种畜禽有限公司	屈博文	17503885621	—
413	南阳昌盛牛业有限公司	王伟廉	13503877682	—
414	洛阳市洛瑞牧业有限公司	王　彪	13525403237	0379-63780750
421	武汉兴牧生物科技有限公司	胡立昌	17762579091	027-87023599
431	湖南光大牧业科技有限公司	张翠永	13507470075	0731-84637575

（续）

种公牛站代码	单位名称	联系人	手机号	固定电话
451	广西壮族自治区畜禽品种改良站	刘德玉	13877142374	0771－3338298
511	成都汇丰动物育种有限公司	曹　伟	15198076628	028－84790654
531	云南省种畜繁育推广中心	毛翔光	13888233030	0871－67393362
532	大理白族自治州家畜繁育指导站	李家友	13618806491	0872－2125332
621	甘肃佳源畜牧生物科技有限责任公司	李　刚	13993548303	0935－2301379
651	新疆天山畜牧生物育种有限公司	谭世新	13999365500	0994－6566611

（续）

参考文献

张勤，2007. 动物遗传育种的计算方法 ［M］. 北京：科学出版社.

张沅，2001. 家畜育种学 ［M］. 北京：中国农业出版社.

Gilmour A R，Gogel B J，Cullis B R，et al.，2015. ASReml User Guide Release 4. 1 Structural Specification ［M］. Hemel Hempstead：VSN International Ltd，UK.

Mrode R A，2014. Linear models for the prediction of animal breeding values ［M］. 3rd ed. Edinburgh：CABI，UK.

图书在版编目（CIP）数据

2021 中国肉用及乳肉兼用种公牛遗传评估概要／农业农村部种业管理司，全国畜牧总站编. —北京：中国农业出版社，2021.12
　　ISBN 978-7-109-28959-8

　　Ⅰ. ①2… 　Ⅱ. ①农… ②全… 　Ⅲ. ①种公牛－遗传育种－评估－中国－2021 　Ⅳ. ①S823.02

中国版本图书馆 CIP 数据核字（2021）第 252337 号

中国农业出版社出版

地址：北京市朝阳区麦子店街 18 号楼
邮编：100125
责任编辑：周锦玉
版式设计：王　晨　　责任校对：沙凯霖
印刷：中农印务有限公司
版次：2021 年 12 月第 1 版
印次：2021 年 12 月北京第 1 次印刷
发行：新华书店北京发行所
开本：880mm×1230mm　1/16
印张：10.75
字数：335 千字
定价：30.00 元